소방조직론

도서출판 윤성사 041
소방조직론

초판 1쇄 2019년 7월 8일

지은이 양기근 · 이주호 · 송윤석 · 최낙범 · 변성수 · 류상일
　　　　　최희천 · 전병순 · 박정민 · 채 진 · 구재현
펴낸이 정재훈
디자인 (주)디자인뜰

펴낸곳 도서출판 윤성사
주　소 서울특별시 서대문구 서소문로27, 충정리시온 409호
전　화 편집부_02)313-3814 / 영업부_02)313-3813 / 팩스_02)313-3812
전자우편 yspublish@daum.net
등　록 2017. 1. 23

ISBN 979-11-88836-31-4 (93350)
값 20,000원

ⓒ 양기근 외, 2019

저자와의 협의에 따라 인지를 생략합니다.

이 책의 전부 또는 일부 내용을 재사용하려면 반드시 사전에 저작권자와
도서출판 윤성사의 동의를 받아야 합니다.

잘못 만들어진 책은 구입하신 서점에서 교환 가능합니다.

이 도서의 국립중앙도서관 출판예정도서목록(CIP)은 서지정보유통지원시스템 홈페이지
(http://seoji.nl.go.kr)와 국가자료공동목록시스템(http://www.nl.go.kr/kolisnet)에서
이용하실 수 있습니다.(CIP제어번호: CIP2019025141)

소방조직론

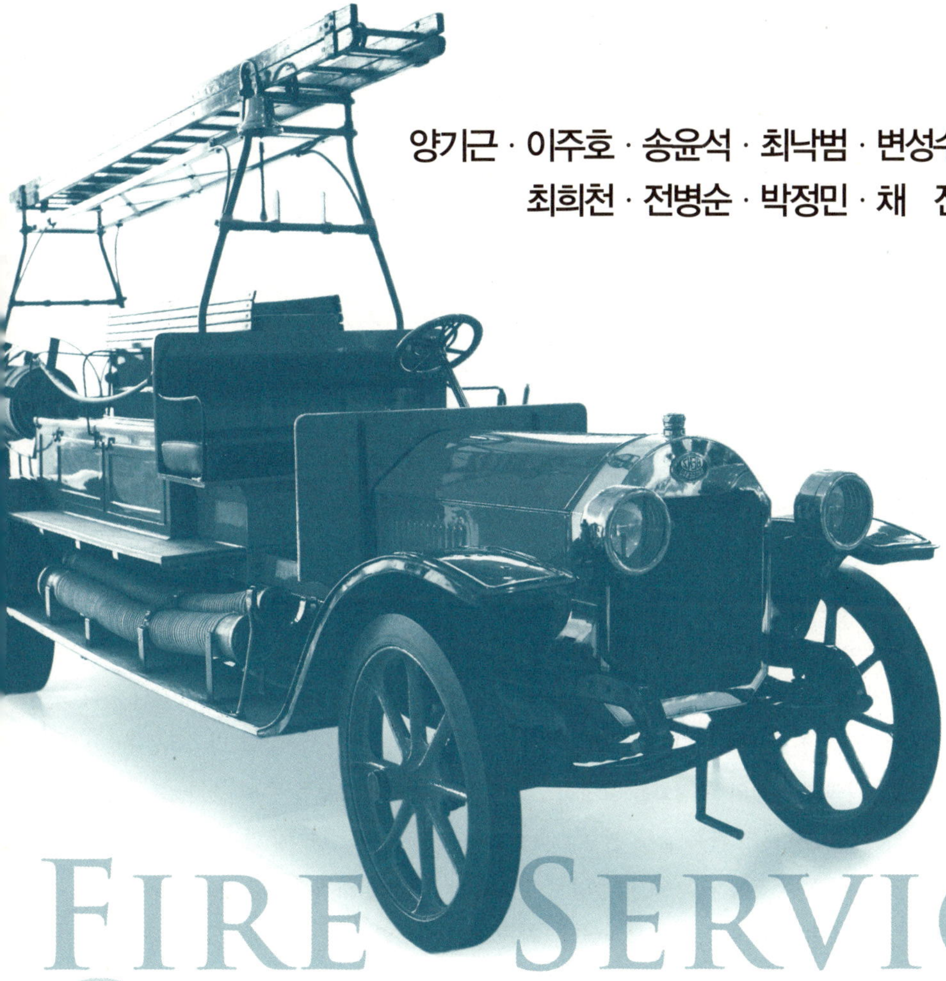

양기근 · 이주호 · 송윤석 · 최낙범 · 변성수 · 류상일
최희천 · 전병순 · 박정민 · 채 진 · 구재현

FIRE SERVICE
ORGANIZATIONS

머리말

현대 사회는 조직사회라 말할 수 있으리만큼 여러 분야에 걸쳐 다양한 조직이 수없이 존재한다. 조직이란 특정한 목적을 추구하기 위하여 의도적으로 구성된 사람들의 집합체로서 외부 환경과 여러 가지 상호 작용을 하는 사회적 단위이다. 그리고 대부분의 사람은 적어도 한 개 이상의 조직에 소속되어 있다.

현재 우리 사회는 도시의 인구집중화 현상, 날로 늘어만 가는 고층 건축물, 지하 생활공간의 확대, 가스·위험물 시설 및 사용량의 증가, 차량 증가, 불특정 다수가 운집하는 백화점이나 극장의 증가 등 생활환경의 변화로 과거와는 다른 새로운 양태의 위험 요소의 증대로 인하여 소방 수요가 급증하는 등 소방에 대한 기대와 역할은 점점 더 커지고 있다.

이처럼 소방의 역할과 소방조직에 대한 연구의 중요성이 증대하고 있는 이유는 다음과 같다. 첫째, 소방환경의 양적·질적 변화이다. 도시화·지하화·고층화, 고령화 등 사회 및 인구 구조의 변화는 소방조직의 효율화와 합리화를 요구하고 있다. 둘째, 소방공무원 수의 증가(2008년 31,918명, 2017년 48,042명), 119 구조 활동 출동 건수(2008년 275,662건, 2017년 805,194건)와 119 구급 활동 출동 건수(2008년 1,809,176건, 2017년 2,788,101건)의 증대로 소방 인력 및 조직관리의 필요성을 증대시키고 있다. 셋째, 소방 역량 제고의 필요성이다. 최근 제천 화재와 밀양 세종병원 화재 등에서 볼 수 있듯이 유능한 현장지휘관을 포함한 소방조직의 효율적 관리가 어느 때보다도 절실하다.

소방조직론은 행정에서 이루어지는 조직 현상을 대상으로 연구하는 학문이다. 따라서 소방조직론을 공부한다는 것은 공공성을 특징으로 하는 소방조직 현상에 관한 지식, 가치, 기술을 학습하는 것이다. 그렇다면 소방조직론을 연구하고 공부하는 이유는 어디에 있을까? 첫째, 소방조직론을 공부하는 일차적인 목적은 좋은 정부와 효율적인 소방조직을 구현하여 국민의 삶의 질을 높이기 위해서이다. 둘째, 소방조직론을 공부하는 중요한 동기 중 하나는 문제 해결 능력을 향상시키기 위해서이다. 셋째, 소방조직론을 공부하는 또 다른 이유는 소방관이라는 직업인으로서 소방조직에 대한 이해와 학습이 필요하기 때문이다.

　이 책은 이와 같은 소방조직의 효율적 관리의 필요성과 소방조직론 학습의 필요성에 따라 집필되었다.

　『소방조직론』은 크게 5편으로 구성되어 있다. 제1편은 이 책의 도입 부분으로서 현대 사회와 조직, 소방조직의 의의와 특성, 소방조직의 중요성, 조직이론의 발달 등 '소방조직 이해하기'에 대하여 다루고 있다. 제2편은 소방조직의 발전 과정, 한국의 소방조직 체계 등 '소방조직의 발전과 체계'로 구성하였다. 제3편은 소방조직 관리이론, 소방조직에서의 인간행동이론, 소방조직의 구조와 설계, 소방조직의 유형 등 '소방조직의 구조와 설계'를 설명하였다. 제4편에서는 미국과 일본의 '소방조직'에 대하여 논의하고 있다. 제5편에서는 국가소방과 자치소방, 재난관리와 소방, 미래의 소방조직 등 '미래의 소방조직'을 제시하고 있다.

　이 책의 집필과 출간에 그 필요성을 공감하고 함께해 준 저자들과 윤성사 정재훈 대표님께 진심으로 감사드리며, 또한 꼼꼼하게 교정과 편집을 해 준 모든 분에게도 이 자리를 빌려 감사의 말씀을 드린다.

2019년 6월
저자 씀

목차

소방조직론
Fire Service Organizations

머리말 _ 4

1편 소방조직 이해하기 13

1장 소방조직의 의의와 중요성 — 15
제1절 조직의 의의 — 15
  1. 조직의 개념 — 16
  2. 조직의 유형 — 19
  3. 조직의 일반적 특성 — 22

제2절 소방조직의 개념과 특성 — 26
  1. 소방 및 소방조직의 의의 — 26
  2. 소방 조직의 특성 — 28
  3. 소방조직 연구의 중요성과 학습의 필요성 — 30

2장 조직이론의 발달 — 35
제1절 조직이론의 발달 과정 — 35
제2절 고전적 조직이론 — 37
  1. 과학적 관리론 — 38
  2. 행정관리론 — 40
  3. 관료제이론 — 41
제3절 신고전적 조직이론 — 44

1. 인간관계론	44
2. 환경유관론	46
제4절 현대적 조직이론	**47**
1. 행태과학	48
2. 상황이론	50
3. 관리과학	53
4. 체제이론	54
제5절 미래 조직이론	**56**
1. 혼돈이론	57
2. 학습조직	58
3. 네트워크 조직	60

2편 소방조직의 발전과 체계 — 65

3장 우리나라 소방조직의 발전 과정 — 67
제1절 우리나라 소방조직의 역사 — 67
1. 삼국시대 — 68
2. 통일신라시대 — 69
3. 고려시대 — 69
4. 조선시대 — 70
5. 일제시대 — 71
6. 미군정시대(1945~1948년) — 72
7. 정부 수립 이후(1948~1970년) — 73
8. 정부 수립 이후 발전기(1970~1992년) — 73
9. 광역자치시대(1992~2004년) — 74

제2절 최근의 소방조직 변천 과정 — 75
1. 소방방재청(2004~2014년) — 75
2. 국민안전처 중앙소방본부(2014년~2017년) — 76
3. 소방청(2017년~현재) — 76

4장 한국의 소방조직 체계 — 79
제1절 한국의 소방조직 체계 — 79
제2절 국가소방행정조직 — 82
1. 소방청 — 82
2. 중앙소방학교 — 86
3. 중앙119구조본부 — 87

제3절 지방소방행정조직 — 90
1. 소방본부 — 92
2. 소방서 — 97

3편 소방조직의 구조와 설계

5장 소방조직에서의 인간행동이론 … 107
제1절 소방조직에서의 인간 행동 이해 … 107
제2절 동기부여이론 … 110
1. 동기부여의 개념 … 110
2. 내용이론 … 111
3. 과정이론 … 116
제3절 리더십이론 … 118
1. 리더십의 개념 … 118
2. 특성이론 … 119
3. 행태이론 … 120
4. 상황이론 … 123
5. 현대적 리더십이론 … 126
제4절 의사소통이론 … 129
1. 의사소통의 개념 … 129
2. 의사소통의 기능과 의사소통 과정 및 종류 … 129
3. 의사소통의 장애 요인과 극복 방안 … 130
제5절 갈등관리이론 … 132
1. 갈등의 개념 … 132
2. 갈등에 대한 견해와 갈등의 기능 … 132
3. 갈등의 수준 … 133
4. 갈등의 처리 및 해소 방법 … 134
제6절 조직문화이론 … 135
1. 조직문화의 개념 … 135
2. 조직문화의 특징과 기능 … 136
3. 조직문화의 유형 … 137
제7절 소방조직에서의 인간 행동 … 138
1. 소방조직의 동기부여 … 138
2. 소방조직의 리더십 … 140
3. 소방조직의 의사소통 … 140
4. 소방조직의 갈등관리 … 142
5. 소방조직문화 … 144

6장 소방조직 관리이론 … 146
제1절 소방조직 관리의 이해 … 146
제2절 조직이론의 발전사 및 조직의 유형 … 149
1. 조직이론의 발전사 … 149
2. 조직의 유형과 구조 … 151

제3절 조직구조의 기본 변수 : 복잡성, 공식성, 집권화 153
   1. 조직구조의 기본 변수 153
   2. 복잡성(분화) 153
   3. 공식성 154
   4. 분권화 및 집권화 155
제4절 조직구조의 상황 변수 : 규모, 기술, 환경 156
   1. 조직구조와 규모 156
   2. 조직구조와 기술 156
   3. 조직구조와 환경 157
제5절 관료제와 애드호크라시 158
   1. 관료제 158
   2. 애드호크라시 159
제6절 소방조직의 관리 161

4편 해외 소방조직 165

7장 미국의 소방조직 167
제1절 미국의 재난관리 체계 167
제2절 미국의 중앙소방조직 169
   1. 미국 소방청의 조직 169
   2. 미국 소방청의 탄생과 역사 172
   3. 미국 소방청의 주요 프로그램 174
제3절 미국의 지방소방조직 177
   1. 미국의 소방관 177
   2. 미국의 지역 소방서 180
   3. 미국 지역 소방서의 운영 181
제4절 미국 소방의 미래 183

8장 일본의 소방조직 189
제1절 일본의 소방조직 190
   1. 국가소방행정기관 190
   2. 지방소방행정기관 193
   3. 시정촌 소방의 광역화 204
   4. 각 소방기관 상호 간의 관계 등 206
제2절 구급 체제 209
   1. 구급 업무 실태 209
   2. 시정촌의 구급 업무 210
   3. 구급대 및 대원 현황 211

4. 구급구명사 운영 실태	211
5. 구급자동차 현황	212
제3절 구조 체제	**212**
1. 구조 활동의 실시 현황	212
2. 구조 활동 체제	214
제4절 항공소방 방재 체제	**215**
1. 항공소방 방재 체제 현황	215
2. 항공소방 헬리콥터 운용 현황	216
3. 조종사 양성·확보 대책	217
제5절 광역소방응원과 긴급소방원조대	**217**
1. 소방의 광역응원 체제	218
2. 긴급소방원조대	220
제6절 국가와 지방공공단체의 방재 체제	**224**
1. 국가와 지방의 방재조직	224
2. 「재해대책기본법」의 개정	225
3. 소방청의 방재 체제 및 대책	226
제7절 소방재정	**227**
1. 소방청 예산액	227
2. 도도부현의 방재비	228
3. 시정촌 소방비	229
4. 소방 예산의 재원	230

5편 미래의 소방조직 233

9장 국가소방과 자치소방 235

제1절 소방환경의 변화 및 국가소방과 자치소방의 개념	**235**
1. 소방환경의 변화	235
2. 국가소방과 자치소방의 개념	236
제2절 우리나라 소방조직 체계 연혁	**237**
제3절 광역소방 체제와 기초소방 체제의 장·단점	**241**
1. 시·도 광역소방 체제	241
2. 시·군·구 기초소방 체제	242
제4절 소방사무	**244**
1. 국가사무와 자치사무 현황	244
2. 소방사무의 변화	247
3. 외국의 소방사무 수행 주체	249
제5절 해외 소방조직 체계	**250**
1. 미국	250

2. 일본	251
3. 영국	253
4. 독일	254

10장 재난관리와 소방　　257
제1절 개요　　257
　　1. 소방의 목적　　258
　　2. 소방 업무의 특성　　259
제2절 소방 연혁 및 기본 현황　　261
　　1. 소방의 연혁　　261
　　2. 기본 현황　　263
제3절 재난관리와 소방조직 체계　　264
　　1. 중앙정부　　264
　　2. 지방자치단체　　267
　　3. 의용소방대　　269
　　4. 의무소방대　　270
제4절 재난관리와 소방 활동　　270
　　1. 소방 업무의 확대　　270
　　2. 재난관리에서 소방의 역할　　275
제5절 긴급구조 체계　　274
　　1. 긴급구조통제단　　274
　　2. 긴급구조지휘대의 구성과 운영　　281

11장 미래의 소방조직　　283
제1절 소방행정 개혁의 배경　　283
　　1. 소방행정의 개념 및 특성　　284
　　2. 소방행정 개혁의 요인 및 필요성　　284
　　3. 국내외 재난 여건 및 재난 발생 원인　　286
　　4. 미래 재난환경의 변화 대응　　290
제2절 소방조직의 현황 분석　　291
　　1. 소방조직의 의미　　291
　　2. 소방조직의 기능 변화　　293
　　3. 소방조직의 특성　　293
제3절 미래 소방조직의 방향　　295
　　1. 지식정보사회의 조직구조의 특성　　295
　　2. 소방조직의 개선 요인　　301
　　3. 미래 소방조직의 추진 방향 및 기대 효과　　304

참고문헌_ 309
찾아보기_ 325
저자소개_ 333

소방조직론
Fire Service Organizations

1편

소방조직 이해하기

소방조직의 의의와 중요성

제1절 조직의 의의

오늘날 우리는 하나 이상의 조직에 소속되어 살아간다. 현대 사회에는 가족, 학교, 기업, 정부, 국가, 국제기구 등 수많은 조직이 있다. 모든 사람은 조직 속에서 생활하거나 조직에 둘러싸여 살고 있다. 우리의 삶에서 조직의 영향을 받지 않는 부분은 거의 없다고 하여도 과언이 아니다. 그러나 사람들은 현대 사회에서 조직이 우리의 삶에 중요한 영향을 미침에도 불구하고, 조직을 삶을 살아가는 데 너무나 당연한 것으로 생각하는 경향이 있다.

그렇다면 조직에 대한 관심과 연구는 언제부터, 왜 시작되었을까?

조직을 단순히 "사람이 모인 것"으로 정의한다면, 조직은 인류 역사와 함께 시작되었다고 볼 수도 있다(김광수 외, 2001). 그러나 조직에 대한 연구가 본격적으로 시작된 것은 일반적으로 산업혁명으로 거슬러 올라간다(Clegg & Dunkerley, 1980; 진종순 외, 2016). 산업혁명으로 대규모 공장들이 생겨나게 되었고, 기업들은 상품을 최대한 효율적으로 생산하기 위하여 조직에 대하여 고민하게 되었다. 즉, "조직의 목표를 최대한 효율적으로 달성하는 방법"을 찾으려고 하였다.

따라서 조직은 "다양한 목표들을 달성하기 위하여 함께 일하며 상호 행동을 조정하는 사람들의 집합"이라고 정의할 수 있다. 그리고 이러한 조직의 종류와 형태는 매우 다양하다. 정부기관, 공기업 등과 같이 공익을 추구하는 조직이 있는가 하면, 기업이나 이익집단처럼 사익을 추구하는 조직도 있다. 또 시민단체와 같이 민간조직이 공익을 추구하는 경우도 있다. 이러한 측면에서 현대 사회에서 조직은 사회, 정치, 경제적 목적을 달성하는 가장 중요한 기구이며, 이러한 조직 생활을 통하여 개인은 자신의 목적을 달성하기도 한다. 따라서 조직론이라는 학문 분야는 왜 조직을 만들고, 조직의 목적은 무엇이며, 어떻게 조직을 관리하느냐에 초점을 맞춘다(김광수 외, 2001: 19).

소방 서비스도 또한 소방조직을 통하여 이루어지기 때문에 우리는 조직의 개념과 종류에 대하여 간단하게 이해할 필요가 있다.

1. 조직의 개념

조직에 관해서는 여러 연구자들이 다양한 정의를 내리고 있다. 현대 사회에서 조직이 중요해진만큼 조직이 어떻게 형성되는지, 조직의 구조를 어떻게 발전시키는지, 조직의 자원과 절차는 어떻게 유지하는지, 그리고 조직의 목표를 어떻게 달성하는지를 이해하는 것은 매우 중요할 수밖에 없다. 이해를 돕기 위하여 조직에 관한 여러 학자의 정의를 살펴보자(김광수 외, 2001; 진종순 외, 2016).

1) 베버의 조직 정의

베버(Max Weber)[1]는 공식적이고 의도적인 목표를 달성하기 위하여 설계된 조직을 전제로 연구하였다(Weber, 1947). 베버는 조직을 "폐쇄되어 있거나 규칙에 의하여 외부인의 출입이 제한되는 사회적 관계"로 정의하였다(진종순 외, 2016: 19). 그에 따르면, 조직은 권한의 계층과 업무의 분업으로 이루어지며 일정한 질서를 가지고 있다. 조직의 속성으로는 ① 경계가 있고, ② 구성원의 상호 작용이 조직마다 특이하며, ③ 조직 내에는 권한의 계층과 업무의 분담 현상이 있고, ④ 조직 내의 질서는 관리 기능을 맡은 특정한 구성원에 의하여 유지되며, ⑤ 조직 내의 상호 작용은 공생적인 것이 아니라 연합적이고, ⑥ 특정한 종류의 목적 지향적인 활동을 계속적으로 수행하며, ⑦ 구성원의 생애를 초월하여 존재한다는 점 등을 제시하였다.

2) 버나드의 조직 정의

베버와 달리 버나드(Chester I. Barnard)는 조직을 구성하는 구성원에 초점을 두고 연구하였다. 버나드는 조직을 "어떤 목적을 성취하기 위하여 두 사람 이상의 힘과 활동을 의도적으로 조정한 협동적 체제"로 정의하였다(Barnard, 1968). 그는 조직은 2인 이상이 공동 목표를 달성하기 위하여 상호 작용한다는 것에 관심을 갖고, 조직의 구성 요소로 의사전달, 공동 목표에 봉사하려는 의욕, 리더십 과정 등을 강조하였다. 버나드의 연구는 사이먼(Herbert A. Simon)과 마치(James G. March)에게 영향을 주어 조직심리학 등의 학문을 촉발시키게 된다.

---

[1] 베버(Max Weber)는 독일 사회학자로 인간의 사회적 행동을 지배하는 형태를 권한의 유형에 기초하여 전통적 지배, 카리스마적 지배, 합법적 지배의 세 가지를 들고, 이 중에서 근대 사회를 특징짓는 대표적 형태로 합법적 지배를 보았으며, 이를 관료제(bureaucracy)라 하였다.

3) 셀즈닉의 조직 정의

베버와 버나드는 기본적으로 조직 내부에 관심을 가졌다. 그 속에서 구조를 강조하거나 인간을 강조하는 입장이었다. 그러나 셀즈닉(Philip Selznick)은 조직의 경계를 열고 조직과 환경의 관계에 관하여 관심을 가졌다. 셀즈닉은 조직을 "업무를 수행하기 위하여 설계된 기술적 도구이며, 의도적으로 조정된 활동의 체제"라고 정의하면서 조직의 생존은 환경에 대한 적응에 의존한다는 점을 강조하였다(Selznick, 1957). 즉, 조직은 환경과의 관계에서 목표가 결정되고 수행되며, 인력의 충원도 결국은 환경 속에서 이루어지는 것이다. 이에 조직은 사회적 환경 속에서 안전성을 어떻게 확보할 것인가가 중요하다는 입장이다.

4) 에치오니의 조직 정의

에치오니(Amitai Etzioni)는 조직을 "특정한 목표를 달성하기 위하여 의도적으로 만들어진 사회적 단위(또는 인간들의 집합)"로 정의하였다(Etzioni, 1964). 그는 조직을 강제적 조직, 공리적 조직, 규범적 조직으로 유형을 구분하였다(Etzioni, 1958). 그의 정의에서는 공식적으로 분화된 구조, 권력 중추와 통제 활동, 조직의 목표, 구성원과는 구별되는 조직의 실체 등이 강조되고 있다. 그리고 조직을 사회적 단위(social unit)라고 표현한 것은 사회(환경)와 교호 작용하는 조직의 특성을 알고 있었던 것으로 보인다.

5) 카츠와 칸의 조직 정의

카츠(Dan Katz)와 칸(Robert L. Kahn)은 조직을 "어떤 목표에 따른 결과를 산출하는 개방 체계"로 정의하면서(Katz & Kahn, 1966), "개방 체계란 조직의 존립에 필수적인 외부 환경에 상당히 의존적이라는 뜻을 가지고 있다"고 말하여, 조직의 속성으로서 외부 환경에의 의존성을 강조하고 있다(이종수, 2009).

이들은 체제모형의 틀 속에서 사회학의 거시적 분석틀과 심리학의 미시적 분석틀을

접목시켜 조직의 현상을 심층적으로 분석하였다. 이들의 조직에 대한 연구는 체제이론의 개념을 도입하였다는 점에서 큰 의의가 있다. 조직도 사회 체제의 한 유형이라고 본 것이다(김광수 외, 2001).

6) 일반적 정의

여러 학자의 조직의 정의를 위에서 정리하였지만, 일반적으로 통용되는 조직의 정의는 "인간의 집합체로서 일정한 목표의 추구를 위하여 의식적으로 구성한 사회적 체제" 또는 "목표를 달성하기 위하여 의식적으로 구성한 사회적 체제로 사람들의 상호 의존적이고도 계속적인 활동 체제" 정도로 정리할 수 있다.

이러한 조직은 대규모의 복잡한 조직이며, 어느 정도 공식화된 분화와 통합의 구조 및 과정 그리고 규범을 내포하는 것이고, 상당히 지속적인 성격을 가진다. 그리고 조직은 경계를 가지고 있으며, 경계 밖의 환경과 교호 작용을 한다(김광수 외, 2001; 김기봉, 2008).

2. 조직의 유형

조직의 개념을 목표를 달성하기 위하여 어떤 기능을 수행하도록 협동해 나가는 체계라고 간단하게 정의할 때, 현대 사회의 사람들은 여러 조직 속에서 일정한 역할이 부여됨으로써 사회적 역할에 참여하고, 조직 속에 들어감으로써 전체 사회에 연결된다.

조직에는 여러 유형이 있는데, 이들은 여러 분류 기준에 따라 다양하게 분류된다. 파슨스(Talcott Parsons)는 사회 체제의 여러 하위 체제가 수행하는 기능에 따라 ① 사회에서 소비되는 물건을 만들어 내는 경제조직, ② 사회로 하여금 가치 있는 목적들을 달성하도록 보장해 주고, 동시에 권력을 생산·배분하는 정치조직, ③ 갈등을 해결해 주고,

사회 각 부문이 협동하도록 동기를 부여해 주는 통합조직, ④ 교육·문화 등을 통하여 사회적 연속을 가능하게 해 주는 형상유지조직 등으로 분류하였다(Parsons, 1951).

〈표 1-1〉 파슨스의 분류

체제의 기능	적응 기능	목표 달성 기능	통합 기능	형상유지 기능
조직 유형	경제조직	정치조직	통합조직	형상유지조직
조직 유형의 예	회사, 공기업 등	행정기관 등	정당, 사법기관 등	문화조직(박물관), 종교기관, 교육기관 등

출처: Parsons(1951).

에치오니(Etzioni, 1958)는 상하 복종 관계와 관여도에 따라 ① 강제적 조직(징병제의 군대·교도소 등), ② 공리적 조직(회사·노동조합 등), ③ 규범적 조직(학교·정당·교회 등)으로 분류하였다. 또한 블라우(Peter M. Blau)와 스콧(W. Richard Scott)은 조직이 생산하는 재화·서비스의 수혜자가 누구냐에 따라 ① 조직의 구성원이 주 수혜자가 되는 호혜조직(노동조합·의사회·변호사회 등), ② 조직의 소유자 또는 경영권자가 조직의 주 수혜자가 되는 사업조직(은행·회사 등), ③ 조직의 이용자가 주 수혜자가 되는 봉사조직(이용자가 조직의 구성원도 되는 학교·고아원·양로원 등과 이용자는 조직의 구성원이 아닌 병원·신문사·방송국 등), ④ 일반대중(사회의 구성원 전체)이 그 수혜자가 되는 공익조직(정부 관료조직, 군대·경찰·소방서 등)으로 분류하였다.

〈표 1-2〉 블라우와 스콧의 분류

주 수혜자의 소재	주 수혜자	조직 유형	예
조직 내부	구성원 전체	호혜조직	노동조합, 이익집단 등
	조직 소유자	사업조직	회사·은행 등 사기업
조직 외부	특정 고객	봉사조직	학교, 법률사무소 등
	일반 국민	공익조직	일반행정조직, 공기업 등

출처: Blau & Scott(1962).

이러한 분류들은 그 기준이 대체로 일차적이며, 범주가 상호배제적이 아니라는 문제점이 있으나, 조직의 유형에 대하여 중요한 시사점을 제시하고 있다(네이버 지식백과, 조직 2019.3.2. 검색).

한편, 공식조직의 유형 중에서 가장 대표적인 것으로 관료제(bureaucracy)[2]가 있다. 관료제란 대규모 조직의 가치중립적인 속성이나 특징을 뜻하기도 하고, 정부 기능과 연관지어 국가관료제, 공공관료제, 행정관료제 등과 함께 국가행정의 집행기관을 뜻하기도 한다. 베버(Max Weber)는 이념형(ideal type) 관료제 모형을 제시하고, 권위의 정당성을 기준으로 전통적 지배, 카리스마적 지배, 합법적 지배의 세 가지 지배 유형을 제시하였다. 베버는 합법적 지배에 근거한 합법적·합리적 관료제인 이념형 관료제의 특징으로 다음과 같은 것을 제시하였다. 첫째, 조직 내의 모든 지위에 관한 권한과 직무 범위의 한계가 법령에 의하여 명확히 정해져 있다(법규에 의한 권한). 둘째, 조직이 계층제의 원리에 따라 상하의 계층을 이루고 상하 간에는 직무상의 명령 – 복종 관계가 확립되어 있다(계층제). 셋째, 부하(하급 직원)와 상관(상급자)과의 관계는 비인격적이며, 사적인 영역과 공적인 영역이 엄격히 구별된다(직무상 공사 분리). 넷째, 모든 사무는 문서에 의하여 처리된다(문서주의). 다섯째, 관료는 직무에 전념할 것이 요구되며, 그 대가로 일정한 보수를 받게 된다(관료의 직무상 전념화). 여섯째, 관료의 임용은 주로 전문적인 자격이나 시험에 의하여 이루어진다(전문적 지식과 기술).

현대는 '집단 욕구의 분출' 시대라 일컬어지듯이, 현대 사회에서는 무수한 집단의 조

---

[2] 관료제는 대규모 조직의 구조적 특징이라는 뜻으로 많이 이해되며, 이런 점에서 조직과 동의어로 사용될 수 있다. 그러나 관료제는 다음과 같은 몇 가지 점에서 조직과 구별된다. 우선 조직이 본질적으로 동태적인 개념이며 관리(management)의 측면에 중점을 두는 데 비하여, 관료제는 정태적인 개념으로 구조(structure)에 중점을 둔다는 점에서 양자는 구별된다. 또한 관료제는 관료제의 병리나 관료주의라는 용어에서 볼 수 있듯이, 정치성을 띤 거대한 행정조직에서의 부정적인 의미가 내포되어 있다는 점에서 조직과 차이를 보인다. 그리고 관료제는 베버가 지적하고 있는 엄격한 계층제와 같은 특정 원리에 의거한 사회적 단위를 의미한다는 점에서 조직과는 차이가 있다. 예를 들면 병원이나 대학과 같은 조직은 그가 말하는 소위 '관료적(bureaucratic)'은 아닌 것이다(김기봉, 2008).

직이 파생하여, 관공서·회사·노동조합 등 온갖 조직이 거대화되고, 또한 능률주의에 따라 기능적으로 합리화되어 가고 있다. 이런 뜻에서 현대는 조직의 시대라고 한다. 그런데 이 같은 조직의 거대화와 기능적 합리화는 조직 속의 인간을 기계의 톱니바퀴와 같은 것으로 바꾸어 가는 경향이 있다. 이것이 오늘날 '조직과 인간'이라는 문제가 크게 부각되어 논의되고 있는 이유이다(네이버 지식백과, 조직 2019.3.2. 검색).

3. 조직의 일반적 특성

현대 사회는 조직사회라 말할 수 있으리만큼 여러 분야에 걸쳐 다양한 조직이 수없이 존재한다. 조직이란 특정한 목적을 추구하기 위하여 의도적으로 구성된 사람들의 집합체로서 외부 환경과 여러 가지 상호 작용을 하는 사회적 단위이다. 그리고 대부분의 사람들은 적어도 한 개 이상의 조직에 소속되어 있다(이종수, 2009).

위의 조직의 정의와 유형에서 살펴본 바와 같이 오늘날에는 수많은 조직이 존재한다. 따라서 조직의 공통된 특성을 설명함으로써 조직에 대한 이해를 좀 더 높일 수 있을 것이다. 조직은 1) 목표 지향적이며 인간의 복잡한 집합체로서, 2) 합리성을 도모하고, 3) 경계가 있으며, 4) 환경과 끊임없는 상호 작용을 하는 체계이며, 5) 보편성을 가지며, 6) 좀 더 큰 사회 체제 속에 통합되어 있고, 7) 각 구성원의 존재와는 별개의 실체라는 특성 등을 가진다(김광수 외, 2001; 김기봉, 2008; 진종순 외, 2016).

1) 인간으로 구성되는 사회적 실체

조직은 개인과 집단으로 구성된 사회적 실체이며, 궁극적으로 조직의 가장 기초 단위는 개인이다. 조직은 개인과 집단을 포괄하는 하나의 체제로서 이보다 큰 사회 체제의 일원으로 존재한다. 조직구성원은 조직 속에서 각자 자신들의 역할이 있으며, 조직에 필요한 기능을 수행하기 위하여 상호 작용을 한다.

조직의 독자적인 실체가 인정될 수 있다고는 하지만 조직이 사람의 모임에 의하여 형성된다는 사실을 부인할 수 없으므로 조직에 참여하는 사람들의 본질과 행태를 이해하는 것은 조직 현상을 이해하는 데 기초가 된다.

2) 목표지향성

조직은 목표를 가진 존재이다. 일반적으로 조직의 목표는 조직이 달성하고자 하는 미래의 상태를 말한다. 조직의 형태에 따라서 또는 조직이 처한 상황에 따라서 목적은 달라질 수도 있다. 이윤 추구라는 경제적 목표일 수도 있고, 교육이나 자선 등 문화적 목표일 수도 있으며, 질서를 유지하기 위한 목표일 수도 있다. 목표는 하나 이상일 수도 있다. 조직마다 다양한 종류의 목적이 있으며, 그 목적을 능률적이고 효과적으로 달성하려고 한다.

조직과 구성원은 특정한 목적을 달성하려고 노력한다. 물론 조직의 목표와 개인의 목표는 다를 수 있다. 이때 조직과 개인 목표 간의 갈등 관계가 형성된다. 조직의 관리자는 이러한 조직과 개인의 목표 간의 갈등 관계를 조정하는 역할을 하게 되는데, 오늘날 중요시되고 있다.

3) 구조화된 활동 체계

조직은 구조라는 틀과 특정 임무를 수행하기 위한 활동 체계를 가지고 있다. 구조란 조직의 목표를 달성하기 위하여 전문화된 활동을 논리적인 유형에 따라 공식화시키고 지위와 책임을 부여하여 조직을 비교적 안정적이고 지속적인 형태로 유지하도록 만드는 것이다. 구조는 조직의 성원이 조직 안에서 상호 작용하는 것까지 포함하므로 매우 동태적인 의미를 가지고 있다. 조직구조는 복잡성(complexity), 공식화(formalization),

그리고 집권화(centralization) 개념을 통하여 쉽게 이해할 수 있다. 조직의 규모가 크고 통제장치의 필요가 생겨나면 필연코 어느 정도의 복잡화, 공식화, 집권화가 초래된다. 조직은 그 목적을 효율적으로 달성하기 위하여 여러 부서를 두고, 서열에 따른 권한 체계를 유지하며, 지위에 따라 의사결정권과 책임을 갖도록 한다. 조직은 또한 조직이 가지고 있는 특정 목적을 수행하려고 지식·테크놀로지·사람·기계 등을 투입하여 조직의 산물로 만들어 내는 활동 체계를 유지하고 있다. 공식조직의 경우 조직의 권한 및 책임의 관계가 비공식조직보다 더 구조화되어 있고, 정보의 흐름도 엄격하게 통제되고 있다. 비공식조직은 자발적으로 조직화되기는 하지만 그 조직의 목표나 구성원의 관계가 구체적으로 나타나 있지 않고 매우 유동적인 성격을 띤다.

4) 조직의 계속성

조직은 장기적인 속성을 지닌다. 구성원이 바뀐다 하더라도 조직은 적정 성원을 계속 유지하면서 조직의 목표를 수행해 나간다. 이런 의미에서 조직의 성원들은 조직의 성원으로 계속 이어지고, 아울러 조직도 계속 이어진다. 조직과 성원의 계속적인 이어짐이 조직으로 하여금 장기적인 속성을 갖게 한다. 조직의 특성에 따라 어떤 조직은 1년에 몇 차례의 회의만으로도 성원의 자격이 유지되고 조직이 이어지기도 하지만 일반적으로 규칙적인 출근과 업무 시간을 준수함으로써 조직과 그 성원의 관계가 지속된다. 조직의 계속성에서 무엇보다 중요한 것은 사람이 바뀌어도 조직은 살아 있다는 점이다. 이것은 나 아니면 안 된다는 독선적인 사고를 조직은 허용하지 않는다는 점을 아울러 보여 주고 있다. 조직은 시간적으로 긴 안목을 가지고 있을 뿐 아니라 사람을 폭넓게 포용하고 있다.

5) 식별 가능한 경계

조직은 내부에 조직 성원, 구조, 관리 등 여러 자체 요인을 가짐으로써 조직 외부, 즉 환경과의 경계가 구분되어 있다. 조직은 개방 체제로서 환경과 교호 작용하는 것이지만 그것은 조직에 경계가 있음을 전제로 한 교호 작용, 즉 경계를 넘나드는 교호 작용인 것이다. 경계가 전혀 없는 것은 조직이 아니다. 왜냐하면 경계가 없으면 조직의 동일성을 확인할 길이 없기 때문이다.

식별 가능한 경계는 조직과 주변의 환경을 구별하게 해 주는데, 모든 조직은 자신을 다른 조직과 구분짓는 경계를 갖고 있다. 이러한 조직의 경계는 조직과 환경을 구별해 줌으로써 조직의 동일성을 확인해 준다. 그러나 조직의 경계가 항상 뚜렷하고 경직적인 것은 아니다. 폐쇄성이 높은 경계도 있고, 유동적이며 개방적이어서 조직 내외 간에 자원이 쉽게 나가고 들어올 수 있는 경계도 있다.

6) 환경과의 상호 작용

조직은 환경과 구분되는 경계가 있다고 하였지만, 조직이 외부 환경과 단절되어 있는 것은 아니고 환경과 서로 영향을 주고받는다. 환경은 조직이 생존해 나가는 데 크게 영향을 미친다. 과거 생산자 위주의 시대에는 환경에 대한 고려가 크게 문제되지 않았지만, 지금은 외부 환경과의 합리적이고 능동적인 상호 작용 없이 조직의 존속·성장·발전을 기대할 수 없다.

하나의 조직이 자원의 투입, 전환, 산출 과정을 독자적으로 수행할 수 있다면, 이를 개별조직이라고 할 수 있다(Hall, 1991; 진종순 외, 2016: 20).

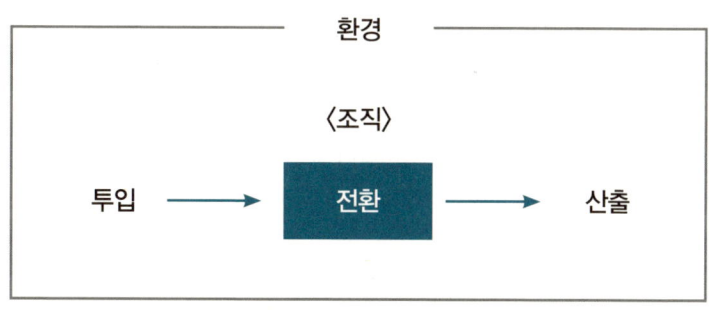

[그림 1-1] 조직과 환경

제2절 소방조직의 개념과 특성

1. 소방 및 소방조직의 의의

소방은 화재를 진압하거나 예방함[3]을 의미한다. 이러한 의미의 소방은 인류가 불을 사용하면서부터 시작되었다(전국대학 소방학과 교수협의회 편, 2008: 14). 소방은 "화재를 예방·경계(fire prevention and alert)하고, 화재를 진압하는(fire fighting) 것"이다. 이러한 고전적 소방의 정의는 화재의 위협으로부터 사람의 생명과 재산을 보호한다는 협의의 개념이다(김광수 외, 2001).

그러나 오늘날 '소방'에 대한 정의는 확대 해석되어야 한다. 20세기 후반 들어 인간생활의 일상을 위협하는 것은 화재(fire)만이 아니다. 산업혁명 이후 위험사회(risk society)로의 진입에 따른 다양한 위험들이 출현하였다. 이에 세계 각국은 종전의 화재를 예방·경계·진압하는 데 국한해 왔던 소방기관을 대폭 정비하여 재난·재해 및 그 밖의 다양한 위험에 대응하는 전문 대응기관으로 확대 개편하기에 이르렀다. 즉, 전문구조대를 창설하고, 응급의료서비스(EMS)를 운영하며, 특수위험물질 대응기관(HazMats)과 같은 조직을 편성하여, 원자력과 화학물질, 대테러, 화생방 등 특수위험물질 사고에 대비하고 있다. 그 밖에 지진과 풍수해·산불 대응은 물론, 방화범죄에도 소방의 정보와 자료를 적극 활용하고 있다. 따라서 이제 소방은 소방청 설립(2017.6.27)에 따라 '화재'에 대응하는 조직으로서 소극적·협의의 개념에서 화재를 비롯한 모든 '재난'에 대응하는 적극적·광의의 개념으로 정립되었다(김광수 외, 2001: 23-24). 즉, 소방은 "화재·재

---

[3] 국립국어원 『표준국어대사전』에서는 소방의 개념을 "화재를 진압하거나 예방함"으로 정의하고 있다.

난·재해를 비롯한 그 밖의 모든 위험으로부터 국민의 생명을 구조하고 재산을 보호하는 일체의 행위"로 정의되고 있다. 오늘날 소방의 영역은 국민의 생명과 재산을 보호함으로써 공공의 안녕 질서의 유지와 복리의 증진을 목적으로 하면서, 화재 진압뿐만 아니라 재난재해 및 그 밖의 위급한 상황에 대한 대응과 구조·구급 활동에까지 확장되었다(이목훈, 2009: 8). 이에 「소방기본법」은 "화재를 예방·경계하거나 진압하고 화재, 재난·재해, 그 밖의 위급한 상황에서의 구조·구급 활동 등을 통하여 국민의 생명·신체 및 재산을 보호함으로써 공공의 안녕 및 질서 유지와 복리 증진에 이바지함"을 목적으로 한다고 규정하고 있다(소방기본법, §1).[4]

소방조직은 화재를 비롯한 각종 재난과 사고로부터 국민의 생명과 재산을 보호하여 국민 복지의 향상과 삶의 질을 높이기 위한 공익조직이라고 할 수 있다. 소방조직은 화재를 예방·진압하며 각종 재난과 사고로부터 국민의 생명과 재산을 보호함으로써 공공의 안녕 질서의 유지와 사회의 복리 증진을 목적으로 구성된 조직이다. 한 개인의 힘보다는 집단의 힘이, 집단의 힘보다는 조직의 힘이 강하기 때문에 재난과 사고로부터 위급한 상황에서 시민의 생명과 재산을 보호하는 안전 확보의 수단으로서 소방조직은 존재 의의를 부여받으며 소방공무원은 그 구성원이 된다(양기근 외, 2016a: 115).

소방 업무는 대민 중심으로 살펴보면, 화재의 예방·경계·진압과 구조·구급 및 재난 대응 업무 등으로 대별할 수 있으며, 소방조직의 기능은 국민의 안전을 주요 대상으로 한다. 국민의 안락하고 안전한 삶을 보장하기 위해서는 다른 국가의 침입으로부터 국민을 보호하는 것과 함께 각종 재난으로부터 국민의 안전을 보호하여 국민의 삶의 질을 향상시키고 안정된 삶을 영위하도록 하는 것이 중요한 국가의 존재 이유라고 할 수 있다. 소방조직의 활동은 인간의 생명과 직접적으로 관계되어 있을 뿐만 아니라 사회 변동에 따라 그 수요는 급증 추세를 보이고 있으며, 소방조직의 영역은 시대적 변화에

---

[4] 소방기본법 [시행 2018. 12. 27.] [법률 제15301호, 2017. 12. 26., 타법 개정]

따라 지속적으로 확대되고 있다.

2. 소방조직의 특성

　소방은 경찰, 검찰, 군 등의 조직과 마찬가지로 국가 위기관리 조직의 핵심 조직으로서 위급한 국가 재난관리 상황에서 생명과 신체에 대한 위험을 무릅쓰고 임무를 수행하여야만 하는 특수 분야의 업무를 독립적으로 수행하고 있다. 따라서 원활한 지휘 체계 확립을 위하여 군, 경찰 등과 마찬가지로 계급 체계를 기초로 한 강력한 위계질서와 상명하복의 지휘·명령 체계를 가지고 있으며, 이로 인하여 일반행정 조직과는 다른 독특한 조직문화를 가지고 있다(양기근 외, 2016a: 8).

　소방조직은 일반행정 조직과는 다른 특성을 가지고 있다. 즉, 소방조직은 현장·대응성, 계층성, 전문성, 결과성, 위험성 등의 특징을 지닌다(양기근 외, 2016: 26-27).

　첫째, 현장·대응성의 특성을 지닌다. 소방 활동의 대부분이 화재 진압 및 구조·구급 활동 등으로 항상 현장에서 활동하는 경우가 많고, 소방력(消防力)이 상시 대기하여 대응력이 아주 높다.

　둘째, 계층성을 지닌다. 소방조직의 경우, 상하 간의 관계는 행정 업무적인 관계와 전술적인 명령 체계의 관계를 동시에 가지게 되고, 지휘관 중심의 수직적인 지시가 관행화되어 있어 상하 간의 커뮤니케이션은 유연하지 못하다.

　셋째, 전문성을 들 수 있다. 소방 인사 및 소방 재정 분야를 제외한 부분은 고도의 전문지식과 기술이 요구된다.

　넷째, 결과성을 특성으로 들 수 있다. 소방의 경우, 결과가 부정적인 경우 책임을 면하기 어렵고, 현장 활동의 결과는 비가역적인 경우가 많다.

다섯째, 위험성을 지닌다. 소방 활동의 현장에는 물리적·화학적 위험이 항상 뒤따른다. 그러나 위험성에 도전적인 것이 또 다른 소방조직의 특징이다.

이 밖에도 소방조직은 긴급성과 대기성, 희생성, 예방성과 복합성 등의 특징을 지닌다.

첫째, 소방조직은 화재의 예방과 진압 및 각종 재난이나 안전사고 등으로부터 국민을 구조·구급하는 정부의 일련의 활동이기 때문에 긴급성과 대기성을 띤다. 즉, 화재 또는 각종 사고 현장에 출동하는 특수한 업무를 담당하기 때문에, 어떤 상황에 대처하지 못하거나 시간 등의 지연 시에는 곧바로 대형사고로 이어지게 되며, 막대한 인명 피해와 물적 재산 손실을 입게 된다. 따라서 소방조직은 항시 신속 및 긴급하게 대처하여야 하는 긴급성을 띠게 된다. 또한, 소방조직은 화재 등 각종 사고에 대비하기 위하여 24시간 항시 태세가 갖추어져 있어야 하며, 충분한 인력 보유와 장비를 보유하고, 평상시 반복적인 훈련과 실습 등을 통하여 전문적인 능력을 갖추고 항시 대기하고 있어야 한다.

둘째, 소방조직은 위험한 상황에서 화재 진압이나 각종 구조 활동을 펼치기 때문에 소방대원의 희생정신과 사명감을 필요로 한다.

셋째, 소방은 그 업무의 특성상 각종 재해로 인한 인명 피해, 재산 손실 및 화재의 사고 방지 정책으로 일정 규모의 인력과 예산이 투입된다. 또한 산업의 발달로 인하여 급변하는 시점에서 여러 가지 환경적 요인도 소방환경과 소방행정 현상의 복합성을 초래하고 있고, 소방 대상물의 규모가 복잡하고 대규모 재난으로 인한 소방의 역할이 증대되면서 소방조직의 복잡성은 더욱더 커지고 있다(이태근, 1997: 346).

〈표 1-3〉 소방조직과 일반조직의 특성 비교

구분	소방행정조직(업무)	일반행정조직(업무)
현장·대응성	· 화재 진압 및 구조·구급활동 등으로 많은 소방대원들이 현장에서 활동하는 경우가 많음. · 소방력이 상시 대기하여 대응력이 아주 높음.	· 민원 업무는 현장성이 강하나, 대부분의 일반행정 업무의 경우 현장성과는 다소 거리가 있음.
계층성	· 상하 간의 관계는 행정 업무적인 관계와 전술적인 명령 체계의 관계를 동시에 가짐. · 지휘관 중심의 수직적인 지시가 관행화되어 있어 상하 간의 커뮤니케이션은 유연하지 못함.	· 상하 간의 관계는 행정 업무적인 지시와 수행 결과 보고가 대부분임. · 부서장과 조직구성원 간의 커뮤니케이션이 비교적 용이한 편임.
전문성	· 소방 인사 및 소방 재정 분야를 제외한 부분은 고도의 전문지식과 기술이 요구됨.	· 전문성이 보통의 수준임. · 전문부서가 분산되어 있음.
결과성	· 결과가 부정적인 경우 책임을 면하기 어려움. · 현장 활동의 결과는 비가역적인 경우가 많음.	· 생산성, 정량성을 중요시함. · 업무 집행으로 결과가 부정적으로 나와도 업무 절차만 정당하였다면 결과에 대하여 책임을 지지 않는 경우가 많음.
위험성	· 소방 활동의 현장에는 물리적·화학적 위험이 뒤따름. · 위험성에 대하여도 도전적임.	· 특수 부문을 제외한 대부분의 행정은 위험성이 낮음. · 위험성에 대하여 회피적임.

출처: 복문수 외(2010).

3. 소방조직 연구의 중요성과 학습의 필요성

현재 우리 사회는 도시의 인구집중화 현상, 날로 늘어만 가는 고층 건축물들, 지하 생활공간의 확대, 가스·위험물 시설 및 사용량의 증가, 차량 증가, 불특정 다수가 운집하는 백화점이나 극장 등의 증가 등 생활환경의 변화로 인한 과거와는 다른 새로운 양태의 위험 요소가 도처에 도사리고 있다. 소방 수요는 일반적으로 지역의 인구·건축물·차량·가스·위험물·각종 사용량 등의 증감에 따라 변화된다고 할 수 있는 바, 1960년대 후반부터 경제 성장과 산업구조의 급속한 변화에 따른 인구와 산업의 도시 집중 현상으로 도시권이 확대되면서 건물의 고층화와 대형화를 가져왔으며, 또한 공업단지의 규모도 확대되고, 국민생활의 수준이 높아짐에 따라 차량의 증가, 우류·가스·전기의 사용량도 계속적으로 증가하고 있어 현대 사회에서 소방의 역할은 점점 더 커지고 있다(양기근 외, 2016: 117).

이처럼 소방의 역할과 소방조직에 대한 연구의 중요성이 증대하고 있는 이유는 다음과 같다.

첫째, 소방환경의 양적·질적 변화이다. 도시화·지하화·고층화, 고령화 등 사회인구 구조의 변화는 소방조직의 효율화와 합리화를 요구하고 있다.

둘째, 소방공무원 수의 증가이다. 소방공무원은 2008년 31,918명에서 2017년 12월 현재 48,042명으로 급격하게 증대되어 소방 인력 및 조직관리의 중요성이 커지고 있다. 또한 119 구조 활동 출동 건수는 2008년 275,662건에서 2017년 805,194건으로 증대되었고, 119 구급 활동 출동 건수는 2008년 1,809,176건에서 2017년 2,788,101건으로 크게 증대되었다. 이 또한 소방 인력 및 조직관리의 필요성을 증대시키고 있다.

〈표 1-4〉 연도별 소방공무원 현황(2008~2017)

(단위 : 명)

연도별		합계	총감	정감	소방감	소방준감	소방정	소방령	소방경	소방위	소방장	소방교	소방위
2008	국가	233	-	-	5	21	20	24	39	47	39	35	3
	지방	31,685	-	-		12	222	731	1,700	2,014	4,593	9,639	12,774
	소계	31,918	0	0	5	33	242	755	1,739	2,061	4,632	9,674	12,777
2012	국가	263	1	1	8	19	20	31	45	53	39	38	8
	지방	38,587	-	-		13	252	856	2,172	2,691	5,907	10,865	15,831
	소계	38,850	1	1	8	32	272	887	2,217	2,744	5,946	10,903	15,839
2017	국가	585	1	3	10	17	28	74	91	115	88	90	68
	지방	47,457	0	0	0	18	295	1,139	3,287	3,435	6,760	12,711	19,812
	소계	48,042	1	3	10	35	323	1,213	3,378	3,550	6,848	12,801	19,880

출처: 소방청(2018: 26).

〈표 1-5〉 연도별 119 구조·구급 활동 현황(2008~2017)

(단위 : 명)

연도별	119 구조 활동 현황			119 구급 활동 현황		
	출동 건수(건)	구조 건수(건)	구조 인원(명)	출동 건수(건)	이송 건수(건)	이송환자 수(명)
2008	275,662	182,619	84,559	1,809,176	1,269,189	1,316,942
2009	361,483	257,766	90,349	1,998,314	1,387,396	1,439,688
2010	389,713	281,743	92,391	2,045,097	1,428,275	1,481,379
2011	431,912	316,776	100,660	2,034,299	1,405,263	1,453,822
2012	565,753	427,735	98,533	2,156,548	1,494,085	1,543,379
2013	531,699	400,089	110,133	2,183,470	1,504,176	1,548,880
2014	598,560	451,050	115,038	2,389,211	1,631,724	1,678,382
2015	630,197	479,786	120,393	2,535,412	1,707,007	1,755,031
2016	756,987	609,211	134,428	2,677,749	1,748,116	1,793,010
2017	805,194	655,485	115,595	2,788,101	1,777,188	1,817,526

출처: 소방청(2018: 128, 158).

셋째, 소방 역량 제고의 필요성이다. 최근 제천 화재[5]와 밀양 세종병원 화재[6] 등에서 볼 수 있듯이 유능한 현장지휘관을 포함한 소방조직의 효율적 관리가 어느 때보다도 절실하다.

조직론은 행정에서 이루어지는 조직 현상을 대상으로 연구하는 학문이다. 따라서 소방조직론을 공부한다는 것은 공공성을 특징으로 하는 소방조직 현상에 관한 지식, 가

---

5) 제천 스포츠센터 화재는 2017년 12월 21일 15시 53분에 충청북도 제천시 하소동에 있는 노블휘트니스앤스파 스포츠센터에서 일어난 화재로 29명이 사망하고, 36명이 부상을 입었다. 특히, 화재 발생 직후 제천소방서 출동대가 제대로 대처하지 못하였다는 지적 등이 제기되면서 소방 인력의 역량 제고가 중요한 현안 과제가 되었다(위키백과, 2019.3.2. 검색).

6) 밀양 세종병원 화재는 2018년 1월 26일 경상남도 밀양시에 있는 세종병원에서 발생한 화재 사고로 의사 1명, 간호사 1명, 간호조무사 1명을 포함하여 47명이 사망하고, 112명이 부상당하는 등 총 159명의 사상자가 발생하였다.

치, 기술을 학습하는 것이다. 그렇다면 소방조직론을 연구하고 공부하는 이유는 어디에 있을까? 학생들이 소방조직론을 선택하여 공부하는 이유는 다양할 것이다. 소방조직을 왜 공부하는가에 대한 구체적인 동기를 몇 가지 살펴보면 다음과 같다(송용선, 2009: 양기근 외, 2016a: 116-117).

첫째, 소방조직론을 공부하는 일차적인 목적은 좋은 정부와 효율적인 소방조직을 구현하여 국민의 삶의 질을 높이기 위해서이다. 좋은 정부와 좋은 행정이 구현될 때 우리의 삶의 질이 높아질 수 있다. 정부와 소방조직이 엉망이면 그만큼 국민들은 피곤해진다. 소방조직론을 공부하는 일차적인 이유는 교양인으로서, 깨어 있는 시민으로서 좋은 정부와 행정을 구현하기 위해서이다.

둘째, 소방조직론을 공부하는 중요한 동기 중 하나는 문제 해결 능력을 향상시키기 위해서이다. 공공문제들은 문제의 성격이 복잡할 뿐 아니라 해결하기가 곤란한 경우도 많다. 여러 집단의 이해관계가 얽혀 있고, 추구하는 목표도 다양하며, 필요한 인적·물적 자원은 부족한 경우가 대부분이다. 이러한 문제들을 해결하기 위해서는 문제의 정의, 대안의 모색 및 결과의 예측, 자원의 동원 및 관리에 필요한 능력이 요구된다. 특히 인간 협동의 기술이 매우 중요하다. 소방조직론 교육의 핵심은 이러한 문제 해결 능력을 향상시키는 데에 있다. 이러한 소방조직론 교육이 그동안 이루어지지 않았다면 이 방향으로 나가야 한다. 특히 지식정보화 사회에서의 문제 해결 능력은 전문 지식과 수평적 사고, 창조적 아이디어로 무장되는 데에서 함양된다. 또한 새로운 것에 도전하는 의지, 위험을 떠맡는 주체성, 자원 부족을 극복하는 창조성을 기를 필요가 있다.

셋째, 소방조직론을 공부하는 또 다른 이유는 소방관이라는 직업인으로서 소방조직에 대한 이해와 학습이 필요하기 때문이다. 우리 사회에서 소방공무원은 사회적 영향력 면에서 아주 중요한 위치에 있다. 소방공무원으로서 국가와 국민을 위하여 봉사하고 싶은 사람은 우선 공직에 진출하여야 한다. 공직에 진출하기 위해서는 소방공무원 채용시험에 응시하여야 한다. 공직에서 하는 일은 재정, 경제, 교육, 환경, 문화 등 매우 다양하다. 어느 분야이든 공통된 능력은 관리자로서의 능력이다. 행정계층에 따라 약간의 차이는 있지만 프로그램 관리자, 인력 관리자, 조직 관리자, 정책 분석가 등이 필요하다. 소방조직론은 소방조직 관리자로서의 능력을 함양하기 위하여 필요한 과목이다.

조직이론의 발달

제1절 조직이론의 발달 과정

지금까지 조직이론에 대한 분류는 여러 학자에 의하여 이루어져 왔지만, 그중 기존 조직이론을 가장 체계적으로 정리한 것의 하나(이창원 외, 2014: 49)로 조직이론의 발달사를 일정한 기준에 따라 분류하고자 노력한 스콧(Scott, 1998)의 분류 방법이 비교적 명쾌하다(민진, 2015: 58).

스콧(W. Richard Scott)은 오늘날 존재하는 조직을 이해하기 위해서는 조직에 대한 이론들의 역사적 맥락을 이해할 필요가 있다고 주장하면서, 1987년 *Rational, Natural, and Open Systems*를 출간하고, 조직이론을 이해하기 위하여 환경에 대한 고려 여부와 조직의 특성이라는 두 가지 측면을 고려하여야 한다고 주장하였다(최천근·이창원, 2012: 115).

스콧은 환경에 대한 고려 여부의 관점에서 폐쇄적 관점과 개방적 관점으로 구분하고, 조직의 특성 측면에서 합리적 인간관과 자연적 인간관으로 구분하였다. 이에 따른 스콧의 조직이론의 시기별 분류는 다음과 같이 구분할 수 있다(민진, 2015: 58-59; 오세덕 외, 2019: 56에서 재구성).

제1기는 폐쇄-합리적 조직이론이 지배하던 시기로 1900년부터 1930년까지이다. 이 시기 조직이론은 조직을 외부 환경과 단절된 폐쇄 체제로 보면서, 조직구성원들이 합리적으로 사고하고 행동하는 것으로 간주하는 이론이다.

제2기는 폐쇄-자연적 조직이론이 지배하던 시기로 1930년부터 1950년대까지이다. 조직을 여전히 외부 환경과 단절된 폐쇄 체제로 보는 점에서는 이전과 유사하나, 조직구성원들이 합리적이 아닌 자연적 관점에서 바라보면서 인간적 문제에 중점을 두었다는 점에서 구분된다. 따라서 조직의 공식적 구조보다 구성원들 사이의 비공식 관계의 구조를 이해하는 것이 조직구성원의 행태에 대한 이해를 돕는다고 보았다. 이 시기의 주요한 조직이론은 인간관계론, 환경유관론, XY이론 등이 포함된다.

〈표 2-1〉 스콧의 조직이론 분류의 특징

구분	제1기	제2기	제3기	제4기
이론의 가정	폐쇄·합리 체계	폐쇄·사회 체계	개방·합리 체계	개방·사회 체계
강점	정확성, 안정성, 책임성 요구 조직의 효율성 강조	조직을 유기체로 간주 개인과 조직의 욕구의 관심	조직을 유기체로 간주 환경에 대한 효율적 적응 강조	조직의 비합리적인 동기적 측면 관심 자기조직화 및 학습에 관심 효과적인 생존 강조
약점	환경 적응의 어려움. 냉정하고 비판의 여지가 없는 관료제 초래 낮은 계층의 구성원에게 비인간적	조직의 논리를 외면하고 인간 문제에 극단으로 치우침.	조직과 환경을 지나치게 실물적으로 봄. 시스템의 상이한 요소들의 독립적 생존 능력 부정	
공헌 분야	산업공학, 인간공학을 중심으로 한 경영과학 분야	사회학, 심리학을 중심으로 행동과학, 인적자원관리론 분야	생물학에서 도출된 시스템 이론을 중심으로 상황이론, 전략론, 조직설계 및 조직 개발 분야	자기조직화, 조직학습, 학습조직, 조직문화 분야
대표적 학자	Taylor Weber Fayol	Mayo McGregor Selznick	Chandler Lawrence & Lorsch Thompson	Weick March Senge

출처: https://www.mentorsnote.com/archives/748(검색일: 2019년 1월 25일) 재인용.

제3기는 개방-합리적 조직이론이 지배하던 시기로 1960년부터 1970년까지이다. 조직이나 인간의 합리성 추구를 재차 강조하였으나, 조직과 환경과의 관계를 중요시하는 관점으로 변화하게 된 시기이다.

제4기는 개방-자연적 조직이론이 지배하는 시기로 1970년대 이후이다. 조직환경의 중요성을 강조하지만, 조직의 합리적 목적 수행보다는 조직의 존속이나 비합리적인 동기적 측면을 강조하던 시기이다.

제2절 고전적 조직이론

고전적 조직이론은 1900년 초 과학적 관리론의 영향 아래 성립·발전되어 1930년대 완성된 조직이론이다(오세덕 외, 2019: 56). 즉, 고전적 조직이론은 1900년부터 시작된 초기의 조직연구 경향이나 활동의 총칭으로 오늘날까지 조직이론의 중심에 위치한 조직 연구의 기초이자 기본이라 할 수 있다(김병섭, 1996: 65). 특히 고전적 조직이론은 미국에서 경영합리화 및 행정 능률의 향상을 뒷받침하기 위하여 이루어진 이론으로 크게 테일러(Frederick W. Taylor)가 주창하는 과학적 관리학파, 최고관리층의 기능으로 POSDCoRB와 조직의 원리를 제시한 귤릭(Luther H. Gulick)과 어윅(Lyndall F. Urwick) 주도의 행정관리학파, 그리고 합리적·합법적 관료제 이념형을 제시한 베버(Max Weber)의 관료제 이론으로 구분할 수 있다(오세덕 외, 2019: 57). 이러한 고전적 조직이론은 조직을 마치 기계와 같은 것으로 보고 조직 내의 구성원들을 기계의 부품으로 생각하는 입장에서 조직의 능률성(efficiency)을 추구한 점이 특징이다(행정학용어 표준화 연구회, 2010).

반면, 고전적 조직이론은 능률성만을 지나치게 강조하고 있으며, 환경적 영향은 무시한 채 폐쇄적 체제로서 조직을 다루고, 인간 역시 기계론적 시각에서 합리적·경제적인 요인을 추구하는 존재로 보고 있다는 점에서 비판받고 있다.

1. 과학적 관리론

과학적 관리론은 19세기 말 이후 주로 미국을 중심으로 사기업의 생산성을 높이고 경영의 합리화를 도모하고자 제시된 이론으로 대표학자인 테일러(Frederick W. Taylor)가 자신이 근무한 철강회사의 경험을 토대로 『과학적 관리의 원칙(The Principle of Science Management)』을 발표하면서 제시되었다.

1) 과학적 관리론의 내용

과학적 관리론은 테일러의 『과학적 관리의 원리』, 갠트(Henry L. Gannt)의 '갠트과업상여제도', 길브레스(Frank B. Gilbreth)의 '동작연구', 에머슨(Richard M. Emerson)의 '표준원가 계산', 포드(Henry Ford)의 '일관작업 체제(conveyor system)' 등으로 이어지면서 발전하였다(민진, 2015: 61).

테일러는 기업의 생산성과 능률성을 높이기 위하여 전통적 관리 방식이나 주먹구구식(rules of thumb) 혹은 관리자의 독단적 직관에 의존하는 방법을 지양하고, 노동자를 과학적으로 선발하여 그들이 최대의 노동력과 잉여가치를 산출할 수 있도록 작업 현장의 노동자에게 관심을 두고 객관적으로 확립된 과학적 원리와 방법을 연구해 적용하고자 하였다(Taylor, 1947: 36-37; 윤재풍, 2014: 40; 오세덕 외, 2019: 58 수정 인용). 이에 따라 테일러는 과학적 관리의 연구 목적을, 첫째, 조직의 비능률에서 생겨나는 국가 전체의 커다란 손실을 막아야 하고, 둘째, 조직의 비능률을 제거하기 위하여 비범하고 특별한 인간에게 의지하기보다 체계적이며 과학적인 관리 방법을 연구해 적용하여야 하며, 셋째, 명확히 정의된 법칙과 원리에 입각한 조직관리가 가장 과학적임을 증명하고, 이를 개인의 단순한 작업에서 대규모의 조직 활동에 이르기까지 적용하여, 이를 통하여 경이로운 결과를 가져온다는 것을 확신시켜야 한다고 보았다(Taylor, 1911: 7; 윤재풍, 2014: 40 수정 인용). 결과적으로 테일러의 최대 관심사는 경영에서의 능률성 제고를 통한 이윤의 극대화였다.

테일러의 과학적 관리의 원리는 실제로 경영 원리에 적용할 때 ① 시간 및 동작연구와 과업관리, ② 개별적 성과급의 지급 등 임금 형태의 합리화, ③ 기능적 감독 제도의 적용, ④ 작업자의 과학적 선발, 신체적 조건에 대한 종합적 분석과 능력 발전, ⑤ 관리층과 노동자의 협동을 핵심 사항으로 제시하였다.

2) 과학적 관리론의 한계

테일러로 대표되는 과학적 관리는 현대 조직이론의 기초로 조직관리의 기능적 합리성을 제고하고, 비능률적인 인간 유기체를 최선의 방법으로 생산성 향상에 기여할 수 있도록 기술과 지식을 체계화하는 기초를 제공하였다는 점에서 의의가 있다(민진, 2015: 62; 오세덕 외, 2019: 59).

그러나 과학적 관리론은 인간을 단순히 기계적·합리적·비인간적 도구로 취급하고 있으며, 기계적 능률을 강조하는 과학적 관리론의 내용을 행정에 그대로 적용하기에는 이윤 추구를 목적으로 하는 기업과 달리 행정이 공익을 우선한다는 점에서 일정한 한계점을 지닌다(민진, 2015: 62; 오세덕 외, 2019: 59). 그뿐만 아니라 과학적 관리론은 작업 현장의 하위계층 노동자의 조직과 관리에 주로 초점을 둔 나머지 관리자의 입장에서 거시적으로 조직 전체를 관리하는 원리와 방법의 탐구를 소홀히 하고 있다는 평가를 받고 있다(윤재풍, 2014: 42).

2. 행정관리론

과학적 관리론이 주로 조직 현장의 하위층에서 일하는 노동자의 과업 분석을 관리하는 데 초점을 둔 미시적 접근이라면, 행정관리론은 1916년 프랑스에서 『산업 및 일반관리론(Administration Industrielle et Générale General and Industrial Management)』을 발표한 프랑스의 학자 페이욜(Henri Fayol)을 필두로 윌로비(William F. Willoughby), 그리고 1930년대 귤릭(Luther H. Gulick) 등이 관리자에게 초점을 두고, 조직을 편성하고 관리하는 보편적·일반적이며 거시적 원칙론을 제시하였다는 점에서 의의가 있다(윤재풍, 2014: 42). 행정관리론은 조직의 능률을 기본 개념으로 채택하면서 조직 단위의 기본 관계, 관리 기능의 유형, 관리의 과정, 분업과 통제에 관한 원리들을 포괄하고 있다(민진, 2015: 62).

1) 행정관리론의 내용

페이욜(Fayol, 1949)에 따르면, 조직의 복잡성이나 규모에 관계없이 기술, 영업, 재무, 보호, 회계, 관리 활동의 여섯 가지 활동 영역을 가진다(Fayol, 1949: ch.5; 윤재풍, 2014: 43 인용). 이 가운데 관리 활동은 계획·조직화·명령·조정·통제 등의 요소로 다른 다섯 가지 기능과 구분되면서도 동시에 다섯 가지 기능 수행과 밀접히 관련되는 전체적 혹은 일반적인 기능이다(윤재풍, 2014: 43). 귤릭은 여기서 더 나아가 유명한 POSDCoRB라는 개념을 창안하였다. 즉 P(planning, 계획), O(organizing, 조직화), S(staffing, 인사), D(directing, 지휘), Co(coordinating, 조정), R(reporting, 보고), B(budgeting, 예산)으로 페이욜의 관리 기능보다 범위를 확대한 것으로 볼 수 있다(Gulick & Urwick, 1937: 13; 윤재풍, 2014: 45).

귤릭(Gulick, 1978: 52)에 따르면, 이러한 기능을 달성하기 위하여 조직은 분화되어야 하고, 분화된 업무는 조정되어야 한다. 그런데 이들은 다른 행정관리론자들과 마찬가지로 분화 및 조정 과정에 통솔의 원리, 명령 통일의 원리 등이 필요함을 인식하고 있다. 다만, 이들의 특징적인 기여는 분업화의 기준을 제시하였다는 데 있다. 즉, 분업을 조직의 기초이며 조직의 이유라고 보았다(김병섭 외, 2008: 78).

2) 행정관리론의 한계

행정관리론은 조직을 편성하고 관리하는 일반적·보편적·거시적인 원칙론을 제시하고 정립하였다는 점에서 조직이론의 발전에 공헌한 것으로 평가된다. 다만, 조직은 수없이 많으며, 따라서 좀 더 다양하고 성격적으로도 다양한 차이를 보인다. 그뿐만 아니라 조직을 둘러싸고 있는 환경과 상황이 다양하며, 또한 이러한 환경과 상황은 변화하고 있다는 점에서 최선·유일의 보편적 이론과 원리 확립은 현실적으로 제한적일 수밖에 없다는 비판이 따른다. 더욱이 행정관리론이 제시하는 원칙(또는 원리)은 경험적 검증을 거치지 않은 단순한 규범적 혹은 가설적 수준의 명제일 뿐이라는 비판을 받고 있다(윤재풍, 2014: 47).

3. 관료제이론

베버(Max Weber)와 앨브로(Martin Albrow) 등이 제시한 관료제이론은 조직의 구조적인 측면에 초점을 둔 이론으로 대규모 조직으로서 합리적·합법적 지배가 제도화된 현대 사회의 조직을 일컫는다(민진, 2015: 63). 관료제는 학자에 따라 매우 다양한 개념으로 제시되는 다의적 개념으로 불확정적 개념이다.

1) 베버의 관료제이론의 내용

베버는 관료제를 다음과 같은 특징으로 정의하고 있다(Marx, 1957: 17-33; 오세덕 외, 2019: 62 재인용).

첫째, 관료제는 특정한 형태의 조직, 즉 조직구조로서의 의미를 지닌다.

둘째, 특정 조직 형태에서 나타나는 병폐로서의 의미를 지닌다.

셋째, 관료제는 거대한 정부와 동의어로 사용되며, 특히 현대 정부의 성격으로서 관료제를 의미한다.

넷째, 특권적 정치권력 집단으로서 현대 정부를 의미한다. 대부분의 학자는 대규모 조직에서 공통적으로 발견되는 구조 내지 기능상의 특징을 관료제로 지칭하는 경우가 많다.

베버의 관료제 모형은 조직학계에 지대한 공헌을 하였지만, 이에 대한 수정과 비판이 끊이지 않고 있다. 베버의 관료제 모형은 조직의 구조 형성에 관한 고전적인 모형의 한 전형이라 할 수 있다. 그의 관료제 모형은 인간의 합리적이며, 예측 가능하고 질서 정연한 측면에 착안한 합리적·공식적 모형이다(오석홍, 2005). 즉, 베버는 사회 체제의 '이념형(ideal type)'으로 합리적이고 효과적인 조직으로 관료제 모형을 유형화한 것이며, 이에 따라 베버는 이념형의 입장에서 권위(authority)의 정당성을 기준으로 관료제 지배 유형을 전통적 지배, 카리스마적 지배, 합법적 지배의 세 가지로 분류하였다(오세덕 외, 2019: 62-63).

그가 분류하는 세 가지 권위는 다음과 같이 구분된다(윤재풍, 2014: 50).

첫째, 전통적 권위(traditional authority)는 사람들을 전통과 관습에 동조해 복종하도록 하는 힘으로, 가부장제나 가산관료제의 지배가 이에 해당한다.

둘째, 카리스마적 권위(charismatic authority)는 사람들을 어떤 인물의 비범한 능력과 자질에 동조·복종시키는 힘이다. 많은 추종자를 이끄는 종교·정치·군지도자와 같은 경우가 해당한다.

셋째, 합법·합리적 권위(legal authority)는 공식적·객관적으로 확립된 법과 규칙, 인간의 이성에 근거하는 합리적 기준과 원칙에 사람들이 동조·복종하는 경우로 근대사회를 특징짓는 관료제적 지배를 의미한다.

특히 베버가 이상형으로 제시하는 관료제 모형은 법과 규칙에 따라 지배되며, 계층제 구조를 특징으로 문서에 의한 직무 수행이 이루어진다. 또한 공공사무는 사적 사무와 엄격히 분리되며, 분업·전문화를 통하여 이루어지며, 따라서 전문지식·기술이 관료에게 합법성을 인정하는 기초가 되는 동시에 연공서열이나 업적에 의한 승진이 이루어지는 것을 전제로 한다는 특징이 있다.

2) 베버의 관료제이론의 한계

관료제는 실증적 연구를 토대로 제시되지 않은 이념적 모형이라는 점에서 여러 학자의 이론적 타당성에 대한 비판을 받고 있으며, 관료제의 구조와 형태는 물리적인 기계의 구성물과 유사하다는 기계적 조직관을 수용하고 있고, 인간 역시 기계 부품으로 보고 있다는 점에서 비판받고 있다(윤재풍, 2014: 53). 또한, 관료제는 순기능도 많지만 역기능의 발생 가능성에서도 비판을 받고 있다. 즉, 관료제는 조직의 능률성, 안정성, 예측가능성 측면에서 순기능을 발휘하지만 머튼(Robert K. Merton), 톰슨(Victor A. Thompson), 블라우(Peter M. Blau), 셀즈닉(Philip Selznick), 크로지에(Michael J. Crozier) 등은 동조과잉, 서면주의, 무사안일주의, 할거주의, 그리고 전문화로 인한 무능과 같은 관료제의 병리적 행태, 환경 적응 능력의 부족과 관료제의 관료에 대한 억압과 좌절 등을 제시한다(민진, 2015: 139-140 인용).

제3절 신고전적 조직이론

신고전적 조직이론은 고전이론에 대한 비판이론들의 연구 경향이나 활동들을 묶어 총칭하는 것으로 기계적 세계관이나 기계적 조직관에 대한 반발에서 비롯되었으며, 인간을 조직의 부속품이 아닌 감정적·사회적 동물로 보는 인간관의 변화에 부응한 이론이다(오석홍, 2005: 25-27; 민진, 2015: 63). 신고전적 조직이론은 1920년대 메이요(Elton Mayo) 등이 실시한 호손실험을 계기로 성립된 인간관계론을 핵심으로 이후 환경적 영향이 조직에 미치는 영향을 중요시하면서 환경유관론과 생태론 등이 포함되었다(오세덕 외, 2019: 75-76).

신고전적 조직이론은 고전적 조직이론에 대비하여 사회적 능률(social efficiency)을 새로운 가치 기준으로 제시하였으며, 공식적 구조 외에 비공식적 요인을 중시하기 시작하였다. 또한 고전적 조직이론의 폐쇄 체제적 접근 관점에서 환경과의 상호 작용을 중시하는 개방 체제적 접근 방법의 발전에 기여하였으며, 형식적 과학주의에서 탈피한 경험주의(empiricism)를 제시하였다는 점을 특징으로 한다.

1. 인간관계론

인간관계론의 대표적 학자는 메이요(Elton Mayo), 뢰슬리스버거(Fritz J. Roethlisberger), 화이트헤드(Alfred Whitehead), 그리고 레빈(Kurt Lewin) 등(민진, 2015: 64)으로, 1920년 말 과학적 관리론에 대한 노동계의 비판과 미국의 경제 대공황에 따른 노사분쟁의 격화 속에 인간적 요인의 중요성과 인간적 가치에 대한 재인식을 통하여 조직관리의 합리화를 모색할 필요성이 제시되면서 등장하였다(오세덕 외, 2019: 76).

1) 인간관계론의 내용

인간관계론 성립의 직접적 계기는 메이요(Mayo, 1933)의 호손(Hawthorne) 공장 실험에서 출발하였다. 호손 공장 실험은 미국의 서부전기회사(Western Electric)에서 실시된 4회의 실험, 즉 조명도실험, 기기 조립시험, 면접계획, 그리고 배선 조립시험으로, 이들 실험의 결과가 바로 신고전적 의미를 지니게 된 것이다(민진, 2015: 64).

호손 공장 실험의 결과로 종래의 과학적 관리론의 주요 명제인 공식조직의 구조, 물리적 작업 조건, 금전적 유인 등이 노동자의 만족과 생산성을 좌우하는 직접적 영향 요인이라는 명제의 수정을 가져왔다(윤재풍, 2014: 65). 즉, 인간은 경제적 요인에 의해서만 행동이 결정되지 않으며, 노동자의 욕구·감정·태도·가치관·비공식 조직과 사회적 관계 등이 중요한 매개변수로 작용한다는 점을 강조하였다.

이에 따라 호손 공장 실험의 결과 제시된 인간관계론에서는 조직사회관, 사회적 욕구의 충족, 민주주의적 리더십 등을 강조한다(Kast & Rosenzweig, 1979; 민진, 2015: 64-65). 즉, 조직은 단순한 기계적 구조물이 아니라 인간들로 구성된 사회적 체제이며, 따라서 조직 내의 인간들로 구성된 소집단이나 비공식적 인간관계가 강조된다. 또한, 구성원은 경제적 요인에 의해서뿐만 아니라 사회적 유인, 심리적 유인에 의하여 동기를 부여하며, 마찬가지로 권위주의적 리더십보다는 민주주의적 리더십을 통하여 스스로 결정하고 참여시키는 분위기일수록 심리적 욕구 충족도가 높아지고, 이러한 사회심리적 만족감이 높아질 때 생산성이 높아진다는 것이다(민진, 2015: 65).

인간관계론은 조직과 관리 분야에 의미 있는 지식과 실용적 영향을 준 것으로 평가할 수 있다(정우일 외, 2011: 87). 이들은 고전적 조직이론을 비판하면서 인간과 조직에 대한 근본적인 가정을 제시하였으며, 관료제이론이나 고전적 조직이론들이 개인의 성장과 발전을 가져오기 어려우며, 비공식조직을 고려하지 않았다는 점을 지적하였다.

2) 인간관계론의 한계

인간관계론은 조직의 한 변수일 뿐 인간 변수에만 너무 좁게 집착함으로써 조직구조, 노동조합 및 환경적인 압력 등과 같은 다른 중요한 조직 변수에 주의를 기울이지 않고 있다는 비판을 받고 있으며, 특히 1950~60년대 들어 행태주의와 함께 경험적 연구들이 증가하면서 개인의 직무 만족과 생산성과의 강한 관계가 나타나지 않으면서 경험적인 지지의 결핍을 갖고 있다는 점도 한계점으로 지적된다.

2. 환경유관론

환경유관론은 인간관계론 이후에 나타난 이론으로, 조직을 조직환경에 적응적인 유기체로 간주하기 시작한 일단의 연구 경향이다. 환경유관론은 고전적 조직이론과 달리 조직을 환경 속에 종속된 일부로 인식하면서 환경의 변수에 따라 그 실질을 달리한다고 본다는 점에서 구분되며, 개방 체제로서 조직을 바라보는 현대 조직이론과 대비해서 조직을 여전히 고정적인 종속변수로 환경의 영향, 투입 작용만을 강조한다는 점에서 차이가 있다. 따라서 환경유관론은 조직이론의 발달 과정에서 폐쇄 체제와 개방 체제의 경계에 위치하는 이론이라 할 수 있다.

1) 환경유관론의 내용

환경유관론의 대표 학자로는 파슨스(Talcott Parsons), 버나드(Chester I. Barnard), 셀즈닉(Philip Selznick), 클라크(Burton Clark) 등이 포함된다(민진, 2015: 65). 환경유관론은 조직과 환경이 상호 작용을 하기 때문에 조직 내부의 합리적 계획은 조직구성원의 특성이나 외부적 환경에 따라 제약을 받거나 의도한 것과 전혀 다른 결과를 초래할 수 있다고 보며, 따라서 조직이 통제할 수 없는 외부 변수들에 관심을 둔다.

또한 조직 내에서 공식적·비공식적으로 지속되는 조직 관행이나 조직 절차가 조직 구성원에게 전수되고 공유된다는 사실에 주목하여 조직의 제도화 과정에 주목한다. 즉, 조직을 목표 달성을 위한 수단 내지 도구로 생각하는 경우에는 목표 달성을 더 잘 수행할 수 있는 다른 조직의 등장과 함께 조직은 생명을 잃게 되지만, 조직을 제도로 생각하는 경우에는 영속성이 부여되어 환경의 변화에 따른 소멸을 방지할 수 있다는 입장이다.

따라서 조직은 급변하고 불확실한 환경 및 제한된 자원에 대한 경쟁 과정 속에서 생존하기 위하여 조직의 내부 과정을 환경과 자원에 맞추어 조정 또는 변화시키는 제도화 과정을 추구하게 되고 그 결과 영속성 유지가 가능해진다는 환경의 절대적 영향을 강조한다.

2) 환경유관론의 한계

환경유관론은 조직 내부는 물론 조직 외부 환경과의 관계를 강조하면서 조직의 시계(視界)를 확장하고 후일 개방 체제론이 발전하였다는 점에서 조직이론의 발전에 기여하였으나, 지나치게 조직 외부의 환경 영향만을 강조하면서 조직 내부 문제의 영향이나 조직이 환경에 미치는 영향을 경시하고 있다는 비판을 받는다(민진, 2015: 65 수정 인용).

제4절 현대적 조직이론

대체적으로 1950년대 이후 조직연구의 경향이나 활동을 총칭하는 현대 조직이론은 고전이론과 신고전이론에 대한 수정 또는 비판을 통합한 이론이다. 즉, 1950년대는 조직 연구자의 수가 증가하면서 다양한 학문 분야별로 접근 방법과 시각에 차이를 두고 조직연구가 수행되면서 조직연구의 분화와 통합이 진행되었으며, 오늘날 조직연구가 독자적 학문 영역으로서 '조직학'의 기초가 마련된 시기이다. 오늘날의 조직이론은 조직현상 연구의 경험과 지식 위에 성립하고 이들을 종합 또는 포용하는 경향성을 지니고 있는데, 이들 이론이 지닌 특성으로 가치 기준과 접근 방법의 분화, 통합적 관점의 성숙, 학제적 성격의 심화, 경험과학성의 향상 등을 들 수 있다(오석홍, 2005: 40-42; 민진, 2015: 65-66; 오세덕 외, 2019: 84-86).

1. 행태과학

행태과학(behavioral sciences)은 과학적 방법을 통하여 인간의 행태에 관하여 연구하는 학문으로 후기인간관계론(theory of post-human relations)으로 부르기도 한다(윤재풍, 2014: 69). 이는 행태과학이 조직연구에서 인간 행태(human behavior)를 다루는 과학적 접근법의 원용을 강조하기도 하며, 인간관계론의 비판적 승계를 통하여 새롭게 내용을 구성한 하나의 학문이며, 이론적 체계를 의미하기 때문이다.

1) 행태과학의 내용

행태과학의 주요 연구자들은 머슬로(Abraham H. Maslow), 맥그리거(Douglas M. McGregor), 아지리스(Chris Argyris), 허즈버그(Frederick Herzberg), 리커트(Rensis Likert), 허시(Paul H. Hersey)와 블랜차드(Kenneth H. Blanchard) 등을 들 수 있으며, 본격적인 연구는 사이먼(Herbert A. Simon)의 『행정행태론(Administration Behavior)』(1947)에서 출발하였다고 할 수 있다. 행태과학은 인간의 행태가 인간의 욕구 및 성격을 반영

하는 것으로 보고, 여기에서 인간의 행동의 근원을 찾으려 노력한다. 또한 인간 사이의 사회적 관계와 비공식 집단의 중요성도 강조하고, 인간 행태를 연구하는 데 경험적이고 실증적인 방법을 주로 사용한다(민진, 2015: 67-68 수정 인용).

행태과학을 구성하는 연구 내용은 크게 세 가지 차원으로 개인적 차원, 집단적 차원, 조직적 차원으로 나누어 설명할 수 있다(윤재풍, 2014: 73-74 인용). 첫째, 개인적 차원에서는 인간의 지각, 욕구, 가치관, 태도, 성격, 동기부여, 직무 만족, 개인학습, 개인적 의사결정 등에 대하여 연구한다. 둘째, 집단적 차원에서는 사회구성원으로서 규범, 역할, 권력, 갈등, 집단역학, 비공식집단, 리더십, 의사소통, 집단학습, 집단의사결정을 다룬다. 셋째, 조직적 차원에서는 조직구조, 조직문화, 조직적 의사결정, 조직 효과성, 조직의 거시적 변화 및 발전(OD)을 연구한다.

특히 사이먼의 의사결정 과정 핵심으로서 이론적 실증주의에 입각한 가치와 사실의 구별, 그리고 행정의 과학화를 위한 국한된 범위에서 연구 필요성은 행태과학에서 자연과학의 영역을 원용하고, 실험·관찰하여 법칙을 저립하는 과학적 접근 방법을 강조하는 데 영향을 미쳤다(오세덕 외, 2019: 87). 이에 행태과학은 조직 내 인간 행태를 분석 대상으로 과학적·실증적 연구를 통한 경험적 검증과 인간 행태의 이해, 그리고 실제 조직관리와 인간 행태의 바람직한 변화를 유인하기 위한 처방적 방법의 제시를 강조함으로써 의사결정에 기여한다는 측면에서 실질적 공헌을 하였다.

2) 행태과학의 한계

행태과학은 조직관리 측면에서 인간 행태에 대한 이해가 관리자의 입장에서 필요조건이지 충분조건은 아니라는 점에서 조직관리 전반에 대한 전체적 구도를 제시하고 있지 못하는 한계점이 지적된다. 즉, 조직관리에 필요한 인간 행태 외의 다른 하위 체제의 구조, 관리 기법 및 기타 조직관리에 관한 폭넓은 지식이 상대적으로 배제되어 있다는 한계를 보인다(오세덕 외, 2019: 88).

2. 상황이론

1950년대 말에 등장한 상황이론은 조직관리에 최선의 유일한 방법은 없으며, 상황 조건에 따라 결정된다는 이론으로, 고전적 조직이론과 달리 상황 조건이 다르면 거기에 맞추어 조직의 구조와 관리 체계, 과정이 설계되어야 비로소 효과적이며, 따라서 상황 조건으로 조직환경의 중요성을 강조한다(김병섭 외, 2008: 130). 이에 따라 상황이론의 주된 관심은 조직에 영향을 미치는 상황, 상황에 적합한 조직구조, 그리고 상황과 조직구조의 적합한 조합에 따른 생산성 향상에의 기여에 관심을 가진다.

1) 상황이론의 주요 내용

상황이론의 대표적 학자들로는 조직환경을 강조한 셀즈닉(Philip Selznick), 번스(Tom Burns)와 스토커(George M. Stalker), 로렌스(Paul R. Lawence)와 로쉬(Jay W. Lorsch), 그리고 기술과 조직구조와의 관계를 연구한 우드워드(Joan Woodward), 페로(Charles Perrow), 톰슨(Victor Thompson), 조직 규모에 관심을 가진 블라우(Peter M. Blau)와 그의 동료들, 로빈스(Stephen P. Robbins) 등을 들 수 있다(김병섭 외, 2008: 131-159). 이들 상황이론 연구자는 조직을 하나의 개방 체제로 보며, 최선 유일의 보편적 이론보다는 상대적·조건적 이론의 구성을 강조한다는 점에서 기존 연구들과 차이를 보이는 동시에, 조직 현상을 분석할 수 있는 전략 변수의 개발과 일반체제이론의 거시적 관점을 실용화하는 중범위이론을 구성한다는 점을 특징으로 하고 있다(오세덕 외, 2019: 99).

조직에 영향을 미치는 상황 조건으로서 환경과 관련하여 주요한 요소는 크게 조직구조와의 관계에서 조직환경, 조직 규모, 조직의 기술 측면에서 연구되어 왔으며, 이를 중심으로 살펴보면 다음과 같다.

첫째, 조직환경은 학자에 따라서는 조직의 전체 또는 부분에 영향을 미칠 가능성이 조직 경계 밖의 모든 요소라고 정의하며(Dak, 1980), 또 다른 정의는 환경은 조직이 아닌 모든 요소라고 정의하는 경우(Miles, 1980)로 환경은 조직과 구별짓는 경계를 가지며, 조직 경계의 밖에 포함된 외부적 변수로 이해한다(김병섭 외, 2008: 149 재인용). 이는 고전적 조직이론들이 갖는 조직의 폐쇄성을 비판하면서, 환경과의 상호 작용을 고려한 조직의 개방성을 강조한다. 이러한 환경적 변수로서 기술, 법률, 정치, 경제, 인구, 생태, 문화, 물리적 조건으로 구분하거나, 환경과의 관계에서 조직구조에 따른 관리행동의 변화를 통하여 환경적응성을 강조하기도 하며, 각각의 환경에 따른 조직구조 설계와 조직 생산성 사이의 변화를 강조하기도 한다(김병섭 외, 2008: 150-156).

둘째, 조직구조의 결정 요인으로 조직 규모에 주목한 연구들은 조직발전(성장과 쇠퇴) 과정에서 조직 규모와 조직구조의 관계를 설명하며, 조직구조의 결정 요인으로서 복잡성, 공식화, 집권화와의 정도는 조직 규모의 변화와 상호 관련이 있다는 점을 강조한다.

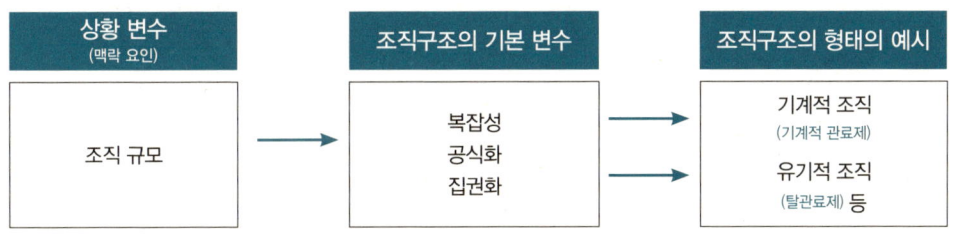

출처: 윤재풍(2014: 225) 수정 인용.

[그림 2-1] 상황 변수로서 조직 규모와 조직구조의 관계

셋째, 기술과 조직구조와의 관계에 대한 연구들은 우드워드(Woodward, 1965)의 경험적 연구를 배경으로 다양한 논쟁과 후속 연구들에 영향을 미치면서 다루어져 왔다. 우드워드는 기업의 다양한 조직구조 형태에도 불구하고 최선의 성과를 보이는 단일한 형태의 조직구조는 발견하기 어려우며, 오히려 생산 기술의 차이에 따른 조직구조의 차이

를 확인하였다. 즉, 기술적 복잡성의 정도에 따라 소량 생산 체제부터 대량 생산 체제, 기술복잡성이 높은 연속 공정 생산 체제를 갖는 조직구조 유형이 나타나며, 이들 유형에 따라 조직구조적 특성으로서 계층 수, 경영자의 권한 범위, 관리요원이 비율과 공식화, 집권화 정도 등에 영향을 미친다는 것을 확인하였다.

이후 페로(Perrow, 1967)는 과업의 다양성과 문제의 분석 가능성을 기준으로 기술을 분류하여 기술 유형에 따른 조직구조와의 관계를, 톰슨(Thompson, 1967)은 중개기술(mediating technology), 긴 연결기술(long-linked technology), 집약기술(intensive technology)에 따른 조직구조의 유형화를 검증하면서 중요한 상황 요인으로서 기술과 조직구조와의 관계성을 경험적으로 검증하였다.

〈표 2-2〉 우드워드(J. Woodward)의 기술 분류와 조직구조의 관계

기술 단위	소량 생산 체제	대량 생산 체제	연속 공정 생산 체제
구조적 특성	낮은 수직적·수평적 분화와 공식화·제품의 낮은 표준화	보통의 수직적 분화·높은 수평적 분화와 공식화·제품의 높은 표준화 ※높은 관료제 특성	높은 수직적 분화·낮은 수평적 분화와 공식화·제품의 높은 표준화 ※ 낮은 관료제 특성
효과적인 구조	유기적 구조	기계적 구조	유기적 구조

출처: 윤재풍(2014: 229) 인용.

2) 상황이론의 한계

상황이론은 상황 조건을 고정적인 것으로 가정하여 조직구조 및 특성이 결정된다고 보고 있다는 점에서 상황이론의 유동성을 고려하지 못한 한계가 있으며, 조직구조를 결정하는 중요한 변수의 하나로서 조직관리자의 역량과 재량을 다루지 못하고 있다는 한계를 갖고 있다. 즉, 상황과 조직구조의 관계의 해명에만 급급할 뿐, 상황 변화에 따른 조직의 조정 과정을 고려하지 않고 있으며, 상황 이외의 다양한 변수를 경시하는 경향이 있다는 비판이 따른다.

3. 관리과학

관리과학이란 조직이 당면한 문제의 해결 방법을 찾기 위하여 과학적 원리나 기법을 이용하는 일종의 접근 방법을 말한다. 관리과학은 과학적 관리론을 뿌리로 한 것으로서, 주로 조직의 관리 기법 분야의 연구 경향을 총칭한다(민진, 2015: 68).

1) 관리과학의 내용

관리과학은 계량적 도구를 이용한 계획·통제·의사결정의 효율화를 기할 것을 강조한다(오세덕 외, 2019: 92). 환언하면, 관리과학은 조직의 관리 문제 해결과 의사결정에 필요한 과학적 방법과 수학적 기법을 연구하고 적용하는 학문이라고 할 수 있다(Daft & Noe, 2001: 10; 윤재풍, 2014: 76).

따라서 관리과학은 다음과 같은 특징을 지닌다(윤재풍, 2014: 77; 민진, 2015: 68; 오세덕 외, 2019: 92). 첫째, 관리과학은 의사결정에 과학적 방법을 지원하며, 문제 해결을 체계적으로 접근한다. 즉, 조직 전체 체제의 맥락 속에서 개별적인 문제의 해답을 찾고자 한다. 둘째, 수학적 및 계량적 모형 구성을 강조하며, 심리·사회적 측면보다 경제적·기술적 측면을 강조하고, 최적해(最適解) 또는 최적 방안을 발견하는 데 목적을 두고 있다. 이에 관리과학은 확률론, 게임이론, 선형계획, 시뮬레이션, 통계적 의사결정이론 기법들이 사용된다.

2) 관리과학의 한계

관리과학은 최적해 도출을 통한 의사결정을 지원하는 수단적 연구 방법의 활용 측면에서 의의가 높은 반면, 사회적 문제와 배경, 가치 문제 등 의사결정자의 인간적인 요인과 제도적 맥락을 소홀히 하기 쉬우며, 수학적 모형화와 계량화에 중점을 두어 질적으로 복잡한 문제를 다루지 못한다는 한계가 있다.

4. 체제이론

체제이론은 '체제(system)'라는 개념을 기본으로 해서 조직 현상을 연구하는 방법이며, 앞에서 언급한 환경유관론적 접근의 뒤를 이어 발전되고 있는데(민진, 2015: 66), 근래 사회과학의 연구에서 가장 많이 원용되는 개념으로 공식적·체계적으로 구성된 조직을 유기체적 특성을 갖는 체제로 인식하는 접근법이다.

1) 체제이론의 내용

체제는 어느 정도 독립성과 자기 경계를 가지면서 동시에 다른 부분과 상호 작용하는 실체 또는 하나의 전체로서 집합체를 말한다(Hicks, 1972: 461; 윤재풍, 2014: 80 수정 인용). 즉, 모든 체제는 많은 부분 요소로 구성되며, 각 요소들은 서로 관련을 가지고 작용하고, 외부의 다른 체제와도 끊임없이 영향 관계에 있음을 의미한다. 대표적인 연구자로는 버나드(Chester I. Barnard), 카츠와 칸(Daniel Katz & Robert L. Kahn), 존슨(N.F. Johnson), 카스트와 로젠츠웨이그(Fremont F. Kast & James E. Rosenzweig) 등을 들 수 있다(민진, 2015: 66).

체제는 다음과 같은 특징들을 지닌다(윤재풍, 2014; 81; 민진, 2015: 67; 오세덕 외, 2019: 94 재정리). 첫째, 부분들로 구성된 하나의 전체성(holism)을 가지며 동시에 둘째, 어느 정도의 다른 체제와 구분되는 일정한 경계(boundary)와 독자적 영역을 가진다. 셋째, 각 체제는 상위 체제와 하위 체제로 구성하며, 상호 독립적인 각 체제는 상호 간의 경계를 투과해 상호 작용하며, 넷째, 체제의 생존을 위하여 투입·전환·산출 과정을 가진다.

체제는 둘러싼 환경과 상호 작용 유무에 따라 폐쇄 체제와 개방 체제로 구분된다. 폐쇄 체제는 자급자족적, 환경과 조직을 엄격히 구분하고 체제 내부의 각 하위 체제 간의 관계가 이루어지는 과정만을 중시하는 시각으로 조직을 기계적이며 정태적으로 이해한다는 점에서 전통적 조직이론의 시각을 반영한다.

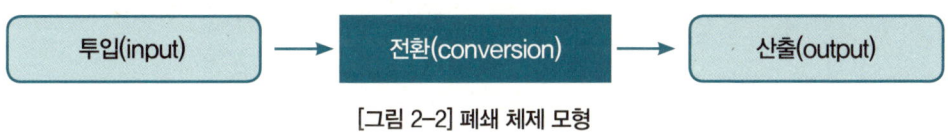

[그림 2-2] 폐쇄 체제 모형

반면, 개방 체제는 하나의 체제가 그 경계를 통하여 외부 환경과 상호 작용하는 상태에 있는 것으로 가정하며, 오늘날 사회과학이론 및 조직이론은 개방 체제이론을 전제로 접근하고 있다. 개방 체제는 내면적으로 자동조절 장치를 갖고 있어서 늘 균형 상태를 유지하며, 따라서 개방 체제로서 조직은 환경과 상호 작용하면서 조직 내부의 하위 체제들과도 상호 작용을 한다(민진, 2015: 67). 즉, 개방 체제는 체제가 에너지 소모 과정에서 무질서와 기능 약화로 인하여 소멸하는 현상(entropy)을 막고자 환경으로부터 새로운 에너지를 받아들이고 환류하는 역(逆)엔트로피(negentropy) 현상을 갖는다(윤재풍, 2014: 82; 민진, 2015: 67).

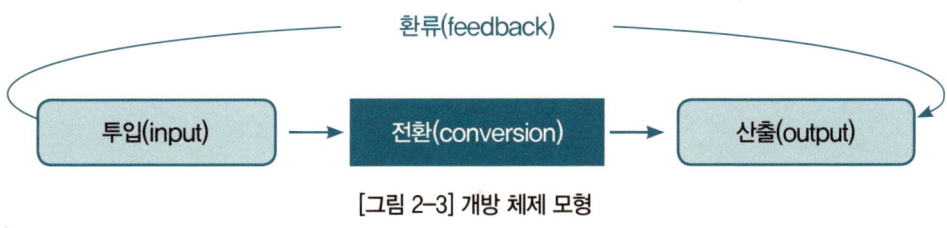

[그림 2-3] 개방 체제 모형

2) 체제이론의 한계

체제이론은 유기체적 존재로서 조직을 연구하는 데 도움을 주었으나, 추상적 개념으로서 조직 현상을 유기체 개념을 통하여 물화(物化)함으로써 객관화하여 이해할 수 있는가에 대한 문제점이 있으며, 체제 개념 속에 안정성·균형·유형 유지 등을 강조하기 때문에 그 자체로 현상 유지적이며 조직 현상에 대한 예측가능성을 위한 이론적 틀을 제공하는 데 한계가 있다.

제5절 미래 조직이론

스콧(W. Richard Scott)의 조직이론 발달 과정의 분류를 따를 때, 현 시점에서 미래 조직이론에 대한 일관된 정의를 통하여 이론을 분류하는 것은 한계가 있다. 다만, 갈브레이스와 롤러(Jay R. Galbraith & Edward E. Lawler)는 역동적, 학습적, 세계적, 기술 지향적, 팀 지향적, 고객 지향적, 방계적(lateral), 네트워크적 등의 형용사들로 미래 조직의 특성을 묘사하고 있으며, 따라서 환경 변화의 가속화와 불확실성의 증대에 대응한 조직화 방향의 설계 등이 강조되고 있다(신유근, 1996: 234-242; 박경원·김희선, 2002: 321 재인용).

여기에서는 이런 관점에서 미래 조직이론으로 미래 조직연구의 접근 방법 측면에서 혼돈이론, 불확실한 환경 변화의 적응 유연성을 강조하는 학습조직, 그리고 이를 반영하는 조직의 형태로서 네트워크 조직론을 살펴보고자 한다.

1. 혼돈이론

조직에서 구조를 분석하고 의사결정 규칙을 탐색하는 과정은 복잡성과 불확실성을 어떻게 다루는가의 문제가 핵심적이라는 사실을 부인할 수 없게 되었다(Galbraith, 1973; March & Simon, 1958). 이런 가운데 신과학(new science) 운동은 혼돈과 복잡성에 초점을 두고 있으며, 새롭게 등장한 복잡성이론은 기존 조직연구에서 다루지 못하였던 새로운 복잡성 개념을 제시하고 있다(최창현, 1999: 20 수정 인용).

이런 가운데 사회 체제를 개방 체제이고 비선형 체제로 전제하는 혼돈이론은 작은 입력으로 막대한 효과를 유발시킬 수 있는 비선형 관계 및 순환고리적 상호 관계, 그리고 시간의 흐름에 더욱 민감한 일시성 등에 주의를 돌린다는 점에서 기계론적 패러다임에 입각한 선형 관계 및 인과 관계에 관심을 대상을 가져온 기존 관점과 차이를 보인다(이창원 외, 2014: 548). 즉, 이전까지의 조직이론이 질서정연함 속의 질서(order in the orderliness)를 전제한 분석 가능한 환경을 상정하는 균형모형의 타당성을 다루었다면, 혼돈이론은 혼돈으로부터의 질서(order out of chaos)를 전제한 환경의 분석 불가능성을 상정하는 비균형모형으로부터의 변화나 갈등을 고려하여야 한다는 점이다. 달리 말해, 일반적 균형모형이 체제의 균형을 파괴할 우려가 있는 변화를 위기로 인식하지만, 비균형모형은 자기 혁신의 기회로 인식한다는 점에서 접근 시각에 차이가 있다(이창원 외, 2014: 549). 따라서 혼돈이론은 기존 균형모형 시각에 대한 비판에서 출발한다.

혼돈이론에 따르면, 혼돈(chaos)과 복잡성(complexity)은 현대 사회의 가장 큰 특징으로, 조직이 해결하여야 할 대상이 아닌 적응과 공존을 위한 과정으로 이해하여야 한다. 즉, 조직의 완전성을 유지하기 위한 방편으로 계속해서 스스로 새로워지려는 특성(Jantsch, 1979)인 자기조직화가 새로운 조직설계의 패러다임으로 이해될 수 있다(이창원 외, 2014: 553-555 수정 인용).

자기조직화는 조직학습을 창출할 수 있는 방법을 제시하는 동시에 지식정보사회에서 필요한 조직의 진화 방향을 제시한다. 그뿐만 아니라 자기조직화의 방법으로서 홀로그래픽(holographic) 조직설계는 첫째, 한 기능이 여러 기관에 혼합된 중첩성과 동일 기능이 여러 기관에서 독립적으로 수행되는 중복성을 포괄하는 개념인 가외적 기능의 원칙(백완기, 1992; 이창원 외, 2014: 552), 둘째, 당면한 환경의 다양성과 복잡성에 상응하는 내부의 필요적 다양성 원칙, 셋째, 이런 원칙을 실현하는 조직화 원칙으로서 절대적으로 필요한 핵심 사항 이외의 표준운영절차(SOP)를 지정하지 않는 최소한의 구체화 원칙, 넷째, 학습을 위한 학습 원칙을 바탕으로 한다(이창원 외, 2014: 553-554).

그리고 이런 자기조직화를 위한 홀로그래픽 조직설계의 원칙을 반영하는 현대 사회의 다양한 연성조직 형태로 팀 조직(team organization), 프로세스 조직(process organization), 네트워크 조직, 학습조직, 모래시계형 조직(hourglass organization), 클러스터형 조직(cluster type organization), 탈현대적 조직, 가상조직(virtual organization) 등이 있다(이창원 외, 2014: 557).

2. 학습조직

대부분의 조직구조 연구는 현재 변화의 속도나 특성을 고려하기보다는 좀 더 안정적이고 예측 가능한 세계에서 기능할 수 있도록 연구되었다는 특징을 지닌다. 이에 따라 현대 조직들은 조직구조를 선택할 때 하나의 유행적인 조직구조 채택의 행태를 보여 왔다. 그러나 조직환경 관리 능력과 적응 능력이 조직의 운명을 결정하는 현대 사회, 즉 환경의 불확실성이 증가하고 변화가 가속화되는 사회에서 이런 방식의 조직구조 결정은 조직의 쇠퇴로 이어질 수밖에 없다(박경원·김희선, 2002: 322). 따라서 현대 사회조직은 변화하는 환경 속에서 균형과 연속성을 유지할 수 있는 방향으로 현상에 대한 유지와 변화에 대한 예측의 균형 관계를 유지하도록 설계하는 것이 필요하다. 달리 말해 조직을 학습조직화함으로써 조직이 지속적으로 운영될 수 있어야 한다.

학습조직(learning organization)[1]이란 조직의 모든 구성원이 스스로 새로운 지식의 창조, 획득, 공유 등의 활동을 통하여 언제라도 새로운 환경에 적응할 수 있도록 끊임없이 자기 변신을 할 수 있는 조직을 의미한다(전기정·이진하, 1996: 303; 박경원·김희선, 2002: 323). 또한 가빈(Garvin, 1993: 80)은 학습조직을 지식을 창출하고 획득하며, 이전하는 데에 그리고 새로운 지식과 통찰력을 반영하도록 행동을 변화시키는 데에 능숙한 조직으로 이해한다(이창원 외, 2014: 559 재인용). 즉, 학습조직은 불확실한 환경에서 능동적 대처가 가능하다는 점에서 현대 사회 조직환경 변화에 대한 적응성 측면에서 유용성이 높다.

이런 점에서 학습조직은 향후 성공적인 조직의 조건 중 가장 중요한 요인으로 판단되고 있으나(박경원·김희선, 2002: 325), 학습조직은 특정 형태의 일반화된 모형이 있는 것은 아니며, 다양한 조직 유형으로 나타날 수 있다.

다만 그럼에도 학습조직은 수평적 분권화 경향이 강하며, 최소한의 공식적 절차만을 갖고 있는 특징이 있다(이창원 외, 2014: 562 수정 인용). 즉, 조직구조 측면에서 학습조직의 설계는 수직적 조직에서 수평적 조직으로, 급진적 조직재설계, 역동적 네트워크 조직의 활용 등의 방법으로 나타나고 있다.

---

[1] 학습조직은 일정한 조직구조, 전략, 비전, 학습의 수준과 유형 등의 요소로 구성되며, 자신의 구조와 행동을 지속적으로 새롭게 변화시키면서 조직구성원의 학습을 일으키고 바람직한 변화와 발전을 추진하는 조직으로 학습조직 시스템을 구성하는 한 부분이며 과정인 조직학습과 구분된다(윤재풍, 2014: 560 인용).

3. 네트워크 조직

최근 20여년 간 네트워크 조직(network organization)에 관한 연구는 크게 증가하여 왔으며, 노리아(Nohria, 1992)는 네트워크 조직에 대한 관심의 원인으로 첫째, 소규모 기업체의 성공적 성장과 동남아 국가들의 급속한 경제 발전에 따른 전통적 산업조직 모형의 한계, 둘째, 새로운 정보통신 기술의 발전에 따른 조직행위자들 간 또는 조직 간 다양하고 효율적인 연결 수단의 변화에 따른 한층 더 분산화되고 느슨한 조직구조의 등장, 그리고 네트워크 분석(network analysis)이라는 학문 연구 방법의 출현으로 새로운 조직 현상 설명 방법론의 수용이라는 점을 강조하고 있다(김병섭 외, 2008: 176-177 인용).

네트워크라는 용어는 경제학, 사회학을 비롯한 다양한 학문 분야에서 모호하게 사용되고 있으며, 네트워크와 네트워크 조직을 동일시할 것인가에 대해서도 명확한 구분이 없다. 다만, 크렙(Kreps, 1990)은 네트워크를 일반적 유형의 상호 행위에 참여하는 행위자들 간의 집합으로 정의하면서 조직행위자들 간의 상호의존성과 관계성을 중시한다(하재룡·김영대, 1997: 160). 또한 네트워크를 수많은 마디(nodes)와 끈(ties)으로 연결된 체제로 이해할 때, 네트워크는 조직은 이 가운데 두 명 이상의 행위자들이 반복적으로 거래하지만 이 거래 과정에서 발생하는 분쟁을 조정·해결하는 정당한 조직적 권위는 가지고 있지 않은 행위자들의 집합으로 정의할 수 있다(김병섭 외, 2008: 178).

이러한 네트워크 조직은 비록 의도적이지 않을지라도 여러 가지 사회복지 편익을 증진시킨다(Podonly & Page, 1998; 김병섭 외, 2008: 181).

첫째, 네트워크 조직은 학습(learning)의 이점을 지닌다. 즉, 네트워크 조직은 계층제 조직보다 일상적 탐구에서 훨씬 더 큰 다양성을 갖고, 시장보다 풍부하고 복잡한 정보를 더 많이 전달하기 때문에 학습을 촉진시킨다.

<표 2-3> 조직 유형 비교

주요 특징	시장	계층제	네트워크 조직
규범적 기초	계약/재산권	고용 관계	보완 능력
커뮤니케이션 수단	가격	기계적 절차	상호 관계
갈등 해소 방법	언쟁-법정소송	감독	호혜규범, 평판
유연성	높음	낮음	중간
소속감	낮음	중간 혹은 높음	중간 혹은 높음
분위기	정확/의심	공식적/관료적	개방적/상호 이익
행위자 선호 혹은 선택	독립적	의존적	상호의존적
적용 형태	반복적 표준화된 거래	계층적 문서상의 계약	비공식조직
시장 유사적 특징	지위 계층성	다수의 협력자	공식적 규칙

출처: Powell(1990); 하재룡 · 김영대(1977: 165) 재인용.

둘째, 정당화와 지위의 문제로, 많은 학자는 네트워크 조직에서 한 행위자의 상대방이 상당한 정당성과 또는 지위를 가지고 있다면, 그 행위자는 상대방과의 친밀화를 통하여 정당성 또는 지위의 향상을 도모한다고 보고 있다. 즉, 투자은행연합 사례에 대한 연구(Poldony & Phillips, 1996)에서 한 은행의 지위는 상대 은행의 지위가 높을수록 연합 이후에 그만큼 더 크게 성장한다는 점을 발견하였다(김병섭 외, 2008: 182).

셋째, 경제적 편익으로 네트워크 조직은 비용과 질의 측면에서 직접적인 경제적 편익의 문제이다. 경제학자들은 거래비용론적 관점에서 네트워크 조직이 가진 신뢰 또는 이타적 행태의 고유성을 부정하나, 사회학자들은 오히려 거래비용을 감소시키는 제1차적 기초로서 신뢰에 대한 의존을 고려할 때 네트워크 조직이 가진 강점을 부각하며, 더 중요한 차이로 비용보다 질적 이득을 강조한다. 그뿐만 아니라 네트워크 조직은 계층제 조직에 비하여 변화에 대한 대응 과정에서 더욱 유연성을 보인다(김병섭 외, 2008: 182).

네트워크 조직론은 실제적인 연구 경향을 보인다는 점에서 향후 조직 관계를 더 정확하게 이해할 수 있는 이론적 · 경험적 도구를 제공할 것으로 기대되며, 다양한 유형의 조직 관계와 그 의미 분석을 다루고 있다는 점에서 향후 발전가능성이 높은 반면, 네트워크 조직의 역기능이나 제약적 측면에 대한 연구 결과의 집적이 미약한 실정으로 향후 네트워크 조직이론에 대한 좀 더 균형적인 시각의 견지를 통한 연구 과정에서 조직연구의 주요한 시각을 제시할 것으로 기대된다(Podolny & Pager, 1998; 김병섭 외, 2008: 186-188).

MEMO

소방조직론
Fire Service Organizations

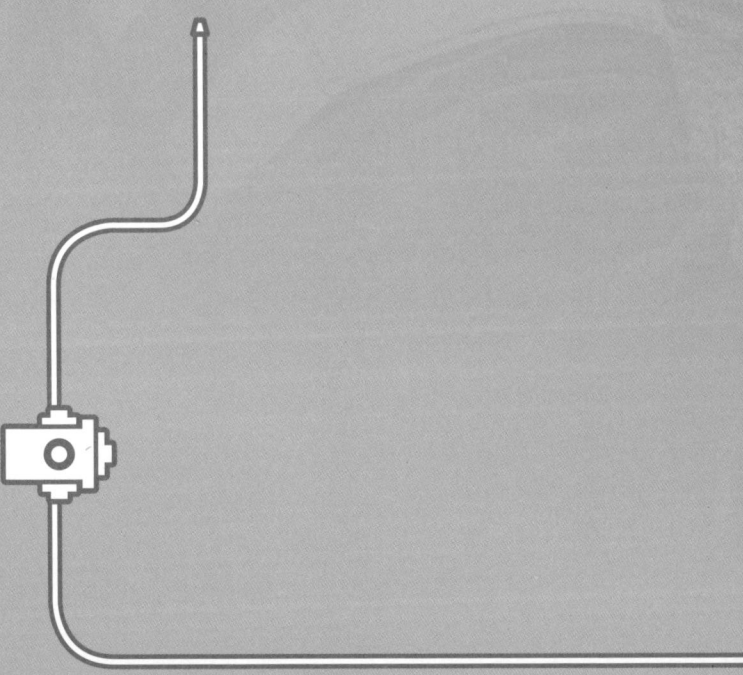

소방조직의 발전과 체계

2편

3장 우리나라 소방조직의 발전 과정

제1절 우리나라 소방조직의 역사

인류가 불을 사용한 구석기시대부터 불은 인류에게 필수적인 도구 중의 하나이고, 불을 마음대로 이용하는 것은 문명을 이룩하는 데 많은 도움도 주었지만, 불은 화재를 일으켜 인류에게 막대한 손실을 입히고 있다.

이와 같이 화재는 인류 문명의 성장으로 인하여 대형 화재가 발생하면서 관심이 커지게 되어 우리나라는 삼국시대에 금화(禁火) 의식이 생겨나고, 통일신라시대에 금화 의식을 가졌고, 고려시대에 금화 제도가 시작되었으며, 조선시대에 우리나라 최초의 소방조직을 설치하였다.

화재에 대한 『삼국사기(三國史記)』 기록을 보면, 신라 미추왕 원년(262)에는 금성(金城) 서문에 화재가 발생하여 인가 100여 동이 연소되었다는 기록이 있으며, 고려 헌종 12년(1021)에는 인수문 외 2,000여 호가 소실되었다고 한다. 조선조 태종 17년(1417)에는 금화법이 시행되었으며, 세종 8년(1426)에는 금화도감(禁火都監)을 설치하고 3년 후에는 금화군(禁火軍)이 조직되었다. 그 이후 광무 9년(1905)에 경무청이 전국 경찰과 소방 업무를 관장하면서부터 점차 근대적 의미의 소방 제도가 모습을 갖추기 시작하였다(소방방재청, 2009: 3-4).

1. 삼국시대

 삼국시대는 농업을 기반산업으로 어업과 수공업에 의한 직조기술이 발달하였고, 국가조직의 완성과 신분 제도의 확립으로 사회구성원들 사이에 계층 분화와 부족 간 잦은 전란으로 도성이나 읍성 등 대형 건축물이 축조되고 인가(人家)를 서로 인접하게 지어 화재가 사회적 재앙으로 등장하게 되었으나 대화재 시 왕이 친히 이재민을 위문하고 구제하였던『삼국사기』의 기록에 비추어 국가에서 구휼은 하였으나 소방이 전문적인 행정 분야로 분화되지는 않은 것으로 보인다(전국대학 소방학과 교수협의회, 2018: 27).

 또한『삼국사기』의 기록에 따르면, 신라시대(서기 262년) 미추 이사금 원년 금성(金城) 서문에 화재가 발생하여 민가 100여 동이 소실되었다는 기록이 있고, 서기 596년 진평왕 18년에 영흥사에 불이 나 왕이 친히 이재민을 위문, 구제하였다는 기록이 있다(정경문, 2018: 17).

 이렇게 삼국시대에는 소방에 대한 기록을 거의 찾아볼 수 없지만, 화재가 국가적 관심사로 금화 의식이 생겨났다고 할 수 있다.

2. 통일신라시대

통일신라 이전에는 경주(慶州)에 시장이 1개였던 것이 통일신라 이후 동·서·남의 세 곳에 생겼다. 『삼국유사(三國遺事)』에 따르면, 신라 전성시대 경주 안에는 178,963호가 있었고, 부호·대가(大家)가 35개나 있었으며, 귀족들은 사시(四時)에 따라 별장 생활을 하였다는 기록으로 보아 도성 경주가 도시의 면모를 갖추고 있었음을 알 수 있다(전국대학 소방학과 교수협의회, 2018: 28). 더욱이 건물을 초옥으로 하지 않고 기와집으로 지었으며, 취사에 목탄을 사용한 것을 볼 때 그 시대의 사람들의 높고 호화로운 생활 수준을 말해 주고 있고, 또한 삼국시대보다 화재가 증가하여 금화 의식이 높아졌으며, 예방소방의 측면을 볼 수 있다.

3. 고려시대

통일신라시대보다 화재가 많이 발생하였는데, 민가가 200호 이상 소실된 화재만도 20건 이상 달한 것으로 기록되어 있으나, 별도의 금화관서와 금화조직은 없었으며, 각 관아에서는 금화하는 일을 엄격히 하도록 하고, 화재사고가 있을 때에는 이를 규찰하며, 대창(大倉)에는 금화를 담당하는 관리를 배치하고 화재를 방어하기 위하여 지하에 창고를 쌓았고, 사요(私窯)를 설치하여 기와집을 짓게 하는 등의 제도가 있었다(김광수 외, 2001: 31).

고려의 사기(史記)에서는 소방에 관한 기록을 찾아볼 길이 없고, 구전되어 오는 바에 따르면 그 당시 화재 원인이라고 하는 것이 대개가 서화(쥐구멍불), 돌화(아궁이 및 굴뚝의 불), 농화(장난불)에 의한 것으로 소규모의 피해였던 모양이다. 그래서 백성들로 하여금 각기 야간 취침 시 '자리끼'라는 것을 머리맡에 준비하도록 하였다는데, 자리끼는 화재가 발생하였을 때 초기 소화에 사용하였을 것으로 예상된다(송윤석 외, 2011: 229).

이 시대의 금화 제도로 방화에 소홀한 관리에 대한 책임을 물어 현행 면직 처분에 해당하는 현임 박탈을 하였고, 민간인이 자신의 실화(失火)로 전야(田野)를 소실하였을 때는 태(笞) 50, 인가·재물을 연소한 경우에는 장(杖) 80의 형을 부과하였으며, 관부·요지 및 사가·사택·재물에 방화한 자는 징역 3년 형을 과하는 등 실화 및 방화자에 대한 처벌 제도가 시행되었다(전국대학 소방학과 교수협의회, 2018: 28).

즉, 고려시대에는 별도의 소방조직으로 금화조직은 없었지만 금화 제도를 시행하였고, 금화관리자를 배치, 실화 및 방화자에 대한 처벌 제도, 초가를 기와로 교체하고 화재 대비를 위하여 지하창고 설치, 화통도감(火㷁都監)을 설치하여, 화약 제조에 대한 특별한 관리를 하였으며, 방화자에 대한 처벌을 강화하였다.

4. 조선시대

소방사무를 관장하는 기구로서 세종 8년(1426년)에 새로 금화도감이라는 일종의 소화 사영(消火舍營)을 두었다. 이는 병조 산하에 둔 하나의 소방관리 부서였고, 화재가 발생하면 타종(打鐘)하여 이로써 화재 발생을 일반 백성에게 알리도록 하는 동시에 그 진화작업에 적극 협력하도록 하였다. 이를 병조 산하에 둔 것은 궁궐 내 종묘, 관가 등에서 발생하는 화재에 대하여 군대로 하여금 진화작업을 담당하게 하였기 때문이다. 이에 금화도감은 우리나라 최초의 소방행정기관이라고 할 수 있다. 이후 금화도감은 같은 해 수성금화도감(修城禁火都監)으로 개청되었고, 세조 6년(1460년)에 폐지되었다(양기근 외, 2016a: 110).

화적민에 대비하여 민가 5가를 1통으로 묶어 우물을 파고 물통을 준비하도록 하며 각 통에 소방 종사자 증표로 금화패(禁火牌)를 발급하는 오가작통제(五家作統制)가 시행되었다(류상일 외, 2018: 20).

조선시대 후기 갑오경장(甲午更張) 이후 경찰력을 보강하기 위하여 경무청을 설치함에 따라 1895년에 제정된 경무청 처우세칙에서 수화소방은 난파선 및 출화 홍수 등 구호에 관한 사항을 규정하였는데, 그 문장 중에 소방이라는 용어를 처음 사용하였다. 화재보험 제도가 최초로 실시되었고, 공설·사설 소화전이 설치되었다(조동훈, 2018: 12).

경종 때 청나라를 통하여 수총(水銃)을 수입하여 수총을 제작하였고, 우리나라에 처음으로 소화기구를 구비하여 궁정 소방대에 비치하였다.

5. 일제시대

1911년 7월 경성소방조(京城消防組)를 조직하였고, 1912년 5월 스웨덴제 가솔린 펌프를 구입하였는데, 우리나라에 들어온 최초의 소방기계일 것이다. 경무총감부 내의 보안과, 경무국 보안과, 경무국 방호과, 경비과 등에서 소방사무를 담당하는 등 수차례 소방조직을 개편하였는데, 이 시대의 소방조직은 경찰에 예속되어 일본인 위주로 각종 재난을 방지하는 것으로 관장하여 왔고, 우리나라의 안전을 위한 개편보다는 그들의 생명과 재산 보호 측면에서 개편되었다고 할 수 있다(양기근 외, 2016a: 110-111).

1915년 조선총독부령으로 제정·공포된 소방조 규칙에 따라 지방 청년을 중심으로 사회의 안전과 봉사정신을 바탕으로 한 민간소방대를 조직하였고, 1925년(일제 14년) 경성(현 종로)에 우리나라 최초의 소방서가 설치되었으며(조동훈, 2018: 13), 그 이후에 1939년 부산소방서 및 평양소방서, 1941년 청진소방서, 1944년 인천소방서·함흥소방서·용산소방서, 1945년 성동소방서가 설치되었다.

6. 미군정시대(1945~1948년)

미군정의 신탁통치를 받았으며, 소방을 경찰에서 분리하여 최초로 독립된 자치적 소방 제도가 시행되었다. 즉, 1946년 소방행정은 경찰행정에서 분리되었고, 소방위원회는 중앙소방위원회와 도소방위원회로 이루어졌으며, 1946년 중앙소방위원회가 설치되어 중앙소방위원에서 전국 소방예산안을 책정하고 소방 운영에 대한 경비 할당을 추진하였다. 남한에 5개의 소방서가 설치되어 있었는데, 1947년 4월 1일자로 각 시·도별로 50개서의 소방서로 증설되었다.

미군정시대는 3여년의 짧은 기간이었지만 선진화된 미국식으로 지방자치제를 향한 기초를 닦게 해 주는 중요한 시기였다고 할 수 있다. 1947년 4월 1일 임시정부 수립과 함께 소방청이 설치되고, 소방에 관한 정책·기획·예산을 담당하는 중앙소방위원회 설치와 도소방위원회 설치 등 소방이 분리 독립되어 발전할 수 있는 중요한 계기가 마련되었다. 하지만 이후 시대에 소방조직이 축소된 것은 안타까운 일이라 하겠다(양기근 외, 2016a: 111).

7. 정부 수립 이후(1948~1970년)

1948년 대한민국 정부가 수립되자 그해 9월 중앙소방위원회를 인수한 내무부는 11월 4일 내무부 직제를 확정하여 소방행정을 경찰행정 체계로 흡수시켜 중앙은 치안국(소방과)에 각 도의 소방청(서울은 소방국, 청주는 소방과)은 지방 경찰국에 두는 등 미군정시대의 소방청과 자치소방 기구는 경찰기구에 인수되어 소방행정은 다시 경찰행정 체계 속에 흡수되었다(김광수 외, 2001: 33).

1958년 3월 11일 「소방법」이 제정·공포되었고, 「지방세법」을 개정하여 소방공동시설세가 신설되었으며(조동훈, 2018: 13), 그 이후에 중앙의 소방과는 보안과 내 소방계로 축소되고, 소방계는 경비과의 방호계와 통합되어 방호계로 개칭되는 등 수차례 개정되었으며, 지방의 경우도 소방 업무가 경비계로 흡수되는 등 소방조직 자체가 축소되었다고 볼 수 있다(양기근 외, 2016a: 112).

8. 정부 수립 이후 발전기(1970~1992년)

소방조직 체계는 국가소방과 지방자치소방의 이원화 체계로 중앙 소방조직은 1975년 8월 내무부 민방위본부가 창설되어 그 산하에 소방국과 민방위국이 신설되었고, 지방 소방조직은 1971~1974년 동안에 있었던 「정부조직법」의 개정으로 서울과 부산이 자치소방인 소방본부를, 기타 지역은 국가소방인 도의 경찰국 소방과로 개편되었으며, 그 이후 대구·인천·광주·대전·울산시도 직할시로 승격됨에 따라서 소방본부를 각각 설치하게 되었다. 즉, 국가소방 체계와 광역자치소방 체계로 운영되는 이원화 체계로 운영되었다.

1978년 3월에 제정된 「소방공무원법」을 시행하여 소방공무원의 신분을 보장받게 되었고, 1978년 중앙소방학교를 설치하고 직제를 제정·공포하였으며, 소방교육이 체계화되었다. 1978년 경기도 수원에 설치된 중앙소방학교는 이후 1986년 충남 천안으로 이전하였다(조동훈, 2018: 14).

9. 광역자치시대(1992~2004년)

1992년 1월 1일부터 광역자치소방 체계로 전환되면서 1992년 4월 각 도에 소방본부를 설치하여 국가직과 지방직으로 소방본부장과 지방소방학교장을 제외한 나머지 소방공무원의 신분을 지방직화하고, 이와 더불어 소방사무도 지방사무화하였다(행정자치부 소방국, 1999: 87-94).

1990년대 수많은 대형 화재를 경험하면서 특히 1995년 6월 29일 발생한 삼풍백화점 붕괴사고를 계기로 1995년 7월 「재난관리법」[1]이 제정되었고, 1995년 11월 내무부의 민방위본부가 민방위재난통제본부로 확대 개편되면서 재난관리국(재난총괄과, 재난관리과, 안전지도과)이 신설되어 인적 재난을 체계적으로 관리하기 시작하였다. 그 이후에 1998

---

1) 자연재난은 「자연재해대책법」에서 관리하고, 인적 재난은 「재난관리법」에서 관리하였는데, 고도산업 성장기를 거쳐 1990년대 이후 많은 인명과 재산 피해를 초래한 각종 대형사고가 반복 발생함에 따라 정부 차원의 근본적 제도 개선 및 안전관리 시스템 개선이 필요하여 재해·재난 관련법 통합 및 안전 관련 타 법령과의 유기적 관계를 설정하고, 재해와 재난으로 이원화되어 있는 전통적 재난의 개념을 통합하고자 2004년 3월 11일 「재난 및 안전관리기본법」을 제정하여 분산된 법을 대부분 통합하였다.

년 2월 행정자치부 민방위통제본부의 재난관리국이 폐지되면서 그 업무가 민방위재난관리국의 재난관리과, 안전지도과로 이관되었고, 1999년 10월 민방위재난관리국에 민방위방재국으로 명칭이 변경되면서 재난관리과가 인적 재난 관리 업무를 담당하게 되었다(송윤석, 2009: 43-44).

제2절 최근의 소방조직 변천 과정

1. 소방방재청(2004~2014년)

2003년 2월 18일 발생한 대구지하철 방화는 사망 192명의 엄청난 인명 피해를 초래하는 등 국가적 재난관리상 총체적인 문제가 제기되어 소방방재청 개청 준비단과 국가재난관리 시스템 기획단을 설치하여 국가재난관리 종합대책을 수립함으로써 범정부적인 재난관리 기반 체계를 구축하여 그동안 재난과 재해로 이원화된 개념을 재난으로 통합하였으며, 재난관리 시스템 개선을 통하여 국가 최초의 자연 및 인적 재난 관리의 전담기구로서 상설 재난관리조직인 소방방재청이 2004년 6월 1일 개청되어 그동안의 재난 시 각 부서의 업무 중복으로 인한 문제점이 해결됨으로써 업무효율화를 가져왔다(송윤석 외, 2011: 232-233).

2. 국민안전처 중앙소방본부(2014년~2017년)

2014년 4월 16일 발생한 세월호 참사는 사망자 295명, 실종자 9명으로, 이 참사를 계기로 재난 시 신속한 대응 및 수습책 마련과 체계적·종합적인 재난안전관리 시스템의 구축을 목표로 2014년 11월 19일 국민안전처[2]가 신설되었다. 안전행정부로부터 안전 및 재난에 관한 전반적인 정책 수립·운영 및 총괄·조정과 비상 대비와 민방위 제도에 대한 사무, 해양수산부로부터 해상교통관제센터에 관한 사무, 소방방재청의 소관 사무, 그리고 해양경찰청으로부터 해양에서의 경비·안전사무를 이관받아 국무총리 직속으로 설치되었고, 중앙소방본부는 소방방재청의 소방·구조·구급 업무를 인계받아 설치되었다(류상일 외, 2018: 23).

3. 소방청(2017년~현재)

국가 재난관리에 대한 업무를 전담하는 중앙행정기관으로 2004년 행정자치부의 외청으로 설립되었으며, 재난정보 시스템의 구축, 재난 예방정책 기획, 재난 대응훈련, 소

---

2) 「정부조직법」 제22조의2 따르면 "안전 및 재난에 관한 정책의 수립·운영 및 총괄·조정, 비상 대비, 민방위, 방재, 소방, 해양에서의 경비·안전·오염 방제 및 해상에서 발생한 사건의 수사에 관한 사무를 관장하기 위하여 국무총리 소속으로 국민안전처를 두고, 국민안전처에 장관 1명과 차관 1명을 두되, 장관은 국무위원으로 보하고, 차관은 정무직으로 하고, 국민안전처에 소방사무를 담당하는 본부장을 두되 소방총감인 소방공무원으로 보하고, 해양에서의 경비·안전·오염 방제 및 해상에서 발생한 사건의 수사에 관한 사무를 담당하는 본부장을 두되 치안총감인 경찰공무원으로 보한다"라고 되어 있다.

방안전 종합대책 및 소방 제도 연구 등의 업무를 담당하였다. 이후 2014년 11월 국민안전처의 발족 이후 중앙소방본부로 관련 업무를 이관하고 폐지되었다가 2017년 7월「정부조직법」개정에 따라 국민안전처가 해체되면서 중앙소방본부의 관련 업무를 승계하여 행정안전부의 외청으로 재창설되었는데, 설립 목적은 국민이 안심하고 신뢰할 수 있는 국가 재난관리 정보 시스템의 구축과, 재난 방지를 위한 환경 조성, 국민의 안전 의

〈표 3-1〉 소방조직 체계 연혁

구분	내용
조선시대~일제시대	· 1426년 금화도감, 수성금화도감 · 1481년 수성금화사
미군정시대 (1946~1948)	· 중앙 : 소방위원회(소방청) · 지방 : 도 소방위원회(지방소방청) · 시·읍·면 : 소방부
정부 수립 이후 (1948~1970) 국가소방 체계	· 중앙 : 내무부 치안국 소방과 · 지방 : 경찰국 소방과, 소방서 · 법제 : 1958년 3월「소방법」제정 · 신분 : 「경찰공무원법」적용
정부 수립 이후 발전기 (1970~1992) 국가 + 자치소방	· 체계 : 서울·부산 자치소방 · 구조 : 1975년 8월 내무부 소방국 설치 · 신분 : 1978년 3월「소방공무원법」제정 ※ 1978년 7월 소방학교 설치
광역자치시대 (1992~2004)	· 체계 : 시·도 책임으로 일원화 · 기구 : 1992년 4월 도 소방본부 설치 · 신분 : 1995년 1월 시·도 지방직으로 전환
소방방재청 (2004~2014)	· 체계 : 소방방재청 체계(2014.6.1) · 기구 : 18개 시·도 소방본부 · 신분 : 소방방재청(국가직), 시·도 : 지방직
국민안전처 (2014~2017)	· 기구 : 18개 시·도 소방본부 · 신분 : 중앙소방본부(국가직), 시·도 : 지방직
소방청 (2017~현재)	· 체계 : 소방청 체계(2017.7.26) · 기구 : 19개 시·도 소방본부 · 신분 : 소방청(국가직), 시·도 : 지방직

출처: 국민안전처(2015: 3). 수정·재작성.

〈표 3-2〉 중앙정부 소방조직의 변천 과정

연도	주요 내용
1975. 8.	내무부 민방위본부 산하 소방국(소방과, 방호과, 예방과) 신설
1995. 5.	소방국의 구조구급과 신설
1995. 11.	내무부 민방위재난통제본부 재난관리국(재난총괄과, 재난관리과, 안전지도과) 신설
1998. 2.	행정자치부 민방위재난통제본부 재난관리국 폐지, 민방위재난관리국(재난관리과, 안전지도과)
1999. 10.	안전지도과 폐지, 민방위방재국(재난관리과)
2004. 6.	소방방재청 개청
2014. 11.	국민안전처 신설
2017. 7.	소방청 재창설

출처 : 내무부 중앙재해대책본부(1995). 수정·재작성.

식 함양을 목적으로 한다. 특히 소방 관련 업무를 전담하며, 소방 및 방화, 방재, 대국민 신변안전관리 및 감독, 재난 대비 및 복구관리, 사후관리 대책 등을 수행한다.[3]

---

[3] 다음백과, http://100.daum.net/encyclopedia/view/b12s2168n9

4장 한국의 소방조직 체계

제1절 한국의 소방조직 체계

한국의 소방조직 체계는 크게 중앙행정기관에 속하는 소방청과 광역지방자치단체의 소방조직으로 구분할 수 있다. 소방 업무는 기본적으로 광역지방자치단체 소관으로 광역지방자치단체에 해당하는 특별시장, 광역시장, 특별자치시장, 도지사 또는 특별자치도지사의 지휘와 감독을 받도록 되어 있다. 하지만 국가적으로 통일되고 능률적인 업무 수행의 필요성에 따라 국가행정조직을 두고 있으며, 소방기관의 설치 등에 관한 구체적인 사항에 대해서는 하위 법령에 위임하고 있다. 소방조직의 설치에 관한 근거법으로는 「정부조직법」과 「소방기본법」이 존재한다. 「정부조직법」은 국가행정사무의 체계적이고 능률적인 수행을 위하여 국가행정기관의 설치·조직과 직무 범위의 대강을 정함을 목적으로 하고 있다. 「정부조직법」에서는 국가행정기관으로서 소방에 관한 사무를 관장하기 위하여 행정안전부 장관 소속으로 소방청을 두는 것으로 규정하고 있다(제34조).

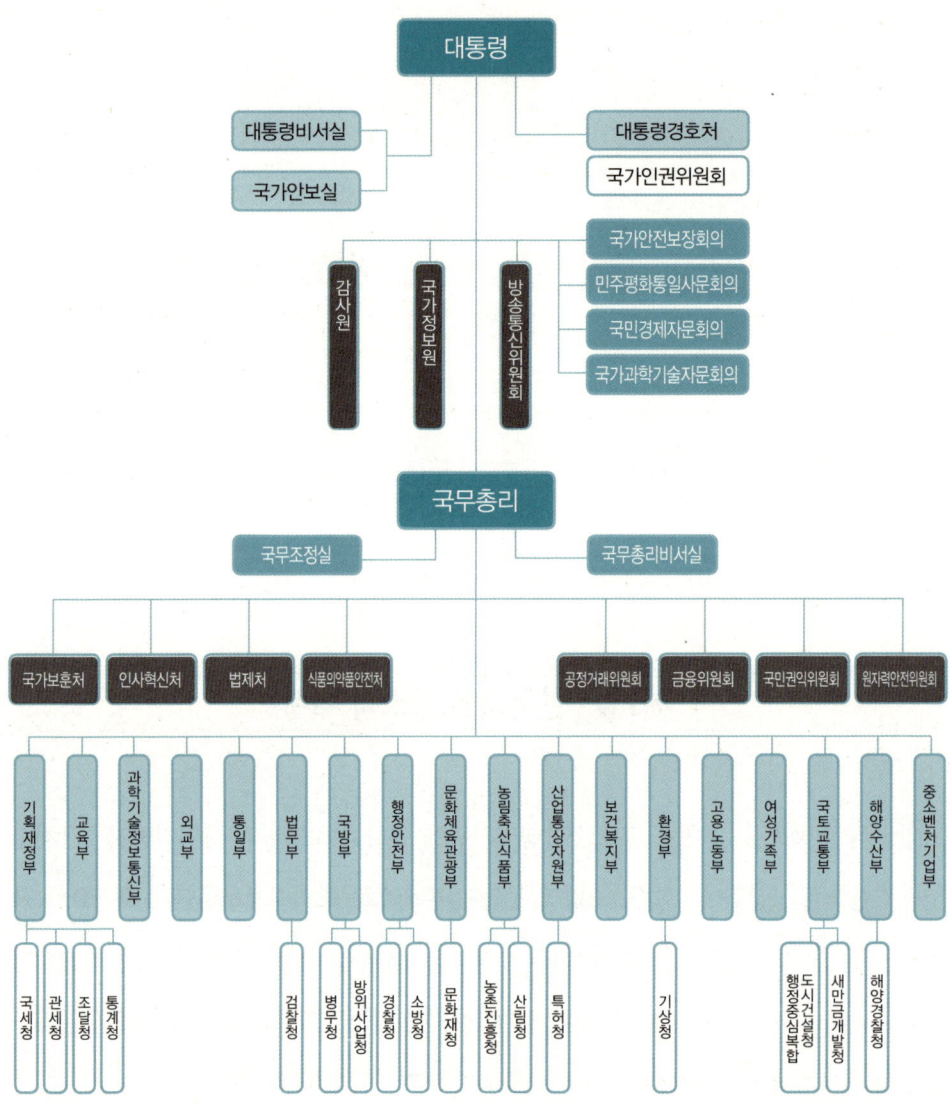

출처 : 정부24(https://www.gov.kr).

[그림 4-1] 정부조직도

「소방기본법」은 소방 업무와 관련된 기본적인 사항을 따로 규정함으로써 소방 수요에 원활하게 대처하고 소방행정의 효율성을 높이기 위함을 목적으로 하고 있다. 「소방기본법」은 화재, 재난·재해와 그 밖에 구조·구급이 필요한 상황이 발생한 경우, 소방본부장 및 소방서장에게 종합상황실을 설치·운영하도록 함으로써 신속한 소방 활동을 할 수 있도록 규정한다. 광역지방자치단체의 장은 이 법에 근거하여 각 시·도의 소방 업무를 담당하는 소방기관을 설치·운영한다. 본래 국가소방행정 체제와 지방소방행정 체제의 이원적 체계를 갖고 있었으나 1991년 12월 14일 「소방법」 개정으로 인하여 시·군 사무였던 소방사무가 시·도 단위의 사무로 변경되면서 현재는 광역소방행정 체제로 운영되고 있다.

중앙행정기관으로서 소방청은 행정안전부 장관과 국무총리의 지휘를 받아 소방행정 사무를 전문적으로 처리하는 기능을 한다. 소방청은 화재, 재난·재해, 그 밖의 위급한 상황으로부터 국민의 생명·신체 및 재산을 보호하기 위하여 소방 업무에 관한 종합계획을 5년마다 수립·시행하여야 한다(소방기본법 제6조 제1항). 종합계획에는 소방 서비스의 질 향상을 위한 정책의 기본 방향, 소방 업무에 필요한 체계의 구축, 소방 기술의 연구·개발 및 보급, 소방 업무에 필요한 장비의 구비, 소방 전문인력 양성, 소방 업무에 필요한 기반 조성, 소방 업무의 교육 및 홍보, 그 밖에 소방 업무의 효율적 수행을 위하여 필요한 사항으로서 대통령령으로 정하는 사항이 포함되어야 한다. 소방청장은 종합계획을 관계 중앙행정기관의 장, 시·도지사에게 통보하여야 하며, 시·도지사는 관할지역의 특성을 고려하여 종합계획의 시행에 필요한 세부계획을 매년 수립하여 소방청장에게 제출하여야 한다.

최근 들어 소방행정이 담당하여야 하는 사무의 영역이 점차 확대되고 있으며, 각종 재난, 사고의 유형도 다변화됨에 따라서 소방행정에 요구되는 전문화, 효율화 수준도 지속적으로 높아지고 과거보다 더 능동적으로 서비스를 제공할 것을 요구받고 있다. 이와 동시에 소방 업무의 특성상 광역 단위에서의 소방행정이 갖는 집행 기능이 커지고 현장성과 대응성이 중시되고 있다. 따라서 중앙행정기관에서는 좀 더 효율적으로 소방행정의 목적을 달성하기 위한 지속적인 개선과 효율화를 이루기 위한 노력을 기울이고, 안정적이고 지속 가능한 행정 서비스를 제공하기 위한 정책적 기능을 수행할 필요가 있다.

제2절 국가소방행정조직

1. 소방청

　소방청은 국가 재난관리 시스템의 중요성이 커짐에 따라서 재난 관련 업무를 전담하는 중앙행정기관으로서 설치되었으며, 국민이 안심하고 신뢰할 수 있는 국가 재난관리 정보 시스템의 구축, 재난 방지를 위한 환경 조성, 국민의 안전 의식 함양 등을 목적으로 한다.

　주요 임무로는 소방정책의 수립 및 조정, 화재 예방 및 소방시설 관련 제도 운영, 화재 진압 및 화재조사 기술 개발, 긴급구조 역량 강화 및 구조·구급정책 기획·조정, 소방산업 진흥 및 국민 생활안전 기반 강화, 소방장비 보급 및 항공 구조·구급정책 개발 등이 있다. 소방청의 전신은 내무부(행정자치부) 소방국이다.

　2004년 6월 1일에 소방 업무를 담당하는 전담기구로서 소방방재청으로 개청하였으며, 2017년 7월 26일 「정부조직법」 개정에 따라 소방청이 신설되었다. 「정부조직법」 제34조(행정안전부) 제7항에서는 소방에 관한 사무를 관장하기 위하여 행정안전부 장관 소속으로 소방청을 둔다고 규정하고 있다. 그 밖에 제8항에서는 소방청에 청장 1명과 차장 1명을 두되, 청장 및 차장은 소방공무원으로 보한다고 규정하고 있다. 소방청 소속 공무원은 국가공무원에 해당한다. 소방청장은 소방청의 업무에 관한 총괄책임자이며, 재난 및 긴급구조 상황에서는 「재난 및 안전관리 기본법」 제49조(중앙긴급구조통제단)의 규정에 따라 긴급구조에 관한 사항의 총괄·조정, 긴급구조기관 및 긴급구조 지원기관이 하는 긴급구조 활동의 역할 분담과 지휘·통제를 위하여 설치되는 중앙긴급구조통제단의 단장이 된다.

<표 4-1> 소방청 소방직 공무원(국가직) 정원

(단위 : 명)

구분		합계	총감	정감	소방감	소방준감	소방정	소방령	소방경	소방위	소방장	소방교	소방사
합계		598	1	1	5	6	23	75	91	119	101	96	80
본청		164	1	1	3	6	13	44	41	44	11	-	-
소속기관(소계)		434	-	-	2	-	10	31	50	75	90	96	80
	중앙소방학교	61	-	-	1	-	4	6	10	13	16	8	3
	중앙119구조본부	373	-	-	1	-	6	25	40	62	74	88	77

출처 : 소방청(2018).

「정부조직법」에서는 중앙행정기관의 설치에 관한 내용만을 규정하고 있으며 구체적인 사항에 대해서는 대통령령에 위임하고 있다. 「소방청과 그 소속기관 직제」(대통령령)는 소방청과 그 소속기관의 조직과 직무 범위, 그 밖에 필요한 사항을 규정하고 있다. 이에 따라 소방청은 소방에 관한 사무를 관장하고(제3조), 청장은 소방총감으로 보하며(제4조), 차장은 소방정감으로 보한다(제5조). 하부조직으로 소방청에 운영지원과·소방정책국 및 119 구조구급국을 두고 청장 밑에 대변인 및 119종합상황실장 각 1명을 두며, 차장 밑에 기획조정관 1명을 두고 있다(제6조). 그 밖에 대변인, 119종합상황실장, 기획조정관, 운영지원과, 소방정책국의 구성과 주요 임무에 대하여 규정하고 있으며, 소속기관으로 119구조구급국, 중앙소방학교, 중앙119구조본부의 구성과 하부조직에 관한 사항을 규정하고 있다.

「소방청과 그 소속기관 직제 시행규칙」에서는 소방청과 그 소속기관에 두는 보조기관·보좌기관의 직급 및 직급별 정원 등을 규정하고 있다. 「소방청과 그 소속기관 직제 시행규칙」에 따라 소방청에는 1관 2국 14과(담당관)가 존재하며, 소속기관으로 중앙소방학교와 중앙119구조본부가 있다. 기획조정관의 하위조직으로는 기획재정담당관,

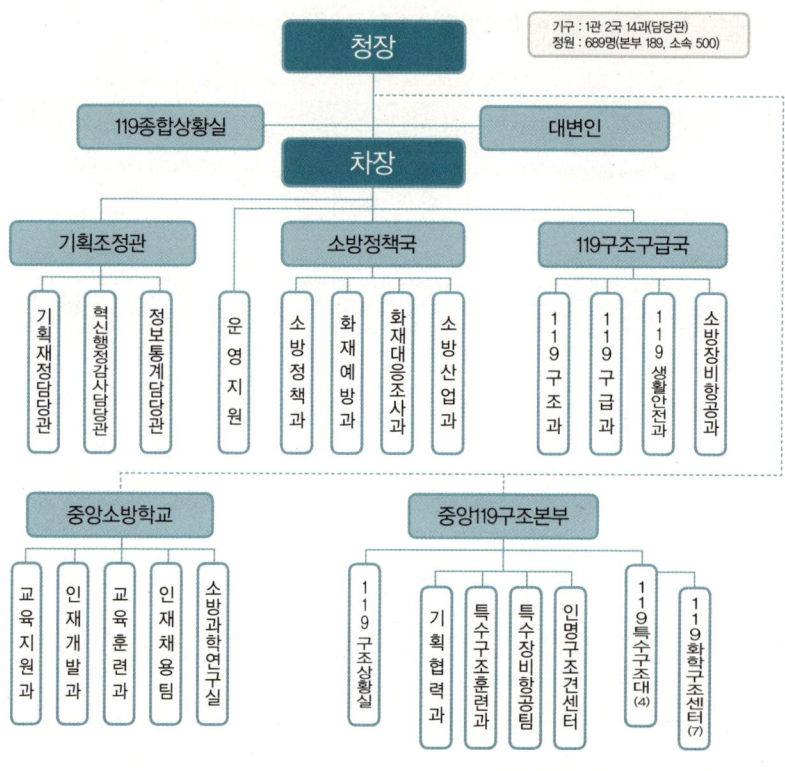

[그림 4-2] 소방청 조직도

혁신행정감사담당관, 정보통계담당관이 있다. 소방정책국의 하위조직으로는 소방정책과, 화재예방과, 화재대응조사과, 소방산업과를 두며, 119구조구급국의 하위조직으로는 119구조과, 119구급과, 119생활안전과, 소방장비항공과를 두고 있다. 그 밖에 119종합상황실과 대변인, 운영지원과를 두고 있다.

〈표 4-2〉 소방청 주요 기구 및 담당 업무

구분		주요 업무
기획 조정관	기획재정 담당관	정책과 계획, 주요 업무계획의 수립 · 조정 및 총괄 예산의 편성 · 배정 · 집행의 총괄 중기 재정계획 수립 · 조정 및 재정사업 성과 분석 국회 및 정당 관련 협조 업무의 총괄 · 조정 소방 관련 분야 국제협력 업무의 총괄 · 지원
	혁신행정감사 담당관	행정관리 업무의 총괄 · 조정 조직진단 및 평가를 통한 조직과 정원의 관리 사무분장 및 위임전결 규정의 관리 행정관리 개선 과제의 발굴 · 선정 및 관리 성과관리 및 성과평가 업무에 관한 사항 소관 법령 및 행정규칙의 심사 · 조정 · 총괄 소관 행정심판, 헌법재판 및 소송 업무 총괄
	정보통계 담당관	정보화 업무의 총괄 · 조정 및 지원 정보화와 관련된 제도 개선 및 대외 협력 정보자원 및 정보보안에 관한 사항
소방 정책국	소방정책과	소방공무원 관련 법령 및 제도의 운영 소방재정 관련 제도연구 및 소방재정 관련 법령의 제 · 개정에 관한 사항 지방소방관서의 설치 및 지방 소방행정에 대한 지도 · 감독에 관한 사항
	화재예방과	화재 예방, 소방시설 설치 · 유지 및 안전관리 관련 법령 및 제도의 운영 화재안전정책의 수립 및 조정에 관한 사항 특정 소방대상물별 소방안전관리 지도 · 감독에 관한 사항 화재안전에 관한 기준의 설정 · 운영
	화재대응 조사과	화재 진압에 대한 기본계획의 수립 · 운영 화재 진압 기술의 개발 · 보급 화재 방지 활동 및 소방대원 안전 확보 위험물 안전 관련 법령의 입안 · 운영
	소방산업과	소방산업 육성 및 소방용품과 관련된 법령의 입안 · 운영 소방산업의 기반 조성 · 육성 · 진흥을 위한 기본계획 및 시행계획의 수립 · 시행
119구조 구급국	119구조과	구조 · 긴급구조 대응에 관한 법령의 입안 · 운영 및 관련 제도의 연구 · 개선 중앙긴급구조통제단의 구성 · 운영 및 지역긴급구조통제단의 운영 지원 긴급구조기관 및 응급의료기관과의 지원 · 협조 체계의 구축에 관한 사항 긴급구조 대응계획의 수립 · 종합 · 조정 긴급재난 현장 대응 관련 정책의 기획 · 총괄
	119구급과	구조 · 구급 기본계획 · 집행계획의 수립 · 시행 구급에 관한 법령의 입안 · 운영 및 관련 제도의 연구 · 개선 구급대원의 양성 및 교육 · 훈련에 관한 사항
	119생활 안전과	119에 접수된 생활안전 · 위험 제거 등 소방 지원 활동에 관한 사항 취약계층 소방안전 개선에 관한 사항, 자살 방지 긴급대응에 관한 사항 다문화가족 · 외국인 119서비스 이용 체계 개선 및 소방안전문화 확산에 관한 사항 국민생활 소방안전사고 분석 및 피해 저감대책에 관한 사항
	소방장비 항공과	소방장비 · 통신 · 항공과 관련된 법령의 입안 · 운영 소방장비 등에 대한 국고보조 및 소방장비 구매 제도의 수립 · 조정에 관한 사항 소방장비의 개발 · 표준화 · 보급 · 성능 기준 관리 및 소방장비 기술의 정보 교환 · 관리 소방장비 관련 안전관리 대책의 연구개발 및 교육 관리

2. 중앙소방학교

중앙소방학교는 전문 소방인 양성을 위하여 「소방학교직제」 공포(대통령령 제9106호)에 따라 1978년 9월 4일 개교하였으며, 1995년 「내무부와 그 소속기관 직제」(대통령령 제14649호)에 따라 중앙소방학교로 개칭되었다. 중앙소방학교는 우수 인재를 선발하여 전문교육을 실시하고, 소방공무원들에 대한 실무교육과 훈련을 통하여 변화하는 소방환경에 능동적으로 대응할 수 있는 유능한 소방인(消防人)을 양성하는 것을 목표로 하고 있다. 중앙소방학교의 교장은 소방감으로 보하고 소방청장의 명을 받아 소관 사무를 총괄한다. 「소방청과 그 소속기관 직제」에 따라 중앙소방학교에서 관장하는 사무의 종류는 다음과 같다.

> 「소방청과 그 소속기관 직제 시행규칙」
> 제3장 중앙소방학교
> 제14조(직무) 중앙소방학교는 다음 사무를 관장한다.
> 1. 소방공무원, 소방간부후보생, 의무소방원 및 소방관서에서 근무하는 사회복무요원의 교육훈련에 관한 사항
> 2. 학생, 의용소방대원, 민간자원봉사자 등에 대한 소방안전 체험교육 등 대국민 안전교육훈련에 관한 사항
> 3. 소방정책의 연구와 소방 안전기술의 연구·개발 및 보급에 관한 사항
> 4. 화재 원인 및 위험성 화학물질 성분에 대한 과학적 조사·연구·분석 및 감정에 관한 사항

주요 교육 프로그램으로는 소방간부후보생 교육, 지휘 역량 교육, 전문교육, 국제교육, 대(對)국민교육, 사이버교육 과정 등을 두고 있으며, 그 밖에 소방간부후보생 선발시험, 소방공무원 공개경쟁 채용시험, 소방공무원 경력경쟁 채용시험, 지방소방위 승진시험, 의무소방원 선발시험, 화재조사관 자격시험, 인명구조사 자격시험, 화재 대응 능

력 자격시험 등을 관리·운영하고 있다.

3. 중앙119구조본부

중앙119구조본부는 1995년 10월 「대통령령」 제14791호 직제 공포에 따라 설치되었으며, 국가적 각종 대형·특수재난사고의 구조·현장 지휘 및 지원, 재난 유형별 구조기술의 연구·보급 및 구조대원의 교육훈련, 그 밖의 재난사고의 구조 및 지원 임무를 담당하고 있다. 「소방청과 그 소속기관 직제」를 통하여 중앙119구조본부에서 담당하는 직무는 다음과 같이 규정된다.

> 「소방청과 그 소속기관 직제 시행규칙」
> 제4장 중앙119구조본부
> 제17조(직무) 중앙119구조본부는 다음 사무를 관장한다.
> 1. 각종 대형·특수재난사고의 구조·현장 지휘 및 지원
> 2. 재난 유형별 구조기술의 연구·보급 및 구조대원의 교육훈련(「재난 및 안전관리 기본법」 제3조 제7호에 따른 긴급구조기관과 같은 조 제8호에 따른 긴급구조지원기관 및 외국의 긴급구조기관으로부터 요청을 받은 인명구조 훈련을 포함한다)
> 3. 특별시장·광역시장·특별자치시장·도지사 및 특별자치도지사의 요청 시 중앙119구조본부장이 필요하다고 판단하는 재난사고의 구조 및 지원
> 4. 위성중계차량 운영에 관한 사항
> 5. 그 밖에 중앙긴급구조통제단장이 필요하다고 판단하는 재난사고의 구조 및 지원

중앙119구조본부 본부장은 소방감으로 보하며, 본부장은 소방청장의 명을 받아 소관

사무를 총괄한다. 본부에는 119구조상황실을 두고 있으며, 재난 현장에서의 지휘·조정·통제 기능을 수행하고 재난 현장에서 현장지휘본부를 설치·운영한다. 또한 위험물질 안전관리 계획 수립 및 예방 점검을 지원하고, 특수사고 현장작전 및 인명구조 대책을 수립하는 임무를 담당한다.

「소방청과 그 소속기관 직제 시행규칙」

제4장 중앙119구조본부

제6조(중앙119구조본부) ① 중앙119구조본부에 기획협력과·특수구조훈련과·특수장비항공팀 및 인명구조견센터를 두고, 중앙119구조본부장 밑에 119구조상황실장 1명을 둔다.
② 119구조상황실장·기획협력과장 및 특수구조훈련과장은 소방정으로, 특수장비항공팀장 및 인명구조견센터장은 소방령으로 보한다.
③ 119구조상황실장은 다음 사항에 관하여 중앙119구조본부장을 보좌한다.
1. 재난 현장에서 지휘·조정·통제 기능
2. 재난 현장에서 현장지휘본부의 설치·운영
3. 소방항공 수색구조 활동 및 조정 등의 업무를 수행하는 중앙수색구조조정본부의 운영
4. 재난 진행 상황 파악·전파 등 상황 관제 및 재난 피해 정보의 수집·분석·전파
5. 재난 현장 인명구조 활동에 관한 통계 및 기록의 유지
6. 현장활동 시 영상 촬영과 홍보계획의 수립·조정 및 홍보 업무 지원에 관한 사항
7. 소방정보·통신 및 방송시설·장비의 유지 관리
8. 정보통신의 보안 업무에 관한 사항
9. 위성중계차량의 운영에 관한 사항
10. 정보 시스템 및 홈페이지의 구축·운영
11. 위험물질 안전관리 계획 수립 및 예방 점검 지원
12. 특수사고 현장작전 및 인명구조 대책 수립
13. 테러사고 현장 대응활동 지원 및 인명구조·구급대책 수립·시행
14. 화학·생물·방사능·핵·고성능폭발(CBRNE) 등 특수사고 발생에 대비한 위험물질 정보 수집·위험성 분석 및 보급
15. 재난 유형별 특정 대상물에 대한 정보 파악 및 관리카드 작성·유지
16. 특수사고 대응 매뉴얼 및 위기대응 매뉴얼 관리
17. 특수재난에 대한 대응과 관련된 기술개발 연구 및 기술 지원
18. 유관기관 간 위험물질정보 시스템 및 재난·위기상황 관리기관의 연계 체계 구축·운영
19. 그 밖의 특수사고·특수재난의 대응·관리에 관한 사항

그 밖의 중앙119구조본부의 주요 하위조직으로는 기획협력과, 특수구조훈련과, 특수장비항공팀, 인명구조견센터가 있으며, 지역별로 총 4개의 특수구조대와 6개의 화학구조센터가 존재한다. 특수구조대의 주요 임무는 관할구역 내 재난 현장 대응 활동의 지휘 및 통제, 관할구역의 인명구조, 탐색 활동, 응급환자 이송 및 화재 진화 활동, 관할구역 내 장기이식 환자 및 장기의 이송, 첨단 탐색장비 및 인명구조견을 활용한 재난 현장 인명구조 활동, 재난 현장 지휘본부 설치 및 무선통신 체계 구축, 소속 인력·장비·항공구조장비 등의 운영 및 유지·관리, 현장활동대원의 안전관리, 소속 119화학구조센터 운영에 관한 사항, 관할구역 내 관련 기관과의 업무 협조 및 재난 대응 지원, 관할구역 지방소방공무원 및 재난지원기관 소속 직원에 대한 구조훈련 및 교육, 국외 재난 발생 시 국제구조대 파견 등 긴급 국제구조 업무 지원, 국가 주요 행사 및 지방자치단체 훈련 지원 등이 있다(소방청과 그 소속기관 직제 시행규칙 제7조). 119특수구조대는 수도권119특수구조대, 영남119특수구조대, 호남119특수구조대, 충청·강원119특수구조대로 구성된다.

119화학구조센터는 구미 불산사고(2012년 9월 27일) 이후 전국 주요 국가산업단지 내에서 발생할 가능성이 있는 특수화학사고에 대비하기 위하여 설립되었다. 화학사고의 경우에는 일반 사고와 달리 화학물질에 대한 이해와 전문적인 지식이 필요하기 때문에 관계 부처 상호 간 협업을 통한 특수사고 사전 예방 및 대응 체계 유지의 필요성이 더욱 중요하다고 할 수 있다. 이에 따라서 관계 부처 협업을 통한 재난 예방 및 대응 능력 향상을 위한 목적에서 화학구조센터를 운영하고 있다.

주요 임무로는 관할구역 내 특수사고 재난 현장에서의 인명구조 활동 및 지원, 특수사고 재난관리 수습 활동 지원, 위험물에 대한 사고의 예방 및 대응에 관한 사항, 재난 현장 지휘본부 설치 및 무선통신 체계 구축, 재난 출동대 편성, 현장작전 지휘대 운영, 소속 특수차량 및 첨단장비 관리·운영, 현장활동대원의 안전관리, 관할구역의 지방관서·긴급구조기관 및 긴급구조 지원기관과의 협업대응 체계 구축, 국외 특수사고 발생 시 국제 출동 및 지원, 국가 주요 행사 및 지방자치단체 훈련 지원, 특수사고 유형별 장비·자재 및 대응 약제 확보 등이 있다(소방청과 그 소속기관 직제 시행규칙 제8조). 화학구조센터는 장비운반차, 다목적 제독차, 고성능 화학차, 무인 파괴 방수차, 다목적 굴삭기 등의 차량과 탐지 분석장비, 누출 방지장비, 제독장비 등을 구비하고 있다. 전국적으로는 시흥, 익산, 구미, 서산, 여수, 울산 총 여섯 곳에 화학구조센터가 설치되어 있다.

제3절 지방소방행정조직

우리나라 지방소방행정조직은 1991년 12월 14일 개정된 「소방법」(법률 제4419호)에 따라 국가와 시·군 단위의 지방자치단체 사무로 이원화되어 있는 소방사무가 광역지방자치단체인 시·도의 사무로 일원화되었다. 광역소방 체제에 관해서는 과거 「소방법」 제3조(소방 업무에 대한 책임 등)에서 소방 업무에 대한 수행과 책임기관에 관한 내용으로 규정하고 있었고, 현재는 「소방기본법」(법률 제15301호) 제3조(소방기관의 설치 등)에 따라 규정된다.

> 「소방기본법」
> 제1장 총칙
> 제3조(소방기관의 설치 등) ① 시·도의 화재 예방·경계·진압 및 조사, 소방안전교육·홍보와 화재, 재난·재해, 그 밖의 위급한 상황에서의 구조·구급 등의 업무(이하 "소방 업무"라 한다)를 수행하는 소방기관의 설치에 필요한 사항은 대통령령으로 정한다. 〈개정 2015. 7. 24.〉
> ② 소방 업무를 수행하는 소방본부장 또는 소방서장은 그 소재지를 관할하는 특별시장·광역시장·특별자치시장·도지사 또는 특별자치도지사(이하 "시·도지사"라 한다)의 지휘와 감독을 받는다.

지방소방조직은 시·도지사 아래 소방본부, 지방소방학교, 특수구조단, 소방정대, 소방서, 119안전센터, 구조대, 구급대, 소방정대로 구분할 수 있다([그림 4-3] 참조). 지방자치단체에 소속된 지방직 소방공무원은 2018년 1월 1일을 기준으로 총 47,457명이 근무하고 있다. 계급별로는 하위직으로 내려갈수록 인원이 점차 많아지는 피라미드형 구조를 갖고 있다.

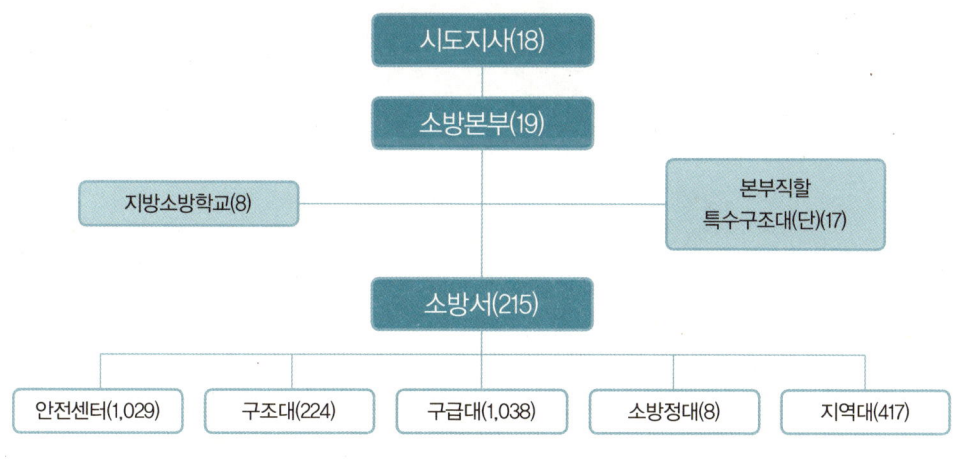

[그림 4-3] 지방소방조직

〈표 4-3〉 소방직 공무원(지방직) 현황

(단위 : 명)

구분	합계	총감	정감	소방감	소방준감	소방정	소방령	소방경	소방위	소방장	소방교	소방사
합계	47,457	-	-	-	18	295	1,139	3,287	3,435	6,760	12,711	19,812

출처 : 소방청(2018).

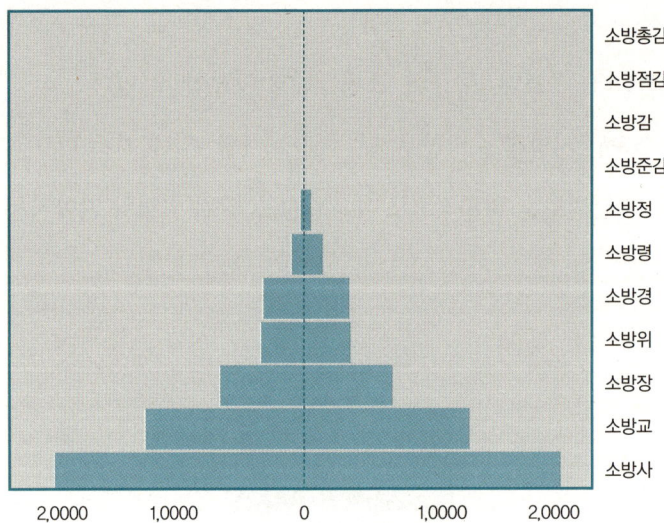

[그림 4-4] 소방조직 계급별 인력 분포

1. 소방본부

「소방기본법」에 따라서 각 시·도에는 소방 업무를 수행하는 지방소방행정조직이 소방재난본부, 재난안전본부, 소방본부, 소방안전본부 등의 명칭으로 총 19개의 본부가 설치되어 있으며,[1] 소방 업무를 수행하는 소방본부장 또는 소방서장은 관할 시·도지사의 지휘와 감독을 받는다(소방기본법 제3조 제2항). 각 지방 소방행정조직이 수행하는 구체적인 소방사무에 관하여는 「지방자치법」과 「지방자치법 시행령」에 의하여 규정된다. 지방자치단체는 지역민방위 및 지방소방에 관한 사무를 담당하며, 지역 및 직장 민방위

---

1) 서울, 부산, 대구, 인천, 광주, 대전, 울산, 세종, 경기, 경기북부, 강원, 충북, 충남, 전북, 전남, 경북, 경남, 제주, 강원에 설치되어 있다(2018년 9월 기준).

조직의 편성과 운영 및 지도·감독, 지역의 화재 예방·경계·진압·조사 및 구조·구급사무를 처리한다(지방자치법 제9조 제2항 제6호). 소방에 관한 사무는 구체적으로 소방기본계획 수립, 소방관서의 설치와 지휘·감독, 소방력 기준 설정 자료 작성 관리, 소방장비의 수급관리, 소방용수시설의 확충 관리, 화재 진압·조사 및 구조·구급 업무 지휘·감독, 소방지령실 설치·운영, 화재경계지구 지정·관리, 소방응원규약 제정, 화재예방활동, 소방홍보 및 계몽, 소방시설의 설치 및 유지관리의 지도·감독, 소방 법령의 규정에 따른 인·허가 및 업무의 지도·감독, 소방 관계 단체의 지도·감독을 포함한다(지방자치법 제10조 제2항, 지방자치법 시행령 제8조).

소방본부장은 국가직 소방공무원과 지방직 소방공무원으로 나뉘며, 「지방자치단체에 두는 국가공무원의 정원에 관한 법률」의 위임에 따라 「지방자치단체에 두는 국가공무원의 정원에 관한 법률 시행령」에서 특별시·광역시 및 도 소속의 국가소방공무원 정원을 규정하고 있다. 서울과 경기는 소방정감, 부산, 인천, 충남, 전남, 경북은 소방감, 그 밖의 시·도는 소방준감 또는 지방소방준감(세종특별자치시)으로 임명한다. 소방본부장은 재난 및 긴급구조 상황 시에는 「재난 및 안전관리 기본법」 제50조(지역긴급구조통제단)에 따라 지역별 긴급구조에 관한 사항의 총괄·조정, 해당 지역에 소재하는 긴급구조기관 및 긴급구조 지원기관 간의 역할 분담과 재난 현장에서의 지휘·통제를 위하여 시·도의 소방본부에 설치되는 시·도 긴급구조통제단의 단장이 된다.

소방본부의 조직 구성은 대체적으로 소방행정, 예방, 방호, 구조, 구급 등을 포함하여 각 광역자치단체별로 유사한 형태로 이루어져 있으며, 지역적 특성과 각 시·도 행정기구의 설치에 관한 조례에 따라서 조직 체계는 다른 형태를 갖기도 한다. 대표적으로 서울특별시 소방재난본부의 경우 4과 1대응단, 1담당관 체제로, 하부조직에는 소방행정과, 재난대응과, 예방과, 안전지원과, 현장대응단, 소방감사담당관이 설치되어 있다. 소방행정과는 소방행정과 업무 전반에 걸친 지도 및 감독 업무를 수행하며, 주요 소방정책을 마련하고 조직, 인사, 예산 업무를 담당한다. 재난대응과는 재난대응과 관련

〈표 4-4〉 소방본부장 직급

구분	소방담당 본부장
서울특별시	소방정감
부산광역시	소방정감
인천광역시	소방감
광역시(부산·인천은 제외한다)	소방준감
세종특별자치시	지방소방준감
경기도	소방정감
강원도 충청남도 전라남도 경상북도 경상남도	소방감
충청북도 전라북도	소방준감

〈표 4-5〉 특별시·광역시 및 도에 두는 국가소방공무원 정원표

구분	소방정감	소방감	소방준감	소방정
서울특별시	1		1	
부산광역시	1			1
대구광역시			1	
인천광역시		1		
광주광역시			1	1
대전광역시			1	
울산광역시			1	
경기도	1		2	
강원도		1		1
충청북도			1	
충청남도		1		1
전라북도			1	
전라남도		1		
경상북도		1		1
경상남도		1		
합계	3	6	9	5

출처: 「지방자치단체에 두는 국가공무원의 정원에 관한 법률 시행령」

한 대응전략을 마련하고 구조대책과 구급관리 업무 및 119 특수구조단 운영 등의 업무를 담당한다. 예방과는 화재예방안전대책을 마련하고 소방특별조사, 가스 및 위험물 안전관리 등을 담당한다. 안전지원과는 장비관리와 안전교육 등을 담당한다. 현장대응단에서는 재난 상황 출동 시 재난 현장 상황관리를 총괄하고 긴급구조통제단장을 보좌하게 된다. 소방감사담당관은 감사 업무를 총괄하고 소방 관련 소송 및 행정심판 등의 법무 지원을 담당한다.

지방자치단체는 소관 사무의 범위 안에서 필요하면 대통령령이나 대통령령으로 정하는 바에 따라 지방자치단체의 조례로 소방기관을 직속기관으로 설치할 수 있으며(지방자치법 제113조),「지방자치단체의 행정기구와 정원 기준 등에 관한 규정」(대통령령) 제2조를 통하여 직속기관으로서 지방소방학교와 소방서를 규정하고 있다.

> 「지방자치법」
> 제3절 소속 행정기관
> 제113조(직속기관) 지방자치단체는 그 소관 사무의 범위 안에서 필요하면 대통령령이나 대통령령으로 정하는 바에 따라 지방자치단체의 조례로 자치경찰기관(제주특별자치도에 한한다), 소방기관, 교육훈련기관, 보건진료기관, 시험연구기관 및 중소기업지도기관 등을 직속기관으로 설치할 수 있다.
>
> 「지방자치단체의 행정기구와 정원 기준 등에 관한 규정」
> 제2조(정의) 이 영에서 사용하는 용어의 뜻은 다음과 같다.
> 5. "직속기관"이란 「지방자치법」(이하 "법"이라 한다) 제113조에 따른 직속기관으로 지방농촌진흥기구·지방공무원 교육훈련기관·자치경찰단·보건환경연구원·보건소·지방소방학교·소방서와 공립의 대학·전문대학을 말한다.

지방자치단체는 직속기관인 지방소방학교를 설치할 때 중앙행정기관의 통제와 승인으로부터 자율성을 갖는다. 지방자치단체는 지역의 특성과 맥락을 반영한 고유의 소방사무를 처리하기 위하여 대통령령에 따라 시·도의 조례로 지방소방학교를 설치·폐지·통합할 수 있다(지방소방기관 설치에 관한 규정 제2조). 과거 지방소방학교의 설치와 폐지는 소방방재청장의 승인 사안이었으나 「지방자치법 시행령」의 개정(2005년 4월 27일 시행)에 따라 지방소방학교·소방서 등 지방소방행정기관의 하부조직 설치 및 사무분장 등은 시·도지사의 권한 범위 내에 속하는 것으로 변경되었다. 소방학교는 서울, 부산, 인천, 광주, 경기, 강원, 충남, 경북 등 전국에 8개가 설치되어 있다.

지방소방학교는 신임교육과 기본교육, 직무교육, 특별교육, 전문교육, 시민참여교육 등을 위하여 설치·운영되고 있다. 전국에 총 8개교가 설치되어 있으며, 서울을 비롯한 부산, 인천, 광주, 경기, 강원, 충청, 경북에 위치한다. 소방학교장의 직급은 서울특별시와 경기도는 소방준감으로 하고, 광역시와 그 밖의 도는 소방정으로 한다(동 규정 제3조).

소방본부는 대형·특수 재난사고의 구조, 현장 지휘 및 테러 현장 등의 지원을 위하여 시·도 소방본부에 직할구조대를 편성하여 운영하여 하며(119구조·구급에 관한 법률 제8조 및 119구조·구급에 관한 법률 시행령 제5조), 각 시·도의 행정기구 설치 조례에 따라 본부직할 특수구조단 또는 특수구조대로 운영되고 있다. 119특수구조단은 특수재난 현장의 구조, 구난 활동을 전문적으로 펼치기 위한 목적에서 설치되며, 화학사고 등 특수재난 및 대형 재난사고의 구조·구난 활동, 헬기를 이용한 화재 진압, 인명구조 및 응급환자 이송, 수난 인명구조 등 수난사고 대응, 산악사고에 대한 인명구조 활동을 담당한다. 2018년 9월을 기준으로 전국적으로 본부직할 특수구조대는 총 16개이다. 그 밖에 수난구조대 12개[서울(여의도, 뚝섬, 반포), 부산(해운대, 낙동강), 인천(정서진), 경기(양평, 가평, 김포), 강원(소양강), 충북(충주), 경북(안동)], 산악구조대 8개[서울(도봉산, 북한산, 관악산), 광주(무등산), 강원(설악산), 전남(순천), 경남(산청, 함양)], 화학구조대 2개[전남(여수), 세종(본부)], 항공구조구급대 17개[(서울, 부산, 대구, 인천, 광주, 대전, 울산, 경기(춘천), 양양, 환동해), 충북, 충남, 전북, 전남, 경북, 경남)가 설치되어 있다.

2. 소방서

「지방소방기관 설치에 관한 규정」에 따라 광역자치단체는 조례로 관할구역의 소방 업무를 담당하게 하는 소방서를 설치할 수 있으며, 소방서를 폐지하거나 통합하는 경우에도 같다(제5조). 소방서는 시·군·구 단위로 설치하되, 소방 업무를 효율적으로 수행하는 데 특별히 필요하다고 인정되는 경우에는 인근 시·군·구를 포함한 복수의 행정구역을 지역 단위로 하여 설치할 수 있다. 또한 소방서의 관할구역에 설치된 119 안전센터의 수가 5개를 넘는 경우에는 추가로 소방서를 설치할 수 있고, 석유화학단지·공업단지·주택단지 또는 문화관광단지의 개발 등으로 인하여 대형 화재가 발생될 가능성이 있거나 소방 수요 급증에 따른 특별한 소방 대책을 마련할 필요가 있는 경우에도 해당 지역에 소방서를 설치할 수 있다. 서울에 24개, 경기도에 23개를 비롯하여 전국에 215개의 소방서가 설치되어 있다(〈표 4-6 참조〉).

소방서에는 서장 1명을 두며, 직급은 지방소방정으로 한다(동 규정 제6조). 인구 100만 명 이상의 시에 설치된 소방서의 장의 직급은 지방소방준감으로 할 수 있으나 해당 시에 2개 이상의 소방서가 설치된 경우에는 그중 1개의 소방서에 한정하여 그 장의 직급을 지방소방준감으로 할 수 있다(동 규정 제5조 별표1). 소방서장은 특별시장·광역시장·특별자치시장·도지사 또는 특별자치도지사의 명을 받아 소관 사무를 총괄하고, 소속 공무원을 지휘·감독한다. 또한 소방서장은 재난 및 긴급구조 상황에서는 「재난 및 안전관리 기본법」 제50조(지역긴급구조통제단)에 따라 시·군·구의 소방서에 설치되는 시·군·구 긴급구조통제단의 단장이 된다.

소방서의 하부조직은 해당 시·도의 규칙으로 정하며, 각 업무를 분장하기 위하여 과장과 팀장을 두고, 직급은 지방소방령으로 한다. 소방서의 사무분장은 각 시·도의 조

> 「지방소방기관 설치에 관한 규정」
> 제8조(119안전센터 등) ① 소방서장의 소관 사무를 분장하게 하기 위하여 해당 시·도의 규칙으로 소방서장 소속으로 119안전센터·119구조대·119구급대·119구조구급센터 및 소방정대(消防艇隊)를 둘 수 있다.
> ② 119안전센터장·119구조대장·119구급대장·119구조구급센터장 및 소방정대장의 직급은 별표 1과 같다.
> ③ 제1항에 따라 119안전센터 및 소방정대를 설치하는 기준은 별표 2와 같다.

〈표 4-6〉 시·도 소방관서 설치 현황

(단위 : 개소)

본부별	본부조직	소방본부	소방학교	소방서	119안전센터	구조대	구급대	소방항공대	소방정대	119지역대
합계	18개 본부	19	8	215	1,029	224	1,038	17	8	417
서울	7과 1실1단1담당관	1	1	24	116	24	116	1	-	-
부산	3과1실2단2담당관	1	1	11	58	11	58	1	2	2
대구	3과1실1단	1	-	8	48	10	46	1	-	6
인천	4과1단1담당관	1	1	10	49	10	49	1	1	14
광주	3과1실1단	1	1	5	24	5	24	1	-	-
대전	3과1실1단	1	-	5	26	5	26	1	-	-
울산	2과1실	1	-	4	24	4	24	1	-	4
세종	2과1실	1	-	2	8	1	8	-	-	4
경기	6과2단3담당관	1	1	23	117	24	126	1	-	37
경기북부	2과1단	1	-	11	54	11	58	1	-	25
강원	1과1실1단	1	1	16	69	16	64	3	-	50
충북	3과1실1단	1	-	12	40	12	40	1	-	27
충남	2과1실1단	1	1	16	78	16	78	1	1	20
전북	3과1실	1	-	10	51	10	51	1	1	47
전남	3과1실	1	-	15	60	20	60	1	1	101
경북	3과1실1단	1	1	18	94	20	94	1	-	48
경남	3과1실	1	-	18	66	18	72	1	1	28
제주	2과1실	1	-	4	23	4	23	1	-	4
창원	3과1실	1	-	3	24	3	21	-	1	-

출처 : 소방청(2018).

례를 위반하지 않는 범위 내에서 소방서장이 별도로 지정할 수 있다. 소방서장의 소관 사무를 분장하기 위하여 시·도의 규칙으로 소방서장 소속으로 119안전센터·119구조대·119구조구급센터 및 소방정대를 둘 수 있다(지방소방기관 설치에 관한 규정 제8조). 119안전센터장·119구조대장·119구급대장·119구조구급센터장·소방정대장의 직급은 지방소방경 또는 지방소방위로 한다.

1) 119안전센터

119안전센터는 소방서의 소관 사무를 분장하기 위하여 설치한다. 119안전센터장은 소방서장의 명을 받아 소관 사무를 총괄하고 소속 직원을 지휘·감독한다. 소관 사무로는 소방정보 수집 및 순찰 업무, 화재 예방 및 계몽·지원·단속, 출동대 편성, 화재 진압, 구급 업무 및 화재 현장 조사·보존, 소방조사 및 「소방기본법」 위반 사항 단속, 화재 예방 및 진압 활동 관련 유관기관 협조, 구조 업무 지원, 소방서장이 지시·위임하는 사항 등이 있다. 119안전센터는 전국적으로 1,029개소가 설치되어 있으며, 119안전센터를 설치하는 기준은 다음과 같다(지방소방기관 설치에 관한 규정 제8조 제2항의 별표1).

① 특별시 : 인구 5만 명 이상 또는 면적 2㎢ 이상

② 광역시, 인구 50만 명 이상의 시 : 인구 3만 명 이상 또는 면적 5㎢ 이상

③ 인구 10만 명 이상 50만 명 미만의 시·군 : 인구 2만 명 이상 또는 면적 10㎢ 이상

④ 인구 5만 명 이상 10만 명 미만의 시·군 : 인구 1만 5천 명 이상 또는 면적 15㎢ 이상

⑤ 인구 5만 명 미만의 지역 : 인구 1만 명 이상 또는 면적 20㎢ 이상

2) 소방정대

「항만법」 제2조 제1호에서 정의하는 항만(港灣, port)2)을 관할하는 소방서에는 소방정대(消防艇隊)를 설치할 수 있으며, 항만의 이동 인구 및 물류가 급격히 증가하여 대형 화재의 위험이 있거나 특별한 소방대책이 필요한 경우에도 해당 지역에 소방정대를 설치할 수 있다. 소방정대는 선박 및 해상구조물 화재 진압, 연안 인접 각종 시설물 화재 진압, 해상 인명구조 및 응급환자 처치 이송 등의 업무를 담당한다. 소방정대는 전국적으로 부산, 인천, 충남, 전북, 전남, 경남, 창원지역에 총 8개소가 설치되어 있다.

3) 119구조대

"구조"란 화재, 재난·재해 및 테러, 그 밖의 위급한 상황에서 외부의 도움을 필요로 하는 사람의 생명, 신체, 재산을 보호하기 위하여 수행하는 모든 활동을 의미한다(119구조·구급에 관한 법률 제2조). 119구조대란 탐색 및 구조 활동에 필요한 장비를 갖추고 소방공무원으로 편성된 단위조직을 의미한다. 「119구조·구급에 관한 법률」에 따라서 소방서장은 위급 상황에서 요(要)구조자의 생명 등을 신속하고 안전하게 구조하는 업무를 수행하기 위하여 119구조대를 편성하여 운영하여야 한다(제8조 제1항). 소방서에는 각 시·도의 규칙으로 정하는 바에 따라서 1개 이상의 일반구조대를 설치하며, 소방서가 없는 시·군·구의 경우에는 해당 시·군·구 지역의 중심지에 있는 119안전센터에 설치할 수 있다. 또한 소방청장은 국외에서 대형 재난 등이 발생한 겨우 재외국민의 보호 또는 재난 발생국의 국민에 대한 인도주의적 구조 활동을 위하여 국제구조대를 편성하여 운영할 수 있다(동 법률 제9조). 2018년을 기준으로 현재 전국에 총 224개가 설치되어 있다.

일반구조대는 화재 현상 활동 대응 및 구조 활동 초기 대응, 화재 및 재난 예방 순찰,

---

2) "항만"이란 선박의 출입, 사람의 승선·하선, 화물의 하역·보관 및 처리, 해양친수활동 등을 위한 시설과 화물의 조립·가공·포장·제조 등 부가가치 창출을 위한 시설이 갖추어진 곳을 말한다.

주민에 대한 소방교육·훈련, 생활안전 민원 처리 등의 임무를 수행한다. 그 밖에 소방대상물, 지역 특성, 재난 발생 유형 및 빈도 등을 고려하여 특수구조대를 설치할 수 있다. 특수구조대는 화학공장이 밀집한 지역, 「내수면어업법」 제2조 제1호에 따른 내수면지역, 「자연공원법」 제2조 제1호에 따른 자연공원 등 산악지역, 「도로법」 제10조 제1호에 따른 고속국도, 「도시철도법」 제2조 제3호 가목에 따른 도시철도의 역사 및 역 시설을 관할하는 소방서에 설치한다(119구조·구급에 관한 법률 시행령 제5조 제2호). 이에 따라 특수구조대는 화학구조대, 수난구조대, 산악구조대, 고속국도구조대, 지하철구조대로 구분할 수 있다.

〈표 4-7〉 119구조·구급대 현황

본부별	합계 (현원)		본부직할 특수구조대		소방서 구조대		수난 구조대		산악 구조대		화학 구조대		항공구조 구급대	
	조직 (대)	인원 (명)	조직 (대)	인원 (명)	조직 (대)	인원 (명)	조직 (대)	인원 (명)	조직 (대)	인원 (명)	조직 (대)	인원 (명)	조직 (대)	인원 (명)
중구본	1	347	(4)	183	–	–	–	–	–	–	6	110	2	54
시·도(계)	279	4,334	16	357	224	3,441	12	146	8	93	2	28	17	269

출처 : 소방청(2018).

4) 119구급대

"구급"이란 응급환자에 대하여 행하는 상담, 응급처치 및 이송 등의 활동을 의미한다(119구조·구급에 관한 법률 제2조). 119구급대는 구급 활동에 필요한 장비를 갖추고 소방공무원으로 편성된 단위조직을 말한다. 소방청장 등은 위급 상황에서 발생한 응급환자를 응급 처치하거나 의료기관에 긴급히 이송하는 등의 구급 업무를 수행하기 위하여 119구급대를 편성하여 운영하여야 한다(동 법률 제10조). 일반구급대는 시·도의 규칙으로 정하는 바에 따라 소방서마다 1개 대 이상 설치하되, 소방서가 설치되지 않은 시·

군·구의 경우에는 해당 지역의 중심지에 소재한 119안전센터에 설치할 수 있다. 2018년을 기준으로 현재 전국에 총 1,038개가 설치되어 있다.

고속도로구급대의 경우에는 교통사고 발생 빈도 등을 고려하여 고속국도를 관할하는 소방서에 설치할 수 있다. 119구급대는 119구급대원 등에게 응급환자 이송에 관한 정보를 효율적으로 제공하기 위하여 시·도 소방본부에 119구급상황관리센터를 설치·운영하여야 하며, 응급환자에 대한 안내·상담 및 지도, 응급환자를 이송 중인 사람에 대한 응급 처치의 지도 및 이송병원 안내 등의 업무를 수행한다. 또한 응급환자를 의료기관에 긴급히 이송하기 위하여 구급차를 운영하여야 한다. 한편 구조대와 구급대는 통합 편성하여 운영할 수 있다.

5) 119지역대

119지역대는 소방조직의 최하위조직으로서 기본적으로 119안전센터와 같은 업무를 수행하며, 다음과 같은 지역에 설치할 수 있다. 전국적으로는 총 417개가 설치되어 있다.

① 119안전센터가 설치되지 않은 읍·면 지역으로 관할 면적이 30㎢ 이상이거나 인구 3천 명 이상이 되는 지역

② 농공단지·주택단지·문화관광단지 등 개발 지역으로서 인접 소방서 또는 119안전센터와 10㎞ 이상 떨어진 지역

③ 도서·산악지역 등 119안전센터에 소속된 소방공무원이 신속하게 출동하기 곤란한 지역

MEMO

소방조직론
Fire Service Organizations

3편

소방조직의 구조와 설계

5장 소방조직에서의 인간행동이론

제1절 소방조직에서의 인간 행동 이해

　소방조직은 화재, 각종 재난으로부터 국민의 생명과 재산을 지키기 위한 공공조직의 일종이라고 볼 수 있다. 소방조직의 경우 소방환경의 불확실성, 위험성, 가외성, 전문성, 계층성 등의 다양한 환경 특성으로 인하여 다른 공공조직과는 사뭇 다른 양상을 보이고 있다. 그러나 조직에서의 인간 행동 패턴은 일반적인 조직행태이론과 큰 차이를 보이지는 않는다고 여겨진다. 따라서 이 장에서는 소방조직의 구성원인 소방관이 목표를 달성하기 위한 동기부여, 리더십, 의사소통, 갈등관리 등의 이론을 살펴보는 한편, 소방조직만이 가지고 있는 소방조직문화이론을 아울러 살펴보고자 한다. 마지막으로 일반적인 조직행태이론과 차별화되는 소방조직에서의 인간행동이론을 추가적으로 제시해 보고자 한다.

　조직에서의 인간 행동 내지 조직 행태는 "개인과 집단의 행동, 사고, 느낌, 반응과 조직의 환경에 대한 대응에 영향을 주는 다양한 측면에 관한 연구"라고 정의된다. 대부분의 사람들은 인생의 일정 시기 동안 조직에 속해 있고 또한 조직을 위하여 일하기 때문에 조직 내에서 어떻게 행동하는가를 이해하는 것은 매우 중요하다(George & Jones, 2012 ; 진종순 외, 2016: 24).

이러한 조직에서의 인간 행동에서 다루는 수준은 크게 개인적 수준, 집단적 수준, 조직적 수준으로 구분하고 있다. 태도, 지각, 학습, 성격, 동기 등이 개인적 수준에서 다루어지고, 리더십, 지위, 갈등, 권력 등이 집단적 수준에서 다루어지며, 문화, 기술, 환경, 구조 등이 조직적 수준에서 다루어진다(김호섭 외, 2012).

우선, 조직에서 사람들의 행태를 나름대로 통제하기 위하여 가장 중요한 것은 그들이 필요로 하는 것이 무엇인지, 무엇을 원하고 있는지를 파악하지 않으면 안 된다(정우일, 2006: 390). 동기부여이론은 그런 차원에서 소방조직에서의 인간 행동에서 살펴보아야 할 부분으로 여겨진다. 특히 소방조직 구성원들의 경우 일반적인 공공조직 구성원들이 원하는 욕구 이외에 위험성이라는 특별한 환경 속에서 원하는 바의 차이가 발생하게 되기 때문에 동기부여이론 측면에서 차별성이 필요하다.

또한, 화재나 각종 재난이라는 특수한 상황 속에서 현장을 통제하게 되는 소방지휘관들은 다른 공공조직 관리자들의 리더십과는 차이가 있게 마련이다. 리더십은 어떤 상황에서 목표 성취를 위하여 개인이나 집단의 활동에 영향을 미치는 과정으로 이해된다(오석홍, 2014: 532). 그렇기 때문에 앞서 언급한 것처럼 소방조직은 처한 상황이 다른 만큼 일반적인 공공조직의 리더십이론과는 다른 무언가가 있다.

한편 소방조직의 경우에도 다양한 구성원으로 이루어져 있으며, 임무와 역할이 제각각이다. 그렇기 때문에 상호 소통이 필요하다. 사이먼(H. A. Simon)은 의사소통이란 "형식적으로 조직 내의 한 구성원이 다른 구성원에게 의사결정의 여러 전제를 전달하는 모든 과정"이라고 정의하고 있다(유종해 외, 2015: 345). 소방조직에서도 의사소통은 매우 필요한데, 긴급한 상황 속에서 이루어지는 경우가 많다 보니 일반적인 조직과는 사뭇 다르다.

마찬가지로 소방조직은 다양한 구성원들로 이루어져 있기 때문에 서로 간에 충돌이 발생할 수밖에 없다. 로빈스와 저지(Robbins & Judge, 2011)는 갈등을 "한 사람이 소중히 여기는 어떤 것에 대하여 다른 사람이 부정적인 영향을 미쳤거나 미칠 것이라는 것을 인식할 때 시작되는 과정"으로 정의하고 있다(조경호 외, 2014: 221). 이러한 갈등의 순기능과 역기능을 적절히 조화시킬 때 비로소 소방조직은 효과적인 목표 달성을 이룰 수 있다.

마지막으로, 소방조직은 다른 공공조직과는 다른 그들 조직만의 독특한 속성을 지니고 있는데, 바로 소방조직문화이다. 조직문화는 조직구성원의 행동을 지배하는 비공식적 시스템이라고 할 수 있다. 이러한 조직문화는 총체적 집합성, 고유한 특성, 지속과 안정, 무형의 정신세계, 모든 계층에 분포, 행동을 조절 및 통제하는 등의 속성을 지니고 있다(임창희, 2015: 426-427). 한편, 로위(Theodore J. Lowi)는 정부기관을 규제기관 모형, 분배기관 모형, 재분배기관 모형, 국가/정부고객기관 모형으로 구분하였다(오석홍 외, 2011: 47-51). 소방조직은 다른 정부조직과는 다른 양상을 보이기 때문에 소방조직도 나름대로의 고유 조직문화가 존재한다.

조직은 인간의 활동과 생활의 주요한 수단이다. 세상의 어떤 사람도 조직을 떠나서 살기는 어렵다(윤재풍, 2014: 21). 그러나 이러한 조직은 고정 불변의 존재가 아니라 끊임없이 변화하는 동태적인 유기체와도 같다. 인간이 태어나서 성장하고 쇠퇴해 죽는 것처럼 조직도 탄생과 성장 그리고 쇠퇴와 소멸의 사이클이 존재한다(민진, 2014: 295). 그렇기 때문에 조직을 이해하는 것은 매우 어렵다. 한 가지 확실한 것은 조직은 저절로 생긴 것이 아니라 인간들이 인위적으로 만든 것이라는 측면에서 무엇인가 좋은 이유가 있다(임창희, 2014).

이 장에서는 소방조직에서의 인간 행동을 이해하기 위하여 동기부여, 리더십, 의사소통, 갈등관리, 조직문화 등에 대한 이론을 살펴보고자 한다.

제2절 동기부여이론

1. 동기부여의 개념

조직이 목적을 효율적으로 달성하고 높은 성과를 내기 위해서는 그 구성원이 지적·기술적 능력이 우수하고, 구성원에게 적극적이고 자발적인 직무 수행 욕구가 있어야 하며, 욕구를 행동으로 옮기는 동기부여가 있어야 한다(윤재풍, 2014: 327). 영어의 모티베이션(motivation)이라는 말은 라틴어의 "to move"라는 말에서 유래하였듯이 "움직이게 한다"는 의미를 내포하고 있다(김호섭 외, 2012: 115). 이를 통하여 볼 때 동기부여는 조직목표를 달성하기 위하여 구성원들을 일정한 방향으로 유도해 가는 심리적 과정이라고 할 수 있다(윤재풍, 2014: 327).

이처럼 인간의 욕구와 관련된 동기부여이론은 "동기부여는 인간의 욕구가 충족되었을 때 발생"한다고 주장하고 있다(진종순 외, 2016: 95).

동기부여에 관한 초기 연구들은 주로 욕구 파악에 열중하면서 동기부여의 원동력은 인간이 가지는 욕구라고 보고, 그것이 무슨 욕구이며 어떤 욕구를 충족시키면 사기가 오르는지에만 관심이 있었다. 그러다가 최근으로 오면서 욕구를 충족시키는 방식이 사기 향상에 중요하다는 것을 깨달았으며, 욕구가 사기를 일으키기까지의 과정을 중시하게 되었다(임창희, 2014: 221).

따라서 이 절에서는 우선, 동기부여에 대한 내용이론 차원에서 머슬로의 욕구계층 5단계이론, 허즈버그의 2요인이론, 앨더퍼의 ERG이론 등을 살펴보고, 이어서 과정이론 차원에서 브룸의 기대이론, 포터와 롤러의 동기유발모형, 애덤스의 공정성이론 등을 살펴보고자 한다. 마지막으로 일반적인 동기부여이론을 살펴본 후 소방조직의 동기부여

이론을 추가적으로 살펴보고자 한다. 소방조직을 비롯하여 공공조직 구성원들의 동기부여는 많은 학자에 의하여 경험적으로 증명되고 있는데, 민간 부문 종사자들에 비하여 공공 부문 종사자들의 동기 요인이 다르다는 데서 출발한다(조경호 외, 2014: 109). 따라서 궁극적으로 여기에서는 소방조직 구성원들의 동기부여에 대하여 추가적인 심층 고찰을 하고자 한다.

2. 내용이론

조직구성원을 동기부여하는 방법에 관한 연구는 19세기 말 형성된 고전적 조직관리론 이후 계속 심화되어 왔다. 고전이론의 기초를 세운 테일러(Frederick W. Taylor)의 과학적 관리론은 조직 속의 인간을 합리적 경제인으로 가정하고 물질적 및 금전적 보상을 통하여 동기부여가 된다는 이론을 확립하였고, 1930년대 대두된 메이요(Elton Mayo)의 인간관계론은 인간을 사회적 및 심리적 존재로 가정하고 조직 안의 인간관계를 중심으로 사회적 및 심리적 욕구의 관리를 동기부여 방법으로 제시하고 있다(윤재풍, 2014: 330). 한편, 맥그리거(Douglas M. McGregor)는 조직의 관리자는 조직 내의 인간을 X나 Y라는 두 가지 중 하나로 가정하며, 그에 따라 조직의 관리 방법이나 조직구성원에 대한 동기부여 방법을 다르게 한다고 설명하고 있다(McGregor, 1960: 1-57). X이론은 인간의 본성을 비판적이고 불신적 관점에서 보는 입장으로 인간은 본래 일하기를 싫어하며 가능하면 일을 회피한다는 것이고, Y이론은 인간의 본성을 낙관적이고 신뢰적 관점에서 보는 입장으로 인간은 자율적인 책임감이 있으며, 늘 놀이나 휴식처럼 일을 자연스럽게 한다는 것이다(윤재풍, 2014: 333-334).

1) 머슬로의 욕구계층 5단계이론

욕구이론 중 가장 기본적이고도 대표적인 이론이 머슬로(Abraham H. Maslow)의 욕구계층 5단계이론이다(진종순 외, 2016: 95). 머슬로는 소련연방 우크라이나를 떠나 미국 뉴욕으로 이민 온 유대인 가정에서 성장하여 심리학자가 되었다. 그는 인간의 욕구에 대한 연구를 계속하여 1943년에 인간 동기부여이론을 미국의 『심리학보(Psychological Review)』학술지에 발표하였다. 이 논문에 따르면, 사람은 욕구의 존재이며, 다섯 가지의 기본적 욕구를 가지고 있다. ① 생리적 욕구, ② 안전의 욕구, ③ 애정의 욕구, ④ 존경의 욕구, ⑤ 자아실현의 욕구이다. 그러나 일부 용어는 후에 수정되기도 하였다. 생리적 욕구는 기본적 욕구로, 안전의 욕구는 안전과 안정의 욕구로, 애정의 욕구는 사회적·소속적 욕구로, 존경의 욕구는 존경과 인정의 욕구 등으로 표현되기도 한다(강성철 외, 2008 ; 김호섭 외, 2012: 118).

〈표 5-1〉 머슬로의 욕구계층 5단계

계층	명칭	내용
5단계	자아실현 욕구	자아 발전과 이상 실현 자발적이고 독창적 능력 발휘 등
4단계	존경 욕구	타인으로부터의 존경과 인정, 명예 등 승진, 수상 등
3단계	사회적·소속 욕구	사회적 관계와 조직의 소속감 등 소속감, 인간관계 등
2단계	안전·안정 욕구	물질적 안정과 정신적 안정 및 보호 등 작업환경, 근로조건, 고용 안전 등
1단계	생리적·기본적 욕구	생존을 위한 의식주와 신체적 및 생물적 욕구 등 보수 수준(최저 임금), 기본 등

출처 : Maslow(1943) ; 임창희(2014: 222) ; 김호섭 외(2012: 119).

머슬로의 이론은 욕구 간에는 계층적 순서가 있어서 각각의 욕구가 충족된 후에 다음 단계로 이동한다고 주장하며, 생리적 욕구, 안전 욕구, 소속 욕구, 존경 욕구, 자아실현 욕구로 순차적으로 발생된다고 제시하고 있다(조경호 외, 2014: 112).

이러한 머슬로의 욕구계층 5단계이론은 다른 학자들에게 비판을 받아왔는데 주된 이유는 욕구가 반드시 계층적 순서에 따라 나타나지 않으며, 사람에 따라 두 개 이상의 욕구가 동시에 나타나기도 하고, 처음부터 자아실현의 욕구가 발현되기도 한다는 점을 들어 비판하고 있다(조경호 외, 2014: 113-114).

그러나 머슬로의 이론이 공헌한 바도 크다. 우선, 인간을 하위 욕구만 원하는 저차원적 관점에서 보지 않고 고상한 상위 욕구를 원하는 고차원적 관점에서 보았다는 점에서 한층 인본주의 중심 학문으로 이끌었으며, 다음으로 이 원리를 적용하여 자원을 어디에 집중시킬 것인지를 알 수 있다는 점이다. 즉, 모든 욕구를 한꺼번에 다 채워 줄 필요는 없다는 점이다(임창희, 2014: 223). 무엇보다도 머슬로의 이론은 조직에서 구성원의 동기부여 이론의 시초라는 점에서 기여한 바가 크다고 할 수 있다.

2) 허즈버그의 2요인 이론

허즈버그(Frederick I. Herzberg)는 "인간이 직업의 체험에서 진정으로 원하는 것이 무엇인가?"에 대한 질문으로부터 설명을 시작한다(윤재풍, 2014: 334). 즉, 허즈버그는 1959년 미국 펜실베이니아 주 피츠버그 시에 있는 산업체 근무자 203명의 회계전문가와 엔지니어에게 직무와 관련하여 가장 즐거웠고 만족하였던 상황과 가장 불만스러웠던 상황을 자세히 설명해 달라고 요청하였고, 이를 위하여 12회에 걸친 인터뷰를 가졌다. 그가 발견한 것은 직무와 관련된 여러 요소를 충족시켜 주는지의 여부에 따라 만족도가 오르내리는 것이 아니라, 어느 요소를 충족시키는지에 따라 증상이 다르며, 크게 두 개의 범주로 나뉜다는 사실이었다(조경호 외, 2014: 114 ; 임창희, 2014: 225). 즉, 하나는 위생 요인으로서 주로 환경적인 요인과 관련이 있으며, 직무에 불만족을 느끼게 하는 부정적 요인을 지칭한다. 다른 하나는 동기 요인으로서 이는 긍정적으로 작동하여 조직구성원들의 직무 만족을 증가시키는 요인을 일컫는다(조경호 외, 2014: 115).

〈표 5-2〉 허즈버그의 2요인이론

위생 요인	동기 요인
조직의 정책 방침, 행정제도 등	직무상의 성취도 등
관리 감독, 지시량 등	직무 수행에 대한 상사·동료들의 인정 등
보수, 신분, 지위 등	보람 있는 직무(직무 내용 그 자체)
대인 관계 등	승진과 책임의 증대 등
작업 조건, 직무안전도, 개인 생활 등	성장과 발전의 기회 등

출처 : Herzberg(1968) ; 김호섭 외(2012: 123).

이러한 허즈버그의 이론에 대한 비판은 개인차에 대한 고려가 없었다는 점을 들고 있다(조경호 외, 2014: 116). 즉, 때에 따라서는 하위 욕구가 더 큰 사람도 있다는 점이다. 또한 위생 요인과 동기 요인은 서로 완연하게 구별되는 것이 아니라는 점을 들고 있다(임창희, 2014: 226-227).

그럼에도 불구하고 허즈버그의 이론은 인간의 욕구 요인을 두 차원으로 간단하게 분류하고 있다는 점에서 의미가 크다고 할 수 있으며(임창희, 2014: 227), 또한 직무환경과 직무 내용의 분리나 만족 및 불만족 요인을 구분하고 있다는 점은 커다란 공헌이라고 할 수 있다(김호섭 외, 2012: 124).

3) 앨더퍼의 ERG이론

앨더퍼(Clayton R. Alderfer)는 매슬로와 허즈버그의 욕구이론을 개선시킨 인물이다(Alderfer, 1969). 매슬로와 마찬가지로 앨더퍼도 인간은 욕구를 지니고 있다는 것을 강조하면서, 이러한 욕구가 계층성을 지니고 있다고 설명한다는 측면에서는 매슬로와 비슷하다고 할 수 있다(진종순 외, 2016: 97). 그러나 매슬로의 욕구계층 5단계를 존재(existence), 관계(relatedness) 성장(growth needs) 욕구로 구분하였고, 매슬로와는 달리 앨더퍼(Alderfer, 1972)는 이러한 욕구들 사이에 순서가 있는 것이 아니며 얼마든지 동시에 나타날 수도 있고 순서가 역행할 수도 있다고 주장하였다(조경호 외, 2014: 114).

〈표 5-3〉 머슬로와 앨더퍼의 인간 욕구 체계 비교

단계	머슬로		앨더퍼	욕구 차원
5	자아실현 욕구		성장 욕구(G)	고차원 욕구 ↑ ↓ 저차원 욕구
4	존경 욕구	자기로부터의 존경		
		타인으로부터의 존경	관계 욕구(R)	
3	애정 욕구			
2	안전 욕구	대인 관계 안전		
		물리적 안전	존재 욕구(E)	
1	생리적 욕구			

출처 : Alderfer(1972) ; 김호섭 외(2012: 120).

이와 같이 앨더퍼는 기업, 은행, 그리고 대학 등의 조직원 814명을 대상으로 경험적 연구를 하면서, 그 욕구의 내용을 존재 욕구, 관계 욕구, 그리고 성장 욕구로 구분하였다(김호섭 외, 2012: 120). 이러한 앨더퍼의 이론은 결국 머슬로의 다섯 가지 욕구를 압축한 것에 지나지 않을 수 있고, 이는 인간의 욕구를 세분화해서 분석하는 데 한계를 가질 수 있다는 비판을 받는다(조경호 외, 2014: 114).

한편, 맥클랜드(David C. McClelland)의 성취욕구이론에서는 인간들의 동기부여를 성취 욕구, 권력 욕구, 친교 욕구로 구분하고 있다(윤재풍, 2014: 337). 성취 욕구란 높은 성과를 얻기 위하여 도전적인 목표를 설정하고, 이를 달성하고자 하는 욕구를 말한다. 성취 욕구가 강한 사람은 목표 설정과 모험심을 중시해 자신의 일에 몰두하는 경향성을 띠게 된다.

3. 과정이론

1) 브롬의 기대이론

기대이론은 1964년 브룸(Victor H. Vroom)이 발표한 것으로 "개인이 어떤 행동을 하려 할 때, 어떤 심리적인 과정을 통하여 행동하게 되는가?"에 대한 것을 설명하고자 하였다(Vroom, 1964 : 김호섭 외, 2012: 128). 브룸의 기대이론은 인간이 행동을 취하기 위해서는 두 가지의 기대가 존재하여야 한다는 것이 핵심이다. 즉, 첫 번째 기대는 노력하면 성과가 나온다는 것에 대한 가능성에 대한 기대이며, 두 번째 기대는 그러한 성과에 대하여 바람직한 보상이 주어지는지에 대한 기대이다. 만약 보상에 대한 기대가 있더라도 그 보상이 개인에게 상당히 매력적이지 않으면 개인은 움직이지 않는다는 것이다. 매력적인 보상 내지는 결과를 유의성이라고 하며, 이러한 보상에 대한 기대를 수단성이라고 부른다(조경호 외, 2014: 118). 즉, 인간의 기대에 영향을 주는 변수는 기대감, 도구성, 유인가 등이 있다. 인간은 이들에 대하여 각기 다른 주관적 인식을 가지기 때문에 각 개인에게 동기부여가 다르게 나타난다고 제시하고 있으며, 이들의 관계는 '동기 = 기대 × Σ(유인가×도구성)'이다(진종순 외, 2016: 102). 이와 같이 브룸의 기대이론은 동기부여에 관한 이론을 가장 포괄적으로 함축한다고 하여도 과언이 아니다. 즉, 조직 안에서 근무하는 인간은 자신이 직무 수행을 위하여 노력하면 어떤 수준의 수행 성과를 낼 것이고, 조직은 그 수행 성과에 대하여 일정한 보상을 할 것이며, 보상은 매력적인 유인가 혹은 유의성(valence)이 있을 것이라는 기대에 따라 행동이 유발된다고 설명하는 것이다(윤재풍, 2014: 338).

하지만 브룸의 기대이론도 나름대로 한계점은 있다. 인간은 누구나 합리성에 근거하여 결과와 확률을 예측한 다음에 행동한다는 기대이론은 그대로 받아들이기 어렵다. 인간은 때로는 완벽하게 과학적이거나 합리적이지 못하기 때문이다(임창희, 2014: 237).

2) 포터와 롤러의 동기유발모형 및 애덤스의 공정성이론

포터(Lyman W. Porter)와 롤러(Edward E. Lawler)는 브룸의 기대이론을 기초로 조직에서의 근무에 대한 태도와 성과와의 관계를 설명하였다(Porter & Lawler, 1968 ; 김호섭 외, 2012: 131). 그들의 이론모형에는 노력, 성과, 보상 및 만족감 등과 같은 변수를 포함하고 있는데, 개인은 노력하여 성과 또는 직무를 성취하고 그 성취에 따라서 내적 보상이나 외적 보상을 받게 된다. 외적 보상은 금전이나 물질과 같은 형태를 가지며, 내적 보상은 주관적인 심리적인 만족이나 자기성취감의 형식일 수 있다. 그런데 사람들은 어떤 형태나 형식이든 자기가 받아야 된다고 생각하고 기대하는 정당한 수준 이상의 보상을 받아야만 만족감 혹은 기대감을 충족하게 된다는 것이 포터와 롤러의 동기유발모형이다(윤재풍, 2014: 341-342). 이러한 포터와 롤러의 동기유발모형은 보상의 공정성을 중요하게 고려하였다는 점에서 브룸의 기대이론을 발전시켰다고 할 수 있다(진종순 외, 2016: 105).

한편, 공정성이론(公正性理論)은 본래 사회심리학자인 페스팅거(Leon Festinger)의 인지부조화(認知不調和, cognitive dissonance) 개념(자기가 알고 있는 것과 자신의 행동이 다를 때, 부조화를 인지하고 이를 조화시키려는 동기가 발생한다고 가정)에 기초하고 있는데, 애덤스(J. Stacy Adams) 등에 의하여 체계화된 이론이다(Adams, 1963 ; 김호섭 외, 2012: 133). 애덤스는 조직이 공정성을 실천함으로써 구성원들을 동기화할 수 있다고 주장하였다(임창희, 2014: 238). 공정성이론에서는 개인의 투입 대 산출 결과의 비율을 동일한 직무상황 내에 있는 다른 사람들의 투입 대 결과의 비율과 비교한다는 것이다. 이 두 비율이 동일할 때 공정성이 있고, 이 두 비율 간에 어느 한쪽이 크다거나 작을 때 불공정성이 지각된다(김호섭 외, 2012: 133). 여기서 조직의 공정성은 배분적, 과정적, 상호적 공정성의 세 가지 공정성을 생각해 볼 수 있다. 이러한 공정성이론은 조직관리자들에게 조직

구성원을 공정하게 관리하는 데 참고할 중요한 개념을 제공한다는 차원에서 공헌한 바가 크지만, 비교의 대상으로서 누구를 선택하며 투입과 결과를 정의하느냐에 따라서 공정성이 달라지고 또한 비교 측정하기 어려운 경우가 많다는 점이 한계점으로 남는다(윤재풍, 2014: 343).

제3절 리더십이론

1. 리더십의 개념

번스(Tom Burns)는 리더십(leadership)에 대한 그의 연구에서 리더십과 관련한 130가지 정의를 발견하였다고 제시하고 있다. 이처럼 그동안 제시되어 온 수많은 리더십 정의가 공통점을 가지고 있는 것 같지는 않다(Burns, 1978 ; 정우일, 2006: 548). 이는 리더십이 개념의 복합성, 다차원성, 중요성 때문에 여러 가지 측면에서 다양한 접근이 이루어져 왔기 때문으로 이해된다(유종해 외, 2015: 356).

베니스(Warren G. Bennis)는 리더십이란 조직구성원들로 하여금 각자 비전(vision)을 가지고 자신의 능력을 모두 쏟아 그 비전을 실현하게끔 하는 것이라고 정의하였고, 스톡딜(Ralph M. Stogdill)은 리더십이란 집단의 구성원들로 하여금 특정 목표를 지향하게 하고, 그 목표 달성을 위하여 실제 행동을 하도록 영향력을 행사하는 것이라고 제시하였다(임창희, 2014: 341). 결국 리더십은 리더라는 사람, 리더가 하는 역할과 역할 수행의 과정 등을 지칭할 수 있다(오석홍, 2014: 531).

한편, 리더십의 일반적인 기능으로는 첫째, 목표 달성을 전제로 발휘되므로, 조직의 목표 설정과 이의 구체화가 일차적인 기능이고, 둘째, 리더십은 목표 달성에 필요한 인적 및 물적 자원의 동원 및 조작 기능을 수행한다. 셋째, 리더십은 조직의 안정성과 통일성을 유지시키는 기능을 수행한다. 넷째, 리더십은 일상적 경우를 상정하여 만든 공식적인 구조나 절차가 예기치 못한 상황 변동에 직면하였을 경우, 이에 대응 및 적응하는 데 필요한 정보나 전략을 제시하는 기능을 지니고 있다(김호섭 외, 2012: 228).

이러한 리더십이론은 특성이론, 행태이론, 상황이론으로 발전하여 왔는데, 특성이론은 초기 리더십 연구들로 위인들의 리더십 특성에 연구의 초점을 맞추었고, 행태이론은 미시간대학 연구, 오하이오 주립대학 연구, 관리그리드 모형 등으로, 리더의 특정한 행동이 성과와 다른 결과의 주된 원인이 된다고 가정한다. 마지막으로 상황이론은 피들러의 상황이론, 하우스의 경로-목표모형, 허시와 블랜차드의 상황적 리더십 모형 등인데, 리더의 특성이나 행동들은 상황적인 요인들과 함께 연계될 때 적실성 있게 결과를 예측할 수 있다는 가정이다(조경호 외, 2014: 170).

2. 특성이론

리더십 연구의 초창기 접근 방식의 하나는 특성(자질)이론 접근이다(정우일, 2006: 556). 즉, 전통적인 특성이론자들은 대개 리더의 개인적 속성이 리더십의 성패를 가르는 핵심적 요소라고 생각한다(오석홍, 2014: 538). 스톡딕은 리더십의 속성으로 육체적 특징, 사회적 배경, 지식과 능력, 과업과 관련된 특성, 사회적 특성을 제시하고 있다(Stogdill, 1974 ; 정우일, 2006: 557). 특성이론은 1920년대부터 1950년대 사이에 심리학의 발달,

특히 개인의 성격과 태도 등을 연구하고 측정하는 접근 방법이 발전하는 시기에 등장한 리더십이론의 초기 접근 방법으로 이해할 수 있다(진종순 외, 2016: 245).

이러한 특성이론에서는 어떤 개인의 타고난 특성과 자질에 따라서 리더가 출현하고 리더십이 결정된다고 설명하는 것이다. 즉, 개인이 가지고 있는 자질이나 특성(지능, 건강, 자존심, 외모, 사교성 등)에 주목한다. 특히 자질이나 특성은 선천적으로 타고난다는 것이 가정이다(윤재풍, 2014: 362).

그러나 이러한 특성이론은 효과적인 리더십을 결정짓는 리더의 구체적인 특성을 합의하는 데 실패하였다는 평가를 받는다(Yukl, 2002). 특성이론은 리더의 다양한 개인적 특성을 제시함으로써 리더십을 연구하였지만, 성공한 리더에게 요구되는 공통의 인적 특성을 제시하지 못하였다는 점에서 비판을 받고 있고, 또한 리더의 특성을 통하여 리더십을 이해하고자 하지만 리더십은 개인의 특성과 자질로만 구성되지 않는다는 한계가 있다(진종순 외, 2016: 247).

3. 행태이론

행태론적 리더십이론이란 리더의 행태에 초점을 맞추어 리더십을 이해하고 설명하는 이론이다(윤재풍, 2014: 363). 즉, 훌륭한 리더의 행동은 어떤 것이며, 그것이 부하의 업적 달성과 얼마나 관계가 있는지에 대한 최초의 연구는 1927년 레빈(Kurt Lewin), 리피트(Ronald Lipitt), 화이트(Ralph White)에 의하여 행해졌는데, 그들은 열 살배기 아이들을 상대로 민주적, 독재적, 자유방임적 리더 유형을 실험한 결과 그 상관관계가 단순하지만은 않았다는 것을 밝혀냈다. 즉, 아이들의 협조나 만족도는 민주형의 경우에, 생산 실적은 독재형의 경우에 더 컸다. 아이들의 복종, 순종의 태도는 독재형의 경우에 더 컸으나 리더가 자리를 비울 때는 밖으로 나가는 아이도 있었다. 이 초기의 실험은 그 후 참여형 리더와 독재형 리더의 효율성 우열에 관한 많은 논쟁을 초래하였다(임창희, 2014: 349).

이러한 행태이론은 미시간대학 연구, 오하이오 주립대학 연구, 블레이크와 모튼의 관리그리드 모형 등이 대표적인 행태론적 리더십이론이다.

1) 미시간대학 연구

미시간대학 연구를 살펴보면, 미시간대학 연구는 미시간대학에 있는 설문조사센터 연구 집단의 업적, 동기부여, 조직구조 및 리더십 활동을 연구하기 시작한 1940년대부터였다(정우일, 2006: 559). 미시간 그룹의 연구에서는 직원 중심형과 생산 중심형이라는 두 가지 리더십 유형을 구분하고 있는데, 생산성을 높이는 데는 직원 중심형이 생산 중심형보다 우월하다는 것을 밝혀내고 있다(오석홍, 2014: 543). 이러한 미시간대학 연구는 리더십과 효과성과의 관련성에 관한 여러 가지 사실을 밝혀내고 있다는 데 의미가 있다(유종해 외, 2015: 362).

(2) 오하이오 주립대학 연구

오하이오 주립대학 연구는 1945년에 시작되었다. 즉, 제2차 세계대전 전과 후에 연방정부로부터 고용에 관한 목적을 위한 연구자금을 받음으로써 연구가 가능하였다(정우일, 2006: 561). 오하이오 그룹은 리더십 행태를 두 가지의 국면으로 하여 네 가지의 리더십 유형으로 분류하였다. 두 가지 국면이란 구조 설정과 배려인데, 구조 설정은 리더와 추종자의 관계는 조직의 구조와 과정을 엄격하게 형성하는 형태이며, 배려는 리더와 추종자 사이에 우정, 상호 신뢰, 존경심 등을 조성하려는 형태이다. 이를 통하여 ① 낮은 구조 설정과 낮은 배려형, ② 낮은 구조 설정과 높은 배려형, ③ 높은 구조 설정과 낮은 배려형, ④ 높은 구조 설정과 높은 배려형으로 구분하고 있다(오석홍, 2014: 543-544). 이 연구에 의하면 리더의 행동이란 하나의 단일 연속선상에서 이루어지는 것이 아니라, 양축을 바탕으로 한 2차원상의 어딘가에서 이루어진다는 것이다(유종해 외, 2015: 363). 여기에서 가장 효과적이고 바람직한 리더십은 높은 구조 설정과 높은 배려의 능력, 즉 조직을 위한 과업구조를 훌륭하게 편성할 리더십과 조직구성원들에 대한 인간관계적 관리를 능숙하게 수행할 수 있는 리더십이다(윤재풍, 2014: 366).

3) 블레이크와 모튼의 관리그리드 모형

블레이크(Robert B. Blake)와 모튼(Jane S. Mouton)의 관리그리드(mangerial grid) 모형을 살펴보면, 블레이크와 모튼의 관리그리드 모형은 오하이오 주립대학 리더십 연구에서 영향을 받았다(정우일, 2006: 565).

블레이크와 모튼은 임무 성취와 인간관계 개선이라는 두 가지 기준에 따라 리더십 유형을 ① 빈약형(성취 낮음, 관계 개선 낮음), ② 친목형(성취 낮음, 관계 개선 높음), ③ 임무 중심형(성취 높음, 관계 개선 낮음), ④ 절충형(성취 중간 정도, 관계 개선 중간 정도), ⑤ 단합형(성취 높음, 관계 개선 높음)의 다섯 가지로 구분하고 있다(오석홍, 2014: 545-546).

빈약형은 방관형 또는 무관심형이라고도 하며, 리더는 과업 수행과 인간관계 형성 등에 관심이 없는 유형으로 분류된다. 방관형 리더는 조직에서 퇴출되지 않을 정도만 과업 수행을 위하여 노력한다고 평가하였다. 친목형은 컨트리클럽형이라고도 하며, 과업 수행에 관심이 적은 대신에 인간관계에 많은 관심을 기울이는 모형이다. 구성원들의 욕구를 만족시키고 우호적인 분위기를 형성하는 데 초점을 두고 있다. 임무 중심형은 권한-순응형 또는 과업형이라고 하는데, 조직 운영 및 관리의 효율성 향상을 위한 수단으로 구성원을 대하는 모형이다. 이 모형에 속하는 리더는 통제 지향적 접근을 통하여 조직 목표의 수행에만 관심을 갖는 행동을 취한다. 절충형은 중도형이라고도 하는데, 과업 수행과 인간관계 사이에서 균형을 맞춤으로써 조직 목표를 달성하고자 하는 리더십

모형이다. 가장 효과적인 행동이라는 평가와 적당주의라는 평가가 공존하는 모형이다. 단합형은 팀형이라고도 하며, 과업 수행과 인간관계를 모두 강조하는 이상적인 리더십 유형이다. 해당 모형에 속하는 리더는 참여, 헌신, 팀워크, 공동체 의식을 강조함으로써 조직 목표 달성을 위하여 노력하는 리더십으로 평가받는다(진종순 외, 2016: 251-253).

 이상과 같은 행태이론들은 리더가 타고났다고 보는 특성이론과는 대비되어 리더는 특정한 행위들을 행사함으로써 만들어질 수 있다고 보았고, 이에 따라 리더십 연구의 지평을 넓혔다는 평가를 받는다. 하지만 리더의 행위와 부하 직원들의 성과와의 관계가 행태이론에서 제시하는 것처럼 직접적으로 명확하지 못하다는 한계점을 드러낸다(조경호 외, 2014: 174).

4. 상황이론

1) 피들러의 상황적합모형

 피들러(Fred E. Fiedler)는 리더십 상황이론의 대표적 학자로서, 역시 리더와 상황의 조화를 강조하고 있다. 즉, 리더십의 효과성에 관한 모형을 고안하려고 처음으로 시도한 학자라고 할 수 있는데, 그는 비엔나에서 태어났으며 세계대전 중 독일이 오스트리아를 침공한 후 곧 미국으로 이주하였다(정우일, 2006: 568-569). 그는 상황에 따라서 인간 중심형 리더가 더 좋을 때도 있고 일 중심형 리더가 더 효과적일 때도 있다고 하였다. 상황이 리더에게 매우 유리하거나 매우 불리할 때는 과업 중심 행동이 효과적이지만, 상황의 유리성이 중간 정도이면 인간 중심 행동이 더 효과적이라는 사실을 현장조사로 입증하였다. 리더에게 유리한 상황인지 불리한 상황인지는 과업이 짜인 정도, 리더와 부하 사이의 신뢰 정도, 리더 지위의 권력 정도에 따라서 결정된다고 제시하고 있다(임창희, 2014: 353-354). 요컨대 피들러는 리더십 유형을 두 가지로 구분한다. 하나는 ① 인간관계 중심적 리더십 유형이며, 다른 하나는 ② 임무 중심적 리더십 유형이다. 여기에 리더와 추종자의 관계, 임무 구조, 직위에 부여된 권력 상황 유형 등 상황 변수가 리더십 유형을 결정한다고 제시하고 있다(오석홍, 2014: 549-551).

이러한 피들러의 이론은 리더십 유형을 '과업 지향형'과 '관계 지향형'으로 분류하였지만 여전히 단선적이고, 리더의 행태 변화는 전혀 고려하지 않았지만 조직의 상황이 리더십의 효과성을 결정짓는다는 새로운 연구 방향을 제시한 점은 나름대로 의미가 있다(김호섭 외, 2012: 237).

2) 하우스의 경로-목표모형

하우스(Robert J. House)의 경로-목표모형은 리더가 조직의 목표를 달성하게 하기 위하여 어떻게 부하 직원들에게 동기를 부여하는지 설명하는 연구이다(조경호 외, 2014: 177). 즉, 하우스의 경로-목표모형은 추종자들의 동기 유발에 초점을 맞추고, 목표 성취에 이르는 길을 추종자들에게 명료하게 제시할 수 있는 효율적인 리더라고 설명한다(오석홍, 2014: 556).

하우스는 과업환경의 변화와 부하 수준의 변화에 따라서 ① 지시적 리더십, ② 지원적 리더십, ③ 참여적 리더십, ④ 성취 지향 리더십으로 구분하고 있다. 지시적 리더는 부하가 무슨 일을 하여야 할지 잘 제시해 주고 스케줄도 잡아 주고 지도해 주는 마치 구조 주도형 스타일과 같은 리더십이다. 지원적 리더는 친절하게 부하의 심중을 읽고 필요한 것을 마련해 주고 사기를 북돋아 주는 리더십이다. 참여적 리더는 부하들을 의사결정에 참여시키고 그들의 의견을 들어 주고 참고하는 리더십이다. 마지막, 성취 지향적 리더는 도전적인 목표를 제시하고 높은 수준의 목표를 제안토록 하며 이를 성취하도록 자극하는 리더십이다(진종순 외, 2016: 257 ; 임창희, 2014: 357-358).

하우스 이론의 장점은 제시된 리더십 유형들이 상호 배타적이지 않다는 점이다(유종해 외, 2015: 369). 즉, 동일한 지도자라도 상황에 따라 서로 다른 유형의 리더십을 발휘할 수 있으며, 이를 통하여 조직구성원에게 동기부여하고, 만족도를 높여 조직 목표 달성을 효과적으로 할 수 있다는 것이다. 그러나 하우스의 경로-목표모형도 한계점은 있다. 즉, 상황이 리더십의 결정 요인이라면 시대적 상황이 달라졌음에도 불구하고 오랜 세월에 걸쳐 지도자의 역할을 하는 사람들에 대해서는 어떻게 설명할 것인가? 지도자 자신의 자질 또는 리더십 유형을 시대적 요청에 맞추어 변화시켜 나가는 것은 결코 쉬운 일이 아니기 때문이다(김호섭 외, 2012: 238-239).

3) 허시와 블랜차드의 상황적 리더십 모형

허시(Paul H. Hersey)와 블랜차드(Kenneth H. Blanchard)도 상황적 리더십이론을 제시하였다. 그들이 제시한 상황적 리더십이론은 부하의 성숙도(능력과 의욕)를 여러 가지로 분류하고, 각각의 성숙도에 상응하는 적합한 리더십 유형이 무엇인가를 설명하고 있다(윤재풍, 2014: 375). 즉, 허시와 블랜차드는 리더십 유형의 분류 기준을 인간관계 중심적 행태와 임무 중심적 행태를 동일선상이 아니라 별개의 축으로 나타내야 할 두 가지의 차원이라고 규정한 다음, 거기에 효율성이라는 하나의 차원을 추가하여 리더십 유형 연구의 3차원적 모형을 정립하였다(오석홍, 2014: 552).

허시와 블랜차드는 ① 지시형, ② 판매형, ③ 참여형, ④ 위임형의 등 크게 네 가지 리더십 스타일을 제시하였다. 지시형 스타일(과업 행동을 강조하고 관계 행동을 덜 강조하는 유형)은 추종자들의 준비도가 낮을 때 가장 적합하다. 이 리더십 스타일은 책임을 받아들일 수 없고, 또 받아들이려 하지 않는 가장 낮은 성숙도를 가진 사람들에게 그 역할을 정의해 줌으로써 수행하여야 하는 과업에 대한 불안정성을 제거한다. 판매형은 과업 행동과 관계 행동을 모두 강조하는 것으로 책임을 받아들일 능력은 없지만 받아들이려고 하는 사람들에게 과업의 방향을 알려 주고 이들을 지지하는 역할을 한다. 추종자들의 열정을 유지시키기 위하여 단순히 지시하는 스타일에서 더 나아가 상황을 자세히 설명하고 긍정적인 행동들은 강화하고자 한다. 참여형은 과업 행동에 대한 강조는 낮은 반면 관계 행동에 대한 강조는 높은 경우에 활용되며, 부하 직원들이 할 능력은 있으나 의지가 약한 중간 정도의 성숙도를 보일 때 가장 적합하다. 이 경우에는 추종자의 동기 수준을 높이기 위하여 지지적 행동이 요구되며, 추종자들에게 의사결정을 공유하도록 허락함으로써 과업을 수행할 의지를 높인다. 마지막 위임형은 과업 행동과 관계 행동 모두가 낮게 강조되는 유형으로 가장 성숙도를 갖춘 부하 직원들에게 효과적이다. 과업의 추진 방향이나 지지를 제공하기보다는 이미 능력과 의지를 갖춘 추종자들이 하여야 할 일에 대하여 책임을 갖도록 돕는다(조경호 외, 2014: 180-181).

한편, 허시와 블랜차드 모형의 흥미로운 점은 쉽게 관찰되거나 평가되기 어려운 다른 상황 변수들 대신 업무의 성숙도를 사용하였다는 것이다(정우일, 2006: 587). 즉, 허시와 블랜차드가 제시한 상황적 리더십이론은 부하들의 성숙도에 맞추어 적합한 리더십 행동을 탐구한 것으로서 상황조건 적합적 관점에서 리더십이론을 발전시키는 데 기여하였다고 할 수 있다. 그러나 상황 변수를 부하의 성숙도에만 한정함으로써 이론적 논리는 명쾌하지만 너무 단순하게 구성되었고, 성숙도를 지칭하는 능력과 의욕 등의 개념이 모호하다는 비판을 받는다(윤재풍, 2014: 379).

5. 현대적 리더십이론

1) 배스의 변혁적 리더십이론

기존의 리더십이론, 즉 오하이오 주립대학의 행동이론, 피들러의 상황적합모형, 그리고 하우스의 경로-목표모형 등은 부하의 과업 사항과 역할 등을 명확하게 제시함으로써 목표를 달성하게 하는 거래적 리더의 역할을 설명하였다(Robbins & Judge, 2011). 거래적 리더십(transactional leadership)은 조직의 안정적 운영과 현상 유지, 그리고 중간관리자의 역할 등을 전제로 리더십을 연구하였지만, 환경의 급격한 변화에 적절하게 대응하고 조직의 비전 등을 제시할 수 있는 적극적 리더십이 요구되는 현재에는 적합하지 않은 리더십 패러다임이다. 즉, 현대에 들어오면서 리더-부하 간 관계를 경제적 교환 관계로 인식하려는 접근 방법에서 벗어나 리더가 비전과 영감을 부하에게 제시할 뿐만 아니라, 지적 자극 등을 통하여 동기를 부여하는 변혁적 리더에 대한 관심이 증가하였다(Bass, 1985 ; 진종순 외, 2016: 261).

변혁적 리더십(transformational leadership)이란 용어를 처음 사용한 학자는 번스(James M. Burns)였으며, 이를 체계적으로 발전시킨 사람이 배스(Bernard M. Bass)이다(김호섭 외, 2012: 240). 배스는 변혁적 리더는 "단순한 교환 관계 때문에 일하는 것이 아니라 초월적 목표와 높은 수준의 자아실현 욕구 때문에 일하도록 추종자들의 동기를 유발하는 사람"이라고 정의한다(오석홍, 2014: 564-565). 그러면서 변혁적 리더십이 가져야 할 속성으로 ① 카리스마, ② 영감, ③ 지적 자극, ④ 개인적 배려 등을 들고 있다(김호섭 외, 2012: 241).

이러한 변혁적 리더십은 리더-부하 간 교환 관계에 치중해서 연구를 진행하였던 기존의 전통적인 접근 방법과 다르게 부하의 욕구와 성장 등에 대해서도 관심을 기울였다는 점에서 긍정적인 평가를 받는다. 그러나 변혁적 리더십은 리더십을 개인의 특성과 성향으로 해석하는 접근 방법으로 평가받으며, 변혁적 리더십을 구성하고 있는 네 개의 요인 간 개념의 명확성이 떨어진다는 비판이 제기된다(진종순 외, 2016: 264).

2) 켈리의 팔로어십이론

켈리(Robert E. Kelley)는 그동안 리더에 초점을 맞춘 연구에서 탈피하여 추종자에 관한 연구인 팔로어십(followership) 연구를 진행하였다(Kelley, 1988: 145). 그동안 전통적인 견해는 리더와 추종자의 관계에서 리더의 역할에 비하여 추종자를 수동적이라고 보는 데 반하여, 현대적 견해는 그것을 능동적으로 본다. 즉, 켈리는 1차원으로 적극성과 소극성, 2차원으로 독립적/비판적 대 의존/비(非)비판적 사고를 기준으로 ① 양(羊), ② 예스맨, ③ 소외적 추종자, ④ 효과적 추종자로 추종자 유형을 구분하고 있다. 소외적 추종자는 독립적이고 비판적으로 생각하나 아직 그들의 행동은 매우 수동적이다. 그들은 지도자와 심리적으로 거리는 둔다. 이러한 소외적 추종자는 잠재적으로 조직의 건강을 해치고 위협이 된다. 양(羊)은 독립적이고 비판적으로 생각하지 않으며, 즉 의존적이고 비(非)비판적으로 사고하며 행동은 매우 소극적이다. 그들은 열정에 차 있는 지도자들의 생각과 아이디어를 강화하고, 그들의 생각과 제안에 의문을 제기하지 않으며 도전하지 않는다. 예스맨은 의존/비(非)비판적으로 사고하며 적극적이다. 가장 위험한 추종자 스타일로 그들은 잘못된 긍정적인 반응을 하기 쉽기 때문이다. 마지막으로 효과적 추종자들은 독립적이고 비판적으로 사고하며 적극적으로 행동한다. 지도자나 조직에 가장 유익한 존재이다(민진, 2014: 223-224).

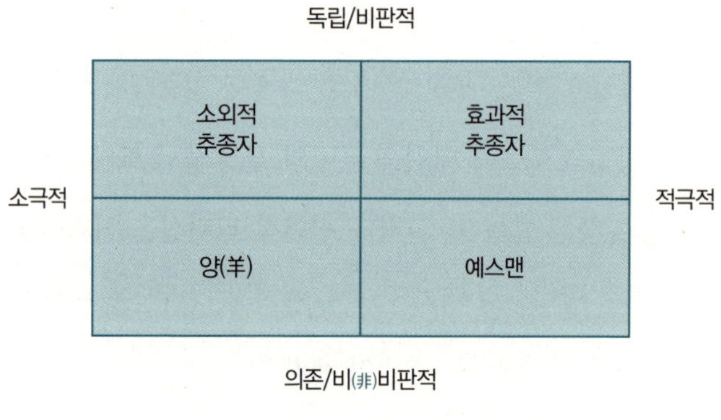

독립/비판적

	소외적 추종자	효과적 추종자	
소극적			적극적
	양(羊)	예스맨	

의존/비(非)비판적

출처 : Kelley(1988: 145) ; 민진(2014: 223).

[그림 5-1] 켈리의 추종자 유형

제4절 의사소통이론

1. 의사소통의 개념

과거에는 의사소통(communication)을 단순히 대화나 의사전달로 보았으나, 오늘날에는 조직의 모든 업무가 구성원들의 상호 작용으로 이루어지기 때문에 의사소통이 조직 유효성과 구성원의 조직 생활에서 중요한 위치를 차지하고 있다(임창희, 2014: 301).

일반적으로 의사소통이란 "전달자(송신자)와 피전달자(수신자) 간의 정보 교환", 또는 "정보나 의사의 전달 및 감정과 정서의 교류" 등으로 이해되고 있다(진종순 외, 2016: 179). 즉, 의사소통은 의미 있는 정보 전달 과정으로, 특정 개인이나 집단 조직으로 구성되는 발신자가 특정 형태의 정보인 메시지를 수신자에게 전달하는 과정이라고 볼 수 있다(조경호 외, 2014: 146). 한편, 피셔(Robert Fisher)는 "의사소통이란 다른 사람에게 영향을 미칠 수 있는 행동들의 교환"이라고 제시하면서, 의사소통의 결과인 행태적 변화 측면을 강조하는 학자들도 적지 않다(김호섭 외, 2012: 260).

2. 의사소통의 기능과 의사소통 과정 및 종류

조직 목표를 효과적으로 달성하기 위해서는 의사소통이 무엇보다도 중요하다. 이러한 의사소통의 주요 기능을 살펴보면, 첫째, 조정(통제) 기능이 있다. 즉, 의사소통을 통하여 구성원들이 준수하여야 할 각종 조직의 규범 등을 전달함으로써 조직 내 행동의 통일성을 확보한다. 둘째, 구성원들의 동기 유발을 촉진한다. 구성원들이 하여야 할 일은 무엇이며 자신이 일을 잘하고 있는지를 알려 줄뿐만 아니라 직무 성과를 개선하기 위해서는 어떻게 하여야 하는지 등을 알려 준다. 셋째, 사회적 욕구의 충족 기능이 있다. 의사소통을 통하여 자신의 감정을 표출하고 다른 사람과의 교류를 통하여 사회적 욕구를 충족시킨다. 이 밖에도 의사결정의 합리화 기능, 조직체의 유지 기능, 효과적인 리더십 발휘 기능 등이 있다(조경호 외, 2014: 150 ; 진종순 외, 2016: 181-182).

이러한 의사소통의 과정은 송신자가 아이디어를 구상하고 부호화한 다음, 매체나 경로를 통하여 메시지를 전달한다. 그러면 수신자가 수신 후 해독을 통하여 의미를 이해하게 되고, 마지막으로 환류를 통하여 원래 의도한 대로 이루어졌는지를 확인하게 된다. 여기에서 소음이 발생하게 되는데, 소음이란 의사를 전달하고 접수하며 환류하는 과정에서 발생하는 일종의 왜곡과 방해 및 혼란이라고 볼 수 있다(윤재풍, 2014: 440-441).

의사소통은 크게 공식적 의사소통과 비공식적 의사소통으로 구분할 수 있는데, 우선 공식적 의사소통은 상급자가 하급자에게 명령이나 지시, 각종 지침을 전달하는 하향식 의사소통과 하급자가 상급자에게 보고, 결재, 제안 등을 통하여 전달하는 상향식 의사소통이 있으며, 동일 계층 사람들 사이에서 이루어지는 수평식 의사소통이 있다. 또한 비공식적 의사소통에는 조직의 자생집단 내에서 비공식적인 방법으로 이루어지는 의사전달 방식이 있다(조경호 외, 2014: 157-158).

3. 의사소통의 장애 요인과 극복 방안

의사소통에서 소음(騷音, noise)이 발생하여 왜곡되는 것은 크게 두 가지 요인을 생각해 볼 수 있다. 구조적 장애 요인과 과정적 장애 요인이다(조경호 외 2014: 160-162). 우선, 구조적 장애 요인으로는 계층제와 전문화 및 집권화 등이 의사소통을 구조적으로 왜곡시키게 된다. 다음으로 과정적 장애 요인으로는 정보의 왜곡과 누락, 정보의 과부하, 수용의 거부 등으로 인하여 전달이 제대로 되지 않게 된다(진종순 외, 2016: 193-194).

대표적인 장애 요인만 설명해 보면, 첫째, 여과(濾過, filter) 현상이다. 어떤 정보를 전달할 때 송신자가 의도적으로 사실의 일부를 누락시키고 나머지만 선택적으로 수신자에게 보내는 상황이다. 둘째, 매체 해독의 오류이다. 의사소통에 사용된 어려운 전문용어나 모호한 제스처라면 수신자의 해독이 잘못될 수 있다. 또는 수신자가 알아듣기 쉬운 말을 썼다고 하더라도 여러 가지 해석이 가능한 단어나 문구를 사용한 경우이다. 셋째, 선택 지각이다. 이는 수신자가 송신자가 전달한 내용을 모두 지각하지 못하고 일부만 선택적으로 알아차리는 경우이다. 넷째, 감정 상태이다. 감정이 격해지면 이성의 합리적 활동이 지장받기 때문이다. 다섯째, 시간과 정보량이다. 시간이 촉박하다든지 전달되어야 할 메시지의 양이 너무 많다든지 하면 한계가 있어 오류가 발생할 수 있다(임창희, 2014: 331-332).

이러한 의사소통의 장애 요인을 극복하기 위해서는 우선, 왜곡 또는 누락을 방지하는 것이 필요하다. 반복과 중복 전달, 다양한 수단을 활용, 전달 경로의 단순화, 사후 확인 등을 통하여 왜곡과 누락을 방지하면 좋다. 다음으로 정보 과부하에 대한 대처가 필요하다. 회의나 전달되는 양의 표준화, 투입된 정보의 우선순위화, 낮은 순위의 정보는 타인에게 위임하기, 참모 활용 등을 통하면 정보 과부하에 대응할 수 있다. 마지막으로 수용 거부에 대한 대처가 필요하다. 이를 위해서는 상호 신뢰 분위기 조성이 절실히 요구된다(김호섭 외, 2012: 279-281).

한편, 의사소통이 잘 이루어지기 위하여 레드필드(Charles E. Redfield)는 명료성, 일관성, 적시성, 배포성, 적정성, 적응성과 통일성, 관심과 수용 등을 들고 있다(김호섭 외, 2012: 268-269 ; 조경호 외, 2014: 151).

제5절 갈등관리이론

1. 갈등의 개념

두 사람 이상 존재하는 곳에는 항상 사랑과 협력과 함께 갈등이 있어 왔다(임창희, 2014: 475). 갈등에 대한 개념 정의는 학문 분야나 연구 목적에 따라 다양하다(김호섭 외, 2012: 213). 갈등이란 '칡' 갈(葛)과 '등나무' 등(藤)의 합성어로 칡과 등나무가 서로 얽히는 것과 같이 개인이나 집단 사이에 목표나 이해 관계가 달라 서로 적대시하거나 충돌함 또는 그런 상태를 의미한다(진송순 외, 2016: 283). 머레이(Edward J. Murray)에 의하면, "갈등이란 어떤 사람이 둘 이상의 상호 정반대되는 행위에 종사하도록 동기가 부여된 상황을 의미한다"고 제시하였고(윤재풍, 2014: 419), 로빈스와 저지(Robbins & Judge, 2011)는 갈등을 한 사람이 소중히 여기는 어떤 것에 대하여 다른 사람이 부정적인 영향을 미쳤거나 미칠 것이라고 인식할 때 시작되는 과정으로 정의한다(조경호 외, 2014: 221).

2. 갈등에 대한 견해와 갈등의 기능

갈등은 보편적인 현상임에도 불구하고 근대에 이르기까지 부정적인 것으로 인식하여 갈등의 역기능적인 측면만 강조되어 왔으나, 최근에는 갈등의 긍정적인 측면을 인식하면서 순기능도 강조되고 있다. 갈등에 대한 견해는 전통적 관점, 행태적 또는 인간관계적 관점, 상호 작용적 관점으로 논의되고 있다. 우선, 전통적 관점에서 갈등은 나쁜 것이고 조직에 역기능을 초래하여 조직 효과성에 부정적인 영향을 준다는 관점이다. 다음으로 행태적 관점은 갈등은 모든 조직과 집단에서 자연적으로 발생하는 보편적 현상으로 갈등을 회피할 수 없기 때문에 수용하여야 한다는 관점이며, 갈등의 해소만을 강조하고 있다. 마지막으로 상호 작용적 관점은 갈등이 순기능도 존재하기 때문에 어떤 경우에는 갈등을 오히려 조장할 필요성도 있다고 주장하는 관점으로, 갈등의 역기능을 최소화하고 순기능을 최적화하자는 견해이다(진종순 외, 2016: 286-287).

이러한 갈등은 순기능과 역기능이 존재한다. 문제의 발견, 활동력 증가, 충성심 증가, 혁신 풍토 조성, 도전적 분위기 상승, 다양성과 창조성 증대 등을 갈등의 순기능으로 볼 수 있으며, 의사소통의 감소, 독재자 출현, 편견의 증가, 파벌 의식 고조, 상호 경계 의식 증가, 융통성 없는 공식화 등을 갈등의 역기능으로 볼 수 있다(임창희, 2014: 482).

3. 갈등의 수준

갈등의 수준은 개인(내면) 갈등, 개인 간 갈등, 집단 내 갈등, 집단 간 갈등으로 구분해 볼 수 있는데, 개인(내면) 갈등은 좌절, 목표 갈등, 역할 갈등 등이 있다. 이 밖에도 수평적 갈등과 수직적 갈등이 존재하는데, 수평적 갈등은 조직에서 같은 수준에 있는 부서들 또는 집단들 사이에서 발생하는 갈등을 말하고, 수직적 갈등은 의사결정 갈등이라고도 하는데, 조직에서 서로 다른 계층에 있는 집단들 사이 또는 상위 부서와 하위 부서에서 발생하는 갈등을 의미한다(김호섭 외, 2012: 215-216).

4. 갈등의 처리 및 해소 방법

러블(Thomas L. Ruble)과 토머스(Kenneth W. Thomas)는 갈등 관계에 있는 당사자가 가지고 있는 자기주장성과 협조성이라는 이원적 입장을 서로 관계지어 회피, 화해, 경쟁, 타협, 협동의 다섯 가지 갈등 해소 방법을 제시하고 있다. 첫째, 회피(협조성 낮음, 자기주장성 낮음)는 갈등당사자가 자기 이익을 주장하지도 않고 상대방을 배려하거나 협조하지도 않는 것이다. 이것은 갈등을 소극적으로 다루는 것이다. 둘째, 화해(협조성 높음, 자기주장성 낮음)는 자기 주장을 줄이고 상대방의 이익을 배려해 주는 것이다. 일종의 양보라고 볼 수 있다. 셋째, 경쟁(협조성 낮음, 자기주장성 높음)은 갈등당사자가 자기 이익의 주장이 높은 반면 상대방 이익의 배려는 매우 낮은 경우이다. 일종의 경쟁이라고 볼 수 있다. 넷째, 타협(협조성 중간 정도, 자기주장성 중간 정도)은 자지 이익의 주장을 절반쯤 낮추고 상대방의 이익을 어느 정도 배려하는 것이다. 부분적인 만족과 승리감을 공유할 수 있는 해결책이지만, 반대로 부분적인 불만과 패배감을 갖게 할 수 있는 방법이기도 하다. 다섯째, 협동(협조성 높음, 자기주장성 높음)은 갈등당사자가 서로 상대방의 주장을 존중하고 상대방의 이익을 최대한 배려하는 해결 방법이다. 진정한 협력과 협조가 이루어지는 통합의 방법이며 서로 승자가 되는 윈윈(win-win) 전략이다(윤재풍, 2014: 432-433).

한편, 조직에서 갈등의 역기능을 해소하기 위한 갈등 감소 전략으로는 조정과 중재, 상위 목표의 설정, 자원의 확충, 규정과 제도화, 의사소통의 활성화, 조직의 구조적 혁신 등이 있을 수 있으며(임창희, 2014: 491-492), 반면에 갈등의 순기능을 최적화하기 위한 갈등의 조장 방법으로는 정보와 권력의 재분배, 정보 조절, 제도적 갈등의 조장 방안 마련, 충격요법, 인사정책, 경쟁 상황 창출 등의 방법이 있을 수 있다(진종순 외, 2016: 301-302).

제6절 조직문화이론

1. 조직문화의 개념

개인이 혼자 집에 있으면 마음대로 하여도 되지만 일단 조직 안에 들어오면 조직이 만든 규칙을 따르면서 조직과의 약속을 지켜야 한다(임창희, 2014: 555). 또한 개인에게 성격이 있듯이 조직에는 문화가 존재한다(조경호 외, 2014: 236). 이처럼 조직은 저마다 고유한 조직문화(organizational culture)를 가지고 있으며, 이러한 조직문화는 구성원의 행태와 조직의 각종 활동은 물론 외부에도 크고 작은 유형 및 무형의 영향을 끼치고 있다(김호섭 외, 2012: 338). 던컨(W. Jack Duncan)은 조직문화란 현재의 조직구성원들이 공유하고 미래의 새로운 구성원에게 가르치는 주요 가치, 신념, 이해 및 규범이라고 정의하였고, 오우치(William G. Ouchi)는 조직문화를 조직에 내재하는 가치와 신념을 그 구성원들에게 전달하는 상징 및 의식 그리고 신화라고 정의하였다(윤재풍, 2014: 462). 이처럼 학자마다 다양한 개념 정의에도 불구하고 조직문화는 "조직구성원이 공유하는 것", "조직구성원의 행동 및 상호 작용에 영향을 주는 것"을 핵심 요소로 한다(진종순 외, 2016: 304).

이러한 조직문화라는 용어는 일찍이 1930년대 호손연구의 공식보고서에 등장하였지만, 크게 관심을 끈 것은 1980년대 초반이다. 그 시절 일본의 경제 기적이 기업문화 덕분이라고 지목되면서 조직문화에 대한 또 다른 관심의 출발점은 탁월성과 능률을 실현하기 위한 새로운 경로의 탐색으로 이어졌다(조경호 외, 2014: 237).

이처럼 조직문화에 대한 학문적 정의는 아직 널리 통용되는 것은 없다. 조직문화의 대가인 샤인(Edgar H. Schein)은 조직을 다른 조직과 구별되게 하는 구성원들의 공통적 가치 시스템을 문화라고 하는데, 공동적 가치란 조직이 의미 있다고 생각하며 추구하는 주요 특성이라고 하였다(임창희, 2014: 556).

2. 조직문화의 특징과 기능

조직문화가 가진 특성 내지 속성을 보면, 조직문화는 총체적 집합성, 고유한 특성, 지속과 안정, 무형의 정신세계, 모든 계층에 분포, 행동의 조절 및 통제 등의 속성을 지니고 있다(임창희, 2014: 560).

한편, 조직문화는 여러 가지 기능을 가지고 있다. 조직문화는 조직의 당면 문제에 대한 해결책을 제공하고, 조직의 모든 활동 과정에 영향을 미치며, 구성원들의 태도나 행동에 영향을 주고, 구성원들의 행동 및 판단 기준을 제공해 준다. 또한 조직에 안정성과 계속성을 제공해 주며, 구성원들로 하여금 조직에 대한 일체감과 정체성을 갖도록 해 준다(김호섭 외, 2012: 344).

이러한 조직문화의 기능에 대하여 그린버그(Jerald Greenberg)와 배런(Robert A. Baron)은 세 가지 기능으로 설명하고 있다.

첫째, 조직에 작용하는 기능이다. 조직문화는 하나의 조직 전체에 작용하는데, 조직의 가치와 규범 및 상징 같은 하위 요소들을 조직이 가짐으로써 조직이 하나의 인격체와 같은 존재가 된다. 또한 이를 통하여 조직이 존재하는 의의와 정체성을 확립하고 나아가 조직의 통합성과 연대성을 확립해 준다.

둘째, 조직구성원들에게 작용하는 기능이다. 구성원에게 정체감 및 일체감을 부여해 주고, 응집시키며, 조직구성원들에게 조직이 기대하는 행동이 무엇인가를 제공해 주며,

또한 개인의 이익을 초월하여 조직의 공통 목적과 임무에 헌신하고 몰입하도록 하는 효과적인 통제 메커니즘 작용도 한다.

셋째, 외부 및 사회에 작용하는 기능이다. 조직문화는 조직 간의 경계를 규정하는 기능을 하며, 조직문화는 밖으로 조직의 이미지를 드러나게 한다(윤재풍, 2014: 466-467).

3. 조직문화의 유형

조직문화의 유형은 학자마다 기준과 분류 방식이 저마다 다르다. 캐머런(Kim S. Cameron)과 퀸(Robert E. Quinn)은 조직문화적 차원을 유연성과 자유재량 대 안정성과 통제, 그리고 내부 중심과 통합 대 외부 중심과 통합으로 나누어서 네 가지 조직문화 유형을 제시하고 있다. ① 계층제 문화(안정성과 통제, 내부 중심과 통합), ② 시장문화(안정성과 통제, 외부 중심과 통합), ③ 공동체 문화(유연성과 자유재량, 내부 중심과 통합), ④ 애드호크라시문화(유연성과 자유재량, 외부 중심과 통합)로 조직문화를 구분하고 있고, 또한 캐머런과 퀸은 ① 위계 지향 문화, ② 시장 지향 문화, ③ 관계 지향 문화, ④ 혁신 지향 문화로 구분하기도 한다(윤재풍, 2014: 473-474).

또한 해리슨(Roger Harrison)은 ① 권력 지향 문화, ② 역할 지향 문화, ③ 과업 지향 문화, ④ 인간 지향 문화로 구분하기도 하였고, 집권화와 공식화을 기준으로 ① 관료조직문화(집권화 높음, 공식화 높음), ② 행렬조직 문화(집권화 낮음, 공식화 높음) ③ 권력조직 문화(집권화 높음, 공식화 낮음), ④ 원자조직 문화(집권화 낮음, 공식화 낮음)로 구분하기도 한다(김호섭 외, 2012: 352-353).

한편, 딜(Terrence E. Deal)과 케네디(Allan A. Kennedy)는 위험 부담 정도와 결과 피드

백 기간을 기준으로 ① 강인하고 억센 남성문화(위험 부담 높음, 결과 피드백 빠름), ② 열심히 일하고 잘 노는 문화(위험 부담 낮음, 결과 피드백 빠름), ③ 기업의 운명을 거는 문화(위험 부담 높음, 결과 피드백 늦음), ④ 과정을 중시하는 문화(위험 부담 낮음, 결과 피드백 늦음)로 구분하기도 한다(윤재풍, 2014: 477-478).

핸디(Charles B. Handy)는 제우스, 아폴로, 아테나, 디오니소스 등과 같은 고대 그리스 신들에 대한 은유를 이용하여 ① 클럽문화(권력정향문화, 제우스), ② 역할문화(역할정향문화, 아폴로), ③ 과업문화(과업정향문화, 아테나), ④ 실존문화(인간정향문화, 디오니소스)로 구분하고 있다(조경호 외, 2014: 253).

이 밖에도 톰슨(G. Thompson)은 ① 야구팀형(기업가적이고 혁신적이며 위험을 선호), ② 클럽형(안정적이고 보수적이며 연공서열식), ③ 아카데미형(항상 연구하고 실력을 높이려는 분위기를 가진 전문성과 능력 위주로 선발하여 전문부서에 배치하는 조직), ④ 요새형(방어진지를 구축하고 생존을 위하여 발버둥치는 분위기를 가진 조직)으로 구분하기도 한다(임창희, 2014: 565-566).

제7절 소방조직에서의 인간 행동

1. 소방조직의 동기부여

소방공무원은 국민의 생명과 재산을 보호하고, 일반 시민들이 생업에 마음 편히 종사하고 사회 발전에 기여할 수 있도록 안전을 확보하는 역할을 담당하고 있다. 이러한 소방공무원들의 사회적 헌신에도 업무의 과중, 장비의 보급 및 품질 저하 등 소방공무원들은 열악한 환경에 노출되고 있다. 이는 소방공무원의 사기를 떨어뜨려, 직무 몰입을 방해하며, 소방조직의 성과와 효과성을 저해하는 요인으로 작용한다(도명록 외, 2016: 252; 이주호·류상일, 2016: 47). 이에 소방공무원들의 처우 개선을 통하여 동기부여를 강화할 필요가 있다.

소방공무원의 동기부여 방안으로 먼저 소방공무원의 위상 강화를 위한 보훈 제도의 확대이다. 소방공무원은 자신의 생명을 위협하는 재난환경 속에서 묵묵히 임무를 수행하고 있으며, 이는 소방공무원의 희생정신에서 비롯된다. 이러한 숭고한 소방공무원의 헌신에 비하여 국가 차원의 보훈 제도상 예우와 미원이 미흡하다. 제대군인과 소방공무원을 비교하여 보면, 군인은 장기 재직 시 국립묘지 안장 자격과 국가유공자 등록 자격 기준이 있으나 소방공무원은 기준조차 없다. 따라서 국민의 생명과 재산의 보호라는 공익적 목적으로 고위험 업무에 장기간 재직한 소방공무원에 대하여 군인과의 형평성을 고려하여 보훈 지원을 확대하여야 한다(성시경 외, 2014: 75).

다음으로 소방공무원의 신체적·정신적 안전을 확보할 수 있도록 장비의 품질 개선과 소방의료 시스템의 확립이 필요하다. 화재 진압 장비는 소방공무원의 생명과 신체를 보호하는 최소 안전장치로서 장비의 품질은 소방 업무 수행에 막대한 영향을 줄 수 있다. 그럼에도 아직까지 화재 진압 장비는 소방공무원에게 가장 열악한 부분 중 하나이다(도명록 외, 2016: 252). 현재 소방공무원에게 개별적인 의료 지원 제도 도입이 이루어지고 있으나, 이용 실태 및 만족은 매우 낮다. 이에 소방전문치료센터 및 소방보건 제도의 활성화, 현장회복지원팀 및 긴급정신건강지원팀의 지정, 심리안정치유센터의 활성화, 소방전문병원의 설립 확대 등 체계적인 의료 시스템이 확립되어야 한다(성시경 외, 2014: 49).

2. 소방조직의 리더십

　소방조직은 화재의 예방 및 진압, 구조 및 구급 등 재난 대응 업무를 수행하는 전문조직으로서, 위험성과 신속성을 요구하는 재난 현장의 특수한 상황에 항상 대비하여야 한다. 소방조직은 다른 재난관리 조직에 비하여 지휘관을 중심으로 한 일사불란한 지휘통제가 요구되며, 재난 현장에서 지휘관과 소방대원들 간의 원활한 소통 관계를 유지하는 것이 매우 중요하다. 이에 소방조직에서 지휘관의 리더십은 소방조직 구성원들의 직무만족과 조직 성과에 긍정적인 영향을 주는 요인이다. 소방조직 지휘관의 리더십은 소방대원들에게 공공의 안녕과 질서를 유지한다는 사명감을 심어 주고, 조직의 목표를 정확하게 이해할 수 있도록 함으로써 소방 조직구성원들의 조직과 업무에 대한 만족감을 높여 주는 방향으로 발휘되어야 한다. 또한 위급하고 긴박한 재난 상황에서 소방조직 지휘관이 업무를 원활히 추진하고 리더십을 제대로 발휘할 수 있도록 지휘와 통제 권한이 충분히 부여되어야 할 것이다(손효종 · 이영미, 2015: 129-136).

3. 소방조직의 의사소통

　중앙정부의 중요 소방정책에 대한 관심과 이해를 제고하고 소방조직 구성원의 자발적인 참여를 통한 정책 집행의 추진력을 확보하기 위하여, 소방청은 일선 하부기관(119안전센터)까지 소통을 강화하기 위한 두드림 제도를 운영하고 있다. 두드림은 소방조직의 하단 조직인 현장 업무 담당부서의 고충을 소방서, 소방본부, 소방청 등의 상급기관에 건의하여 효율적으로 소방 업무를 추진하기 위한 제도이다. 두드림은 소방서와 소방본부에 구성되며, 소방서는 센터, 구조대, 구급대, 내근 등 소방경 이하의 모든 소방공무원이 포함되도록 하여 자율적으로 구성된다.

소방본부의 두드림은 각 소방서의 두드림 운영회장으로 구성된다. 두드림은 자체 운영진(회장, 부회장, 총무 등)을 구성하여 정기·임시회 개최, 워크숍, SNS 활용을 통한 소통창구 개설 등 자유로운 형태로 운영한다. 또한 실무담당자(직원)를 중심으로 자유롭게 자신의 의견을 개진하고, 이를 통하여 혁신적·창의적 아이디어의 발굴, 조직 내 소통과 화합문화 정착 등을 도모한다. 소방청은 두드림의 운영 활성화를 위하여 전국 단위 두드림 워크숍과 전국 두드림 운영을 통한 건의 사항에 대한 답변 등을 추진하고 있다(소방청, 2018: 42).

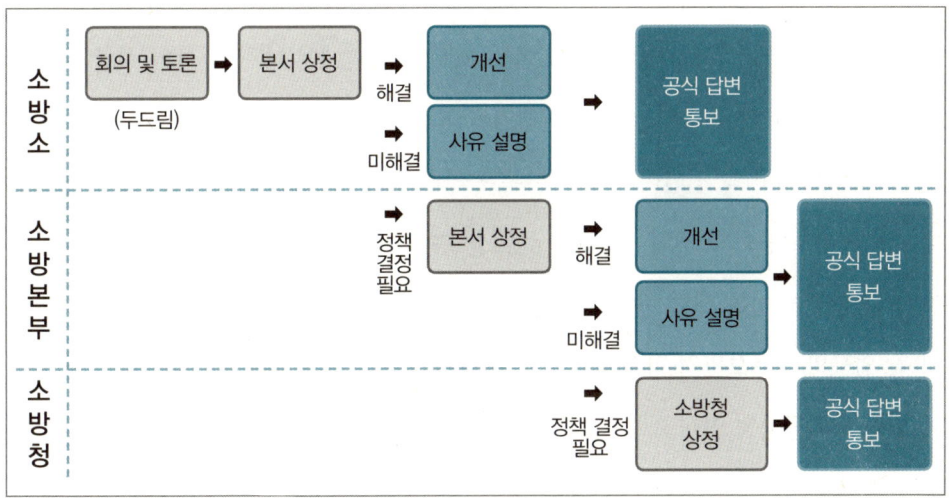

출처: 소방청(2018: 51).

[그림 5-2] 두드림 의사소통 흐름도

4. 소방조직의 갈등관리

소방조직에서 발생하는 갈등 유형은 일반 공공 및 민간조직에서 발생하는 갈등과 마찬가지로 개인 차원 갈등, 집단 차원 갈등, 조직 차원 갈등 등 다양하다.

개인 차원의 갈등은 소방조직의 목표와 소방공무원의 목표 간의 차이에서 오는 갈등으로 인사와 관련하여 발생하는 갈등, 승진과 관련하여 발생하는 갈등 등이 있다. 특히, 지휘 계통에서 관리 감독의 위치에 있는 상급자와 현장 활동 업무를 수행하는 하급자 간에 발생할 가능성이 높다. 표면적으로는 직무를 수행할 때 취하는 행태와 일상적인 태도의 차이에서 갈등이 발생하지만, 실제로는 내면적으로 복합적인 원인들이 연관되어 있는 경우가 많다(채진·우성천, 2009: 87; 김영호 외, 2017: 33).

집단 차원의 갈등은 부서 간 업무 조정, 기피 부서의 배치, 성과급 지급, 업무 처리 등 다양한 원인에 의하여 발생한다. 이는 조직과 운영에서 내근 부서의 상급자 집단과 외근 부서 간 역할 수행상 권한과 책임이 상충되는 경우가 많다. 이는 두 집단의 행태 차이가 있으며, 각 집단이 추구하는 목표도 크게 다르기 때문이다. 또한 기능이 다른 내·외근 부서나 화재 진압·구조·구급 등 수평적 관계에서 기능에 따라 집단 간 갈등이 발생한다. 이는 대립 관계에 있는 집단 지위에 억압이나 정당한 보상에 의문이 있거나, 업무의 상호보완적 상황에서 협력적 관계가 형성되지 않을 때, 그리고 같은 업무에 대한 내외근직의 인식 차이 등의 원인이 있다(채진·우성천, 2009: 87; 김영호 외, 2017: 33-34). 최근에는 집단 차원의 갈등을 세대 간 갈등의 관점에서 분석하고 있다. 조직 내 세대 간 갈등은 소방공무원 개개인을 넘어 집단 간의 갈등으로서, 하급자에 대한 업무 전가, 기성세대와의 소통 어려움, 기성세대의 보상심리, 청년세대의 자기 중심적 가치관, 업무 역량이나 가치관에 대한 기성세대와 청년세대의 인식 차이, 성장환경의 차이, 조직 헌신에 대한 세대별 관점 차이 등 다양한 원인이 존재한다. 소방조직은 업무 특성상 긴급성, 비일상성의 성격을 갖고 위계질서가 매우 중요함에도 세대 간 갈등으로 인한 소방대원 간의 유기적인 협력과 단결이 저하될 수 있으며, 이로 인하여 소방 서비스의 수요자인 국민들에게 피해를 가져올 수 있다(김영곤, 2017: 265-266).

조직 차원의 갈등은 소방조직의 현장 활동이 경찰, 응급의료 수송 및 긴급구난 관련 민간조직 등 여러 분야의 조직 등과 상호 협력을 통하여 이루어지는데, 이러한 과정에서 역할 요구자와 역할 수행자 간에 갈등이 발생한다(김영호 외, 2017: 33). 예를 들면 경찰의 주취자와 관련한 무분별한 구급신고에 관련하여 불만이 발생할 수 있다. 또한 단순 주취자, 경미한 찰과상 및 긁힌 상처 등 단순 응급조치로 가능할 경우에도 구급대에 지원을 요청함으로써 소방자원의 낭비를 초래할 수 있으며, 경찰조직에 대한 오해 및 갈등의 원인이 될 수 있다. 이에 경찰은 환자 상태를 확인한 후 소방에 도움을 요청하는 것이 갈등을 예방할 수 있다(세계일보, 2019.05.22; http://news.v.daum.net/v/20190522060221589?f=m).

이러한 갈등을 해결하기 위한 방안은 다음과 같다.

첫째, 개인 차원의 갈등은 인사나 업무 처리 분야에서 많이 발생하므로, 공정한 인사, 희망 부서 배치, 순환보직, 의사소통 채널의 확보 등이 있다(채진·우성천, 2009: 94).

둘째, 집단 차원의 갈등은 부서 간 업무 조정이나 내외근 집단 간 보상 차이에서 가장 크게 발생하며, 갈등 당사자와 상담 또는 대화, 승진 및 인센티브 등 정당한 보상 체계 구축 등이 있다(채진·우성천, 2009: 94).

셋째, 조직 차원의 갈등은 서로의 역할에 대한 이해 부족과 오해로 발생하기 때문에, 이를 해결하기 위해서는 소방조직과 경찰조직 간 상호 인사 교류, 업무 수행의 근거 법률에 대한 이해, 상호 조직 간 주기적 간담회 개최 등이 필요하다(중랑소방서, 2018: 내부문서).

그리고 갈등의 체계적인 관리를 위한 제도적 차원의 노력으로 소통 지향적 협의 체계 구성, 정례적 맞춤형 갈등 예방·교육 실시, 갈등관리 모니터링 시스템 구축, 갈등 해소 협업절차의 정립 등이 있다. 소통 지향적 협의 체계는 소방서 내 직장협의회 또는 회의체를 구성하여 각종 갈등 현안에 대한 논의를 거쳐 결과 및 건의 사항을 소방서와 소방본부에 건의할 수 있는 체계이다. 정례적 맞춤형 갈등 예방 교육은 소방공무원에 맞는 감성교육 프로그램이나 직무 교육과정을 통하여 갈등에 대한 문제 의식을 갖고 이를 스스로 조정할 수 있는 능력을 배양하고 이를 정례화하여 갈등관리 역량을 제고한다. 갈등관리 모니터링 시스템은 반복적으로 발생하여 갈등비용을 증가시키고 정책 목표 달성을 저해하는 소방조직의 직무(직종 간) 갈등을 관리하는 것으로, 갈등에 대한 모니터링과 진달을 통하여 해소 방안을 찾는 것이다. 마지막으로 갈등 해소 협업 절차 정립은 소방정책 수립 및 집행 과정에서 발생하는 갈등을 관리하기 위한 법·제도적 장치를 마련하는 것으로 직무 갈등이나 직종 간 갈등을 해소하는 협업적 직무 수행 절차를 구축하는 것이다(김영호 외, 2017: 79-89).

5. 소방조직문화

소방조직문화는 법제적 특성과 조직적 특성으로 구분하여 살펴볼 수 있다. 먼저, 법제적 특성으로 일반 행정조직문화의 범위 내에 있는 하위문화로서 행정문화의 영향을 받아 관료제의 특성을 갖고 있다. 그러나 소방조직은 일반행정조직의 문화를 공유하면서도 행정조직에서 대체적으로 사용하지 않는 용어를 사용함으로써 다른 행정조직과 구별되는 업무 특성을 갖고 있다(조선호, 2007: 44). 또한 소방은 고도의 현장 대처 능력, 상황 처리 능력, 사명감, 희생정신, 책무 완수, 명예심 등이 필요로 하는 화재 진압, 긴급 구조 및 구급 등 전문적 업무를 수행하기 때문에 일반행정조직과 다른 고유의 특수성과 전문성을 갖고 있다. 소방조직은 일반 행정직 공무원들과 달리 경찰, 검찰, 외무, 교육, 군(軍) 등과 같은 특정직 공무원 조직으로 특수 분야의 업무를 담당한다. 이에 일반행정직 공무원조직과 다른 임용, 자격, 계급 구분, 징계, 보수, 신분 보장 등의 고유 체계를 갖고 있다. 소방조직문화의 조직적 특성은 국가재난 관리조직의 한 축을 담당하는 조직으로서 재난 대응의 중심적 역할을 수행하고 있다. 특히, 자연재난과 사회재난 등 위험하고 특수한 상황에서 일사불란한 재난 대응 업무를 수행하기 위하여, 강한 위계질서와 상명하복의 지휘·명령 체계를 가지고 있다(박미경·이강수·황호영, 2009: 6-7). 특히, 소방조직문화는 효율적이고 신속한 지휘 체계 구축과 업무 수행을 위하여 12단계의 계급구조와 상시 제복 착용이라는 집단문화를 갖고 있다. 또한 소방조직은 상급기관이나 상급자의 지휘와 명령에 정당성을 부여하는 규범문화를 갖고 있다(박창순·최규출, 2013: 106).

소방조직의 위계적·권위적 조직문화는 우리나라의 유교적 문화에 영향을 받은 것으로 관료제적 성격을 나타낸다. 관료제적 특성으로는 소수의 상위계층에서 의사결정이 이루어지는 집권적 행태, 개인의 목표와 가치보다는 조직의 목적 달성 우선, 구성원 간의 비공식적 유대 관계 중시, 상급자에 대한 맹목적 순응 등이 있다. 급박한 재난 상황과 현장의 불확실성 등을 고려한 특수 상황에서는 신속한 의사결정을 위하여 권위적·집권적 의사결정이 어느 정도 순기능을 갖고 있다. 그러나 소수에 집중된 의사결정, 하급자의 의견 무시 등의 조직문화는 조직효과성을 저해할 수 있다. 이에 과도한 권위적·집권적 의사결정 체계를 개선하고, 의사결정 체계 내의 상급관리자들은 유연성과 전문성이 결합된 조직관리 행태를 갖추어야 한다. 조직관리 행태로는 업무 수행 시에 상급자는 하급자와 관계를 유기적·수평적 관계로 인식하는 것, 하급 구성원에게 적정한 업무와 권한을 위임하는 것 등이 있다(김영곤·고대유, 2016: 324).

소방조직 관리이론

제1절 소방조직 관리의 이해

인류는 불을 자유자재로 사용하면서 급격한 문명의 변화를 겪게 되었다. 어찌 보면 인류 최초의 패러다임 변화로 볼 수 있는 신석기 혁명은 불을 자유자재로 사용하였기 때문에 인류의 정착 생활이 가능하였을지도 모른다. 아무튼 불은 인류에게 많은 긍정적인 변화를 가져오고 도움을 준 것만은 확실하다.

그러나 이러한 불을 잘못 사용하게 되면 화재라는 인류에게 큰 재앙으로 다가오게 된다. 이러한 화재로부터 국민의 생명과 재산을 지키기 위한 조직이 소방조직이라고 할 수 있고, 그 조직의 구성원을 흔히 소방관이라고 한다. 우리나라 최초의 소방조직은 조선시대 세종 8년 1426년에 만들어진 금화도감(禁火都監)이라고 볼 수 있으며, 이 조직이 시대의 변화와 세월의 역경 속에서 현재의 소방청으로 이어져 오는 것이라고 볼 수 있다. 이러한 조직은 왜 생겨난 것일까?

조직은 자연의 산물이 아니라 인간의 인위적인 발명품이기 때문에 분명 필요에 따라서 생겨났고, 인류 노동의 분업이 조직의 탄생을 불러왔을 것이다(임창희, 2015). 즉, 분업은 교환의 필요성을 야기하였으며, 그 다음 단계로 쉽고 안전한 교환을 위하여 조직을 만든 것이다(임창희, 2014). 쉽게 말하면, 함께 일을 할 때 혼자서 하는 것보다는 훨씬 더 목표 달성이 효율적이기 때문이다(진종순 외, 2016).

따라서, 조직은 목표를 달성하기 위한 인위적인 실체라고 볼 수 있다. 즉, 로빈스(Robbins, 1990b)에 따르면, 조직은 의식적으로 조정하는 사회적 실체이며, 상대적으로 확인할 수 있는 경계를 가지고 있고, 공동의 목적 혹은 일련의 목적들을 달성하기 위하여 상대적으로 지속적으로 기능을 한다고 제시하고 있다(정우일, 2006: 5). 이러한 측면에서 소방조직 역시 화재를 예방하고 진압하며, 각종 재난으로부터 국민의 생명과 재산을 지키기 위한 실체로 볼 수 있다. 또한 소방조직은 공공조직의 일종이다. 물론 오늘날 공적 영역과 사적 영역을 엄격히 구분하는 것은 지극히 어려운 일이다(백완기, 2013: 179; 조경호 외, 2014: 16). 그러나 소방조직은 사적 영역보다는 국민의 생명과 재산을 지키는 공익을 추구한다는 점에서 공익성이 더 높다고 볼 수 있다.

이러한 소방조직의 구조를 파악하기는 여간 어려운 일이 아니다. 조직의 구조가 많은 국면을 내포하기 때문이다. 그러한 다양한 차원의 양상에 따라 구조의 특성이 규정된다. 구조의 국면들은 그것들이 엮어 내는 특성들 또한 무한하기 때문에 모든 변수를 망라할 수는 없다(오석홍, 2014: 317). 대개 조직구조의 기본 변수로 복잡성(분화), 공식성, 집권화나 통솔 범위 등을 들고 있고(김호섭 외, 2012: 319-321), 조직구조의 결정 요인들, 즉 상황 변수로는 조직 규모, 기술, 환경, 권력과 정치, 정보화, 전략적 선택 등을 들고 있다(윤재풍, 2014: 224-238). 소방조직 역시 복잡성, 공식성, 집권화와 규모, 기술, 환경, 권력 등에 의하여 시대에 따른 또는 상황에 따른 조직의 구조가 결정되고 있다. 일반적으로 조직의 구조를 설계에 따른 기능적 조직, 사업부제 조직, 매트릭스 조직, 그리고 네트워크 조직 등이 제시되고 있다(민진, 2014: 161-166). 소방조직은 가장 기본이 되는 기능적 구조에 해당되는데, 최근 들어 소방조직의 구조도 급변하는 재난환경 속에서 변화를 모색하고 있다.

한편, 오늘날 현대적인 조직이론의 첫 출발점을 대개 베버(Max Weber)의 관료제모형으로 보는 것이 일반적으로 일치된 의견이다(유종해 외, 2015: 80). 관료제가 능률적인 이유는 그 조직적인 행태 때문이다. 즉, 관료제가 비개인화라는 최종 단계를 거치면서 조직에서 그들의 역할이 문서화에 의하여 정의된 권위로 제한된 관료들로 채워져 있고, 이들 관료는 계층제에 의하여 배열되어 있으며, 조직에는 모든 가능한 우발성이 이론적으로 다루어질 수 있도록 하는 일련의 규칙과 절차가 존재한다(오석홍 외, 2011: 8). 그렇기 때문에 관료제는 효율적이고, 소방조직도 관료제의 일종이라고 볼 수 있다. 한편, 애드호크라시(adhocracy)처럼, 관료제나 기능조직으로는 해결할 수 없는 문제를 해결할 목적으로 편성하여 이용되는 임시적·유기적 조직도 존재하는데(윤재풍, 2014: 248), 소방조직의 경우에도 때로는 애드호크라시처럼 임시적이고 유기적인 부서들이 생겨났다가 없어지기도 한다.

이와 같이 이 장에서는 이러한 소방조직의 구조를 이해하기 위하여 조직구조의 기본 변수 측면에서 복잡성, 공식성, 집권화, 환경 변수 측면에서의 조직 규모, 기술과 환경 등을 알아보고, 조직구조의 유형과 관료제 및 애드호크시 등을 구체적으로 살펴보았으며, 이를 통한 소방조직의 관리기법 등을 제시하였다.

제2절 조직이론의 발전사 및 조직의 유형

1. 조직이론의 발전사

조직이론은 고전이론, 신고전이론(인간관계론), 현대조직이론 등 크게 세 가지의 기조로 이론적으로 발전하여 왔다(정우일, 2006: 33-43).

첫째, 고전이론은 산업혁명과 더불어 공업의 생산구조가 확대되고 조직의 규모가 커지면서 테일러(Frederick W. Taylor)를 필두로 과학적 관리론이 그 시초이다(오석홍, 2014: 15). 이 시기는 환경과의 관계는 폐쇄적인 것으로 간주하였고, 인간을 합리적인 존재로 보았던 시기이다. 테일러는 베들레헴 철강회사에서 적합한 노동자를 선택하여 여러 가지 속도로 일을 시켜 보고 최적의 작업 속도와 휴식 시간을 발견하였는데, 시간과 동작 연구(time and motion study)를 하여 과학적인 방법으로 생산성을 제고할 수 있는 최선의 방법을 찾아내려고 노력하였다(유종해 외, 2015: 82-83). 테일러의 과학적 관리론은 인간을 너무 기계적으로 보았으며, 인간성 상실을 불러왔다고 비판하고 있지만, 사실 그는 근로자들이 그들의 생산성을 통하여 그들의 복지를 증진시키고 능률적인 생산을 위하여 적절한 급여를 지불하여 보상하여야 된다고 주장한 학자이다(정우일, 2006: 34). 또한 고전이론에서 빼놓을 수 없는 학자가 관료제를 주창한 베버(Max Weber)이다. 그는 합리적이고 법적 권위를 바탕으로 규정과 문서에 의하여 움직이는 오늘날의 계층제 형태인 관료제를 제시한 학자이다(정우일, 2006: 34). 베버와 관료제에 대해서는 추후에 자세히 설명하기로 한다. 이 밖에도 귤릭(Luther Gulick), 어윅(Lyndall F. Urwick), 페이욜(Henri Fayol) 등의 학자가 고전이론가들이다(민진, 2014: 60).

둘째, 신고전이론(인간관계론)은 1930년대에 등장하였다. 이 시기는 환경과의 관계는 폐쇄적인 것으로 간주하였고, 인간은 자연적인 존재로 보았던 시기이다. 테일러, 페이욜, 베버는 과업이나 조직의 합리적이고 과학적인 설계가 조직의 핵심이라고 보았기에 인간이 그 중심이란 사실을 간과하였으며, 특히 인간은 기계나 과학과는 달리 사회적 동물이라는 사실을 등한시하였다(임창희, 2015: 62). 이에 비하여 조직과 인간을 기계적 도구가 아닌 인간을 사회심리적인 존재로 가정하고 인간관계에 초점을 맞춘 이론이 등장하게 되는데 바로 인간관계론이다. 인간관계론은 1927년부터 1932년 사이에 메이요(Elton Mayo)와 뢰슬리스버거(Fritz J. Roethlisberger)를 비롯한 하버드대 경영학 교수들이 시카고에 있는 웨스턴 전기회사(Western Electric Company Inc.)의 호손공장에서 일련의 실험을 시도한 데서 비롯되었는데, 이 실험을 소위 호손실험(Hawthorne Studies)이라고 한다. 원래 이 실험의 의도는 노동자들이 작업하는 현장의 물리적인 환경과 조건(조명, 작업 시간, 휴식 시간 등), 그리고 금전적 유인이 그들의 생산성과 관계를 갖는다는 기존의 과학적 관리론의 믿음과 주장을 확인하는 데 있었다. 그러나 그 실험에서 연구자들은 노동자들의 생산성과 사기는 그들이 일하는 조직의 물리적 작업 조건이나 금전적 유인보다는 그들이 속하는 조직 내부의 인간 상호 관계에서 발생하는 여러 가지 사회심리적 요인에 영향을 더욱 크게 받는다는 사실을 발견하게 되었는데, 이것이 인간관계론이다(윤재풍, 2014: 64). 이러한 인간관계론은 기존의 과학적 관리론에서 인간을 기계적 존재로 보았던 것에서 탈피하여 인간의 사회심리적 측면을 강조하였다는 데 학문적 의미가 크다고 할 수 있다. 그러나 이러한 인간관계론도 조직을 둘러싼 환경과의 상호 작용을 고려하지 못한 폐쇄 체제라는 점에서 한계점을 지니고 있으며, 또한 인간의 존엄성보다는 관리자를 위한 도구로서의 역할을 벗어나지 못하고 있다는 비판을 받고 있다(민진, 2014: 65). 이 시기에 환경을 고려한 학자들도 나타났는데, 조직을 둘러싼 환경이 조직에 미치는 영향을 중요시하는 연구 경향들이 생겨났다. 파슨스(Talcott Parsons), 버나드(Chester I. Barnard), 셀즈닉(Philip Selznick) 등의 학자이다. 이들은 조직을 진공 속의 존재나 고립된 존재로 보지 않고 조직이 환경 속에서 존재하며 환경의 영향을 받는다고 보았다(민진, 2014: 65).

셋째, 1950년대 이후 현대조직이론이 등장하였다. 이 시기에는 기본적으로 조직을 둘러싼 환경과의 관계는 개방 체제로 보았고, 인간관은 합리적이나 자연적이 아닌 복잡 인간관을 취한다고 볼 수 있다. 우선, 버나드(Chester I. Barnard), 카츠(Danie Katz)와 칸(Robert L. Kahn) 등의 개방 체제적 접근법이 있다. 개방 체제 이론은 한마디로 환경과의 상호 작용을 중요시한 이론이다. 다음으로 번스(Tom Burns), 우드워드(Joan Woodward) 등의 상황적응적 접근법이다. 즉, 상황 조건이 다르면 거기에 맞춰 조직의 구조와 관리, 과정이 설계되어야 한다는 이론이라고 할 수 있다. 그리고, 머슬로(Abraham H. Maslow), 허즈버그(Frederick Herzberg) 등의 행태주의적 접근법이다. 인간의 행태를 과학적이고 체계적으로 접근한 연구 방법이다. 한편, 셀즈닉(Philip Selznick)의 제도이론이 있다. 즉, 조직의 합리성보다는 조직의 생존 자체에 관심을 두고 조직을 자연적 체계로 본 이론이다. 이 밖에도 관리과학적 접근법, 비판조직이론, 복잡성이론, 교환이론 등 수많은 현대적 조직이론이 등장하였다(민진, 2014: 66-70).

2. 조직의 유형과 구조

조직의 유형은 학자마다 다르게 구분하고 있다. 에치오니(Amitai Etzioni)는 조직의 권력과 구성원의 몰입을 기준으로 하여 ① 강제적 조직(강제적 권력, 소외적 몰입), ② 공리적 조직(보상적 권력, 계산적 몰입), ③ 규범적 조직(규범적 권력, 도덕적 몰입)으로 구분하였다(임창희, 2015: 23-25). 휴즈(E. Hughes)는 ① 자원조직, ② 군대조직, ③ 자선조직, ④ 회사조직, ⑤ 가족운영조직으로 구분하였고, 파슨스(Talcott Parsons)는 ① 적응조직, ②

목표달성조직, ③ 통합조직, ④ 체제유지조직으로 구분하고 있다(유종해 외, 2015: 13-14). 블라우(Peter M. Blau)와 스콧(W. Richard Scott)은 조직 산출물의 주요 수혜자가 누구인지에 따라 ① 결사(호혜)조직, ② 영리(사업)조직, ③ 봉사조직, ④ 공익조직으로 구분하였다(임창희, 2015: 25-26). 민츠버그(Henry Mintzberg)는 조직 내에서 개인의 역할과 지위, 관리층의 규모, 계획과 통제, 의사결정 체제 등과 같은 조직 내적 요인과 조직의 연령과 규모, 기술, 환경 등 상황 요인에 따라 달라진다면서 작업 부문, 전략 부문, 중간 라인 부문, 기술구조 부문, 지원참모 부문의 다섯 가지 기본 부문의 역할 정도에 따라 ① 단순구조, ② 기계적 관료구조, ③ 전문적 관료구조, ④ 사업부제 구조, ⑤ 애드호크라시로 구분하고 있다(유종해 외, 2015: 19-21).

한편, 조직의 구조는 일반적으로 ① 기능적 구조, ② 사업부제 구조, ③ 매트릭스 구조, ④ 네트워크 구조 등으로 구분된다(민진, 2014: 161-166 ; 윤재풍, 2014: 246-262 ; 임창희, 2015: 195-214). 첫째, 기능적 구조는 우리가 흔히 기업의 조직도에서 보는 전형적인 조직구조이다. 최고책임자를 기준으로 생산부, 판매부, 총무부, 회계부 등 직무를 기능별로 구분하여 운영하는 구조이다. 둘째, 사업부제 구조는 생산하는 서비스나 제품을 기준으로 편성하는 조직구조로서 A제품사업부, B제품사업부, C제품사업부로 구분하여 각각의 사업부 밑에는 기능적 구조인 생산부, 판매부, 총무부, 회계부 등이 속하여 있는 구조이다. 셋째, 매트릭스 구조는 부서 단위를 한 번은 사업별 혹은 제품별(제품 A, 제품 B 등)로 나누고, 이를 다시 한번 기능별(생산, 판매, 재무 등)로 묶어서 두 구조를 포개어 놓은 유형이다. 이 형태는 미국 항공우주국(NASA)의 조직에서 시작되었다. 넷째, 네트워크 구조는 전통적 조직의 경계를 초월하여 수평적 조정과 협력을 확장한 구조로서 한 지붕 한 조직 아래 회계, 디자인, 마케팅, 유통 등 모든 기능을 모아 두는 것이 아니라 이들을 각각 외부에서 독립적으로 수행하는 기업들을 네트워크를 통하여 중앙사무소에 연결하는 구조이다(민진, 2014: 161-166 ; 윤재풍, 2014: 246-262 ; 임창희, 2015: 195-214).

제3절 조직구조의 기본 변수 : 복잡성, 공식성, 집권화

1. 조직구조의 기본 변수

조직의 구조를 결정짓는 변수들은 학자들마다 제시하는 바가 다르다. 조직원 수, 복잡성, 권한의 위임, 분화, 공식화, 통합, 전문화, 통솔의 범위, 표준화, 수직적 범위 등 다양하다(정우일, 2006: 202-203). 일반적으로는 복잡성, 공식화 및 집권화의 상태에 따라서 설명된다. 이 세 가지 개념은 조직구조를 형성하는 핵심적 차원이며, 기본적 변수라고 할 수 있다(윤재풍, 2014: 221). 이러한 기본 변수에 더하여 상황 변수가 적용되는데, 일반적으로 규모, 기술, 전략, 환경, 권력 등의 상황 변수가 작동하여 조직의 구조가 결정된다(윤재풍, 2014: 225-239).

2. 복잡성(분화)

복잡성이란 조직 내에 존재하는 활동이 분화(分化)되어 있는 정도를 말하는데(민진, 2014: 116), 수평적 분화, 수직적 분화, 장소적 분화를 들 수 있다. 이러한 복잡성과 관련된 기존 연구자들이 견해로는 규모가 커지면 복잡성이 높아지고, 복잡성이 높아지면 분권화가 촉진되며, 복잡성이 높아지면 기술적 복잡성도 높아지고, 환경의 복잡성도 반영된다. 또한 복잡성이 높아지면 조직 내의 갈등이 많아진다고 제시하고 있다(오석홍,

2014: 325-326). 이러한 복잡성은 전문화 또는 분업의 원리로 설명된다(임창희, 2015: 125 ; 유종해 외, 2015: 115). 지나친 분업은 의사소통의 어려움, 목표 상충, 이해관계의 갈등과 같은 많은 문제를 유발하기도 한다(임창희, 2015: 129).

3. 공식성

공식성이란 조직 내의 직무가 표준화되어 있는 정도를 가리키는 말이다(민진, 2014: 118). 구성원 각자가 부분적인 일을 나누어 맡아서 수행한 후 이를 종합하여야 하나의 과업이 완성되는 것인데, 각자가 제멋대로 만들어 놓으면 나중에 문제가 될 것이다. 따라서 각자에게 할 일의 분량, 수행 일정, 수행 방식, 만들어지는 부품의 모형과 색깔까지 미리 공식을 만들어 주고 이를 지키도록 하는데 이를 공식화(公式化)라고 할 수 있다(임창희, 2015: 131).

조직의 공식화는 오랫동안 비공식성 또는 비공식화에 대칭되는 의미로 널리 사용되어 왔다(오석홍, 2014: 329). 그렇다고 지침과 규정이 많고 절차가 문서화되었다고 하여 그 조직이 무조건 공식화된 조직이라고 취급해서는 안 된다. 공식이 얼마나 많은지와 이를 얼마나 지키는지는 별개의 문제이기 때문이다(임창희, 2015: 131). 이러한 공식화는 직무의 표준화, 전문화, 자동화, 공식화 기술 등이 이루어져야 한다(정우일, 2006: 207-212). 이러한 공식화의 장점은 조직관리 활동의 객관성, 안정성, 질서, 일관성, 통일성, 예측가능성을 확보할 수 있다는 점이다(윤재풍, 2014: 223). 그러나 지나친 공식화는 활동의 융통성에 제약을 받을 수 있어 관리자의 재량 범위가 축소되고, 이로 인하여 변화하는 조직환경에 적응하기가 어려워지는 단점이 발생한다(민진, 2014: 119).

4. 분권화 및 집권화

집권화와 분권화는 서로 반대되는 의미를 지니지만, 두 개념은 결코 분리될 수 없는 관계를 맺고 있다(오석홍, 2014: 334). 조직의 집권화는 권력과 권위가 조직의 최고위층에 집중되어 있는 정도를 의미하고(정우일, 2006: 212), 분권화는 조직의 하위층에 의사결정 권한이 많이 분산되는 현상을 의미한다(윤재풍, 2014: 224). 조직에서는 일을 추진할 권한뿐 아니라 일을 할당하고 연결할 때에도 그것을 결정할 권한(의사결정권)을 누가 가질 것이냐 하는 문제는 조직을 설계할 때 정해져야 할 중요한 문제이다(임창희, 2015: 137).

분권화는 변화가 일어나고 있는 곳의 상황에 대한 신속한 대처, 소재 지역에 대한 좀 더 정확한 정보의 활용, 결정에 참여케 함으로써 동기부여 및 사기 진작, 하위계층의 관리자에게 결정 권한을 줌으로써 훈련 기회 등을 제공하기 위하여 조직은 분권화를 택한다(정우일, 2006: 213). 분권화는 높은 복잡성과 밀접한 연관이 있다. 높은 복잡성의 증가, 즉 전문가들이 증가하면 권한은 나누어지게 되어 분권화를 촉진한다. 한편, 높은 공식화는 집권화 혹은 분권화와 관계가 있다는 것이 학자들이 견해인데, 조직의 고용자들이 전문적인 기술이 없다면, 공식화가 될수록 집권화가 높아질 가능성이 있고, 고용자들의 전문적인 기술이 확보될 때는 낮은 공식화와 낮은 집권화 경향을 보이게 된다(정우일, 2006: 215). 분권화의 장점과 단점은 집권화의 장점과 단점의 반대이기 때문에 여기에서 분권화의 장단점만 살펴보면, 분권화의 장점으로는 참여 의식을 고취하고, 유능한 관리자를 양성할 수 있으며, 현지 실정에 맞도록 업무를 처리할 수 있고, 의사소통도 개선되며, 최고관리자의 부담을 경감시켜 준다(민진, 2014: 120). 그러나 분권화도 단점이 있는데, 중앙의 지휘와 감독이 약화되고, 업무의 중복을 초래할 가능성이 있으며, 업무 처리가 산만해지고, 행정력이 분산되며, 전문적 기술의 활용이 어려워진다(유종해 외, 2015: 126).

제4절 조직구조의 상황 변수 : 규모, 기술, 환경

1. 조직구조와 규모

애스턴 그룹(Aston Group)은 조직 규모와 조직 성과의 관계를 연구한 유명한 영국의 연구기관이다. 그들은 조직의 규모는 조직구조와 밀접한 관계를 가진다고 주장하였다. 조직의 규모는 조직설계와 밀접한데, 부서의 수가 증가되면 조정의 필요성이 커지게 되고, 이에 따른 규정과 공식화가 증가되기 때문에 인원 수도 증가되면서 권한위임과 공식화도 커지게 된다(임창희, 2015: 151-152). 민츠버그(Henry Mintzberg)도 규모가 커질수록 조직의 행동은 더욱 공식화되어 간다고 제시하였다(민진, 2014: 122). 블라우(Peter M. Blau)도 조직 규모란 조직 책임의 범위라고 제시하고 있다. 일반적으로 조직 규모가 큰 경우의 조직구조는 분화가 촉진되고, 공식화가 가속화되며, 권한이 위임된다(윤재풍, 2014: 225-226).

2. 조직구조와 기술

많은 연구에 따르면, 규모보다 조직구조에 영향을 미치는 요인은 조직의 작업 과정의 성격, 혹은 기술에 의해서 결정된다고 주장한다(정우일, 2006: 225). 우드워드(Joan Woodward)는 단위 소량 생산 기술을 사용하면 낮은 수직적 및 수평적 분화와 공식화의 낮은 표준화가 되는 유기적 구조가 효과적이고, 대량 생산 기술을 사용하면 보통의 수직적 분화와 높은 수평적 분화와 공식화 및 제품의 높은 표준화가 이루어지기 때문에 기계적 구조가 유리하며, 연속적 공정생산 기술을 사용하면 높은 수직적 분화와 낮은 수평적 분화와 공식화 및 제품의 높은 표준화가 이루어져 유기적 구조가 적합하다고 제시한 바 있다.

한편, 페로(Charles Perrow)는 과업의 변이성과 문제의 분석가능성에 따라 일상적 기술, 엔지니어링 기술, 공예(장인) 기술, 비일상적 기술로 구분하고 있다. 톰슨(James D. Thompson)은 기술적 불확실성에 주목하여 길게 연결된 기술, 중개 기술, 집약적 기술로 구분하고 있다(윤재풍, 2014: 228-232). 이를 통하여 볼 때 대개 일상적인 기술일수록 공식성이 높고 비일상적인 기술일수록 공식성은 낮게 된다. 또한 대체로 일상적인 기술일수록 복잡성은 낮고 비일상적 기술일수록 복잡성은 높아지게 된다(민진, 2014: 125).

3. 조직구조와 환경

조직은 환경의 창조물이고, 환경에 영향을 받으며, 때로는 환경을 통제한다. 조직과 환경과의 관계는 동태적이고 다양한 측면이라고 볼 수 있다(정우일, 2006: 246-247). 번스(Tom Burns)와 스토커(G. M. Stalker)의 연구에서는 기계적 구조와 유기적 구조를 제시하였는데, 기계적 구조는 엄격하고 공식화가 높고, 권위적이며 집권화된 구조이고, 반대로 유기적 규조는 융통성이 있고, 수평적이며 공식화가 낮고, 전문성이 높으며 다양성을 갖춘 구조라고 설명하고 있다(정우일, 2006: 248). 번스와 스토커는 안정적인 환경에서는 기계적 구조가 유리하고, 동태적인 환경, 즉 급변하는 환경에서는 유기적 구조가 적합하다고 제시하고 있다. 한편, 기계적 조직보다 유기적 조직이 환경 변화에 유연하게 대응할 수 있기에 더 좋다고 주장하려고 하였던 것은 아니며, 가장 좋은 조직설계란 환경을 먼저 고려하여 안정적인 환경인가 동태적인 환경인가를 파악하는 것이 중요하다고 제시하고 있다(임창희, 2015: 186-187).

제5절 관료제와 애드호크라시

1. 관료제

관료제(bureaucracy)는 근대 사회가 산업사회로 발전되어 가는 과정에서 만들어진 개념으로 근대 사회의 구조가 복잡해지고 기술도 고도화되며, 그리고 이에 수반해 관리사무의 질적 변화 및 양적 확대 등에 대응하기 위한 대규모 조직으로 합리적이고 합법적인 지배가 제도화된 조직을 의미한다(민진, 2014: 139).

이러한 관료제는 베버(Max Weber)와 깊은 관련을 맺고 있는데(유종해 외, 2015: 141), 관료제의 주요 특성으로는 권한과 관할 범위의 규정, 계층제적 구조, 문서화의 원리, 임무 수행의 비개인화, 관료의 전문화와 전임화, 관료제의 항구성 등이다(오석홍, 2014: 394-395). 베버는 위와 같은 특성을 지닌 관료제가 다른 형태의 조직들에 비하여 기술적 우월성을 가진다고 하였다. 엄격한 관료제에서 정확성, 신속성, 비모호성, 서류철에 대한 지식, 재량성, 통일성, 엄격한 복종, 마찰의 감소, 물적 및 인적 비용의 절감 등이 최적화될 수 있다고 하였다. 또한 보수를 받고 일하는 전문적 관료들의 임무 수행은 명

예직으로 일하는 사람들의 경우보다 신속하고 정확하며 장기적으로 보면 비용이 오히려 적게 든다고 하였고, 역할과 권한 관계에 명확한 규정, 전문화의 촉진, 그리고 계층제적 구조 형성은 업무 능률을 향상시키고, 조정과 통제의 비용을 절감해 준다고 하였으며, 관료제와 개인 소유의 분리, 관료제의 비인간화에 의한 불편부당하고 객관적인 임수 수행 등은 고도의 합리성과 기술적 완벽성을 구현할 수 있게 한다고 제시하고 있다(오석홍, 2014: 396).

이러한 관료제는 머튼(Robert K. Merton), 톰슨(Victor A. Thompson), 블라우(Peter M. Blau), 셀즈닉(Philip Selznick) 등에 의하여 비판받게 되었는데, 바로 관료제의 병리적 행태, 환경 적응 능력의 부족과 관료제의 관료에 대한 억압과 좌절 등을 들고 있다. 특히, 관료제의 병리적 행태로는 동조과잉(overconformity), 문서주의(document principle), 무사안일주의(peace-at-any-price principle), 할거주의(sectionalism), 그리고 전문화로 인한 무능을 들고 있다. 그러나 이러한 관료제의 역기능도 있지만 관료제는 목표 달성 수단성, 관리 지향성, 관료 지향성, 그리고 가치 지향성이라는 순기능적인 측면도 엄연히 존재한다. 무엇보다도 베버가 제시한 관료제는 근대적 산업사회 이후 합법적이고 합리적으로 문서와 규정에 의해서 제도화된 대규모의 계층제적 조직체로서 관료에 의한 지배를 설명하였다는 점에서 학문적으로도 기여한 바가 크다(민진, 2014: 139-140).

2. 애드호크라시

애드호크라시(adhocracy)는 관료제의 반대 개념이라 할 수 있다. 애드호크라시는 관료제 조직과는 달리 유연성, 적응성, 대응성, 그리고 혁신성이 높은 유기적 조직이다(양창삼, 1990). 애드호크라시는 조직구조의 기본 변수에 따라 복잡성, 공식성, 그리고 집권성이 낮은 조직구조의 형태를 띠고 있다(민진, 2014: 140). 애드호크라시의 기원은 제2차 세계대전 중 특수 임무를 수행하였던 기동타격대(task force)에서 찾아볼 수 있는데, 애드혹 팀(adhoc team)이라고 불렸던 이 부대는 임무가 완성되면 해산되었다가 새로운 임무가 주어지면 재구성되는 속성을 띠었다(유종해 외, 2015: 161). 이처럼 애드호크라시는 기존의 일상적인 기능을 수행하는 관료제나 기능조직으로는 해결할 수 없는 문제를 해결할 목적으로 편성해 이용하는 임시적이고 유기적 조직을 말하는데, 오늘날 태스크포스(task force: TF), 프로젝트 팀(project team), 위원회(committee) 등이 이에 해당된다(윤재풍, 2014: 248). 이러한 애드호크라시는 오늘날 공공 분야나 기업에서 조직 환경이 급격히 변화하고 있으며, 그러한 변화 속에서 비일상적이고 비정형적이며 유기적으로 다뤄야 할 일이 증대하고 있고, 또한 고도의 전문성과 복잡성을 요구한다는 점에서 그 필요성이 증대되고 있다. 애드호크라시 조직은 수평적 분화가 높은 반면 계층적, 즉 수직적 분화가 낮고, 공식화가 낮으며, 분권적 의사결정이 중요시되고, 환경 변화에 유연성이 높으며, 특정한 목적을 위하여 설치되고 목적이 달성되면 해체하는 임시(한시)조직적 특성을 지니고 있다(윤재풍, 2014: 248).

이러한 애드호크라시의 장점은 높은 적응도와 창조성을 요구하는 조직에 적합하고, 어떤 공동 목표를 달성하기 위하여 개별적으로 활동하고 있는 여러 유형의 전문가들을 모아 상호 협력하도록 하고자 할 경우에 적합하며, 특히 급변하는 환경 변화에 적응성이 높은 장점을 가지고 있다(유종해 외, 2015: 163). 그러나 애드호크라시 조직은 일반 기능적 조직에 비하여 권한과 책임이 명확하게 확립되지 않고 과업의 표준화나 공식화 정도가 낮기 때문에 구성원 간에 업무상 갈등과 마찰이 일어날 우려가 있고(윤재풍, 2014: 249), 관료제와 비교할 때 분명히 비효율적인 구조를 취하고 있다(유종해 외, 2015: 164).

제6절 소방조직의 관리

지속적인 기온 상승과 지구온난화, 기후 변화와 기상이변, 도시화 및 산업화, 복잡화 등으로 인하여 현대 사회의 재난환경은 악화되고 있다. 이러한 상황 속에서 소방조직이 전통적으로 제공하는 소방 서비스인 화재 진압에서 재난 대응과 구조 및 구급, 대테러 업무 등으로 그 업무 영역이 확대되고 있다. 즉, 소방조직은 모든 유형의 재난 상황에서 예방과 대응의 중추적인 역할을 수행하고 있으며, 이러한 추세는 우리나라 소방조직뿐만 아니라 선진국에서도 보편적으로 일어나고 있는 현상이다(한상대, 2018: 19-22). 특히 미국, 일본, 싱가포르 등 재난관리 선진국들은 대규모 재난 발생의 환경 변화에 따라 소방조직 중심의 재난 대응 체계를 강화하고, 중앙정부에 소방청을 설치하여 중앙정부와 지방정부의 지휘 체계를 구축하고 있다. 또한 영국과 이탈리아는 중앙정부 내에 독립적 위원회 형태의 소방조직을 운영하고 있다(신원부, 2017: 30; 김윤권, 2017: 150). 이와 같이 변화하는 재난환경에 대응하기 위하여 소방조직은 독립성과 역할, 기능이 확대되고 있다.

소방조직의 독립성을 강화하는 이유는 재난 피해를 실질적으로 최소화할 수 있는 대응 단계에서 중추적으로 실질적인 업무를 전담하고 이를 주도하는 기관이 소방조직이기 때문이다. 과거 재난관리 업무 체계는 민방위, 재난·방재, 소방 등의 업무 역할에 수평적 병렬 관계로 구성되어 있었다. 재난 대응에서 민방위, 재난·방재 관련 기관의 업무 비중은 상대적으로 낮았으며, 이러한 재난관리조직 간 병렬적 체계는 재난관리의 효과성을 저해하는 요소로 지적되었다. 효과적인 재난 대응은 재난관리조직이 재난 현장에 신속하게 접근하는 것이 필수적인 요건이며, 신속한 현장 접근은 재난 대응 태세의 확립이라고 할 수 있다. 여러 재난관리조직 중 소방조직은 24시간 출동 체계를 갖추고 있으며, 재난 현장에서 국민의 생명을 구조하기 위한 골든타임을 확보할 수 있는 조직이다. 즉, 재난 현장의 골든타임 확보 측면에서 소방조직은 재난 대응의 중심적인 역할을 수행하고 있다(윤명오, 2001: 25; 채진, 2016: 41-42).

소방조직의 기능은 크게 소방 기본 기능과 소방 지원 기능으로 구분할 수 있다. 소방 기본 기능 분류는 재난관리 단계인 예방, 대비, 대응, 복구 등에 따른 분류이며, 소방 지원 기능 분류는 소방정책, 소방산업, 소방장비 및 인력 운영, 소방통계, 소방홍보 등을 포함한다. 먼저 소방 기본 기능과 관련하여, 예방 기능은 건축물과 시설의 안전 기준과 관련한 규제, 기타 보험 등으로 재난 발생 가능성을 저감하는 소방 활동을 의미한다. 대비 기능은 예측이 어려운 재난 상황에 대비하기 위한 소방조직의 설치와 인력 및 장비의 확보, 소방조직 구성원의 교육·훈련 계획 수립 및 실시, 자원관리, 현장 대응 조직구조 표준화 등의 사항이 포함된다. 대응 기능은 실제 발생한 재난과 관련된 활동으로 화재의 진화, 구조 및 구급 등이 있다. 복구 기능은 화재로 인한 피해를 복구하는 것으로 응급복구, 지방자치단체 지원 프로그램 운영, 자원봉사조직의 교육 및 인증과 조정 및 협업[1] 등 국민의 생활안전 지원에 관한 활동이다(전주상 외, 2018: 139-140; 윤명오 외, 2015: 76).

다음으로 소방 지원 기능과 관련하여, 소방정책 기능은 소방조직의 방향성을 설정하는 것으로 소방 업무 종합계획의 수립 및 시행, 소방정책에 대한 종합대책 수립 및 운영·지도, 국제협력 등이 있다. 소방 운영 기능은 소방조직의 임용, 복무 감독, 감찰, 승진 및 징계 등 인사와 예산 등의 업무가 있으며, 처우 개선, 소방병원, 퇴직 소방공무원 관리 등 복지 업무, 소방장비의 운용 업무 등이 포함된다. 소방산업 기능은 소방산업 육성 및 소방용품 관련 법령의 입안과 운영, 소방산업 기반 조성·육성·진흥을 위한 기본계획 및 시행계획의 수립과 시행 등이 포함된다. 소방통계 기능은 통계의 작성과 보급, 통계 업무의 종합 및 조정 등으로 정보통계 담당관실에서 업무를 수행하고 있다. 소방홍보 기능은 국민생활 관련 소방안전사고의 예방과 교육을 위한 홍보 및 관련 프로

---

1) 자원봉사조직과의 조정 및 협업은 재난관리 활동의 시점에 따라 대응 기능으로도 분류할 수 있다.

그램, 국민생활 소방 안전점검 매뉴얼의 개발 및 보급 등이 있다(전주상 외, 2018: 153-154; 윤명오 외, 2015: 76-82).

  재난 현장에서 재난 대응의 중심적인 역할을 수행하는 소방조직은 그 역할과 기능에서 중요성이 증대되고 있지만, 현재의 소방조직 구성은 업무 특성을 제대로 반영하지 못하고 있다. 또한 소방조직의 발전을 위한 소방조직 기능의 분석과 조정이 조직 구성에 잘 나타나고 있지 않다. 현재 중앙소방조직은 조직 구성 논리의 혼재, 재난 대응조직으로서의 위상에 맞는 기능 부족, 산업의 고도화 및 한국적 특성 등에 다른 기능 미비의 한계를 보이고 있다. 따라서 소방조직의 실질적인 역할 및 기능에 비추어 현재 소방조직의 조직구조 및 권한 등 행정적 측면에서 검토할 필요가 있다(윤명오 외, 2015: 96).

  소방조직은 정부 수립과 함께 국민의 안전 확보에 중점 두고 시대와 환경의 변화에 따라 선제적이고 능동적으로 발전해 온 조직이다. 소방조직은 초기 업무인 화재 진압에서 시작하여 현재는 각종 안전규제(예방), 구조 및 구급, 유해 화학물질 등 특수재난의 긴급대응, 국민생활 안전과 노인, 영유아, 다문화가족, 외국인 등 재난 취약계층 및 재외국민 보호 등 광범위한 업무 범위를 갖고 있으며, 현재는 더욱 확대되고 있는 추세이다. 소방 업무 범위가 국가적 재난 대응으로 넓어짐에 따라 지역별 소방력 격차에 따른 소방 서비스의 불균형이 발생할 수 있다. 이에 중앙소방조직은 지역별 소방력의 균형 유지와 최상의 소방 서비스 공급을 위하여 기능 조정 및 보완이 필요하다. 즉, 소방조직은 소방정책의 기획·개발·조정, 인력관리 및 개발, 장비기술의 개발 및 산업 육성 등 소방 기능의 분야별 조직 체계, 전문인력 양성, 예산 증대 등 적극적인 노력이 요구된다(전주상 외, 2018: 179).

소방조직론
Fire Service Organizations

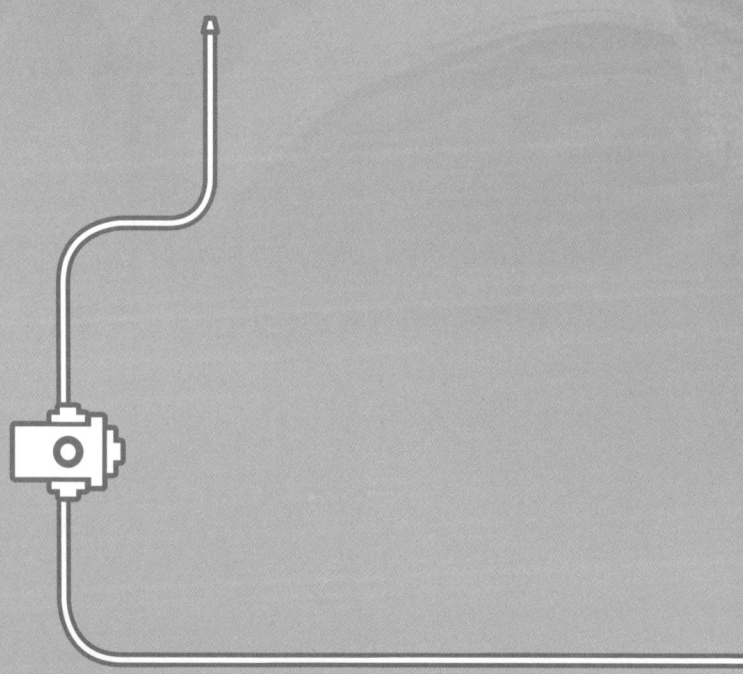

4편

해외 소방조직

7장 미국의 소방조직

제1절   미국의 재난관리 체계

　미국의 소방조직은 재난관리의 한 축을 이루고 있기 때문에, 소방조직 체계를 이해하기 위해서는 재난관리 전반을 살펴볼 필요가 있다. 미국의 재난관리는 여러 차례 변화를 겪어 왔다. 2001년 9월 11일에 소위 '9·11 테러'로 불리는 항공기 납치 동시다발 자살 테러가 발생하여 뉴욕의 110층의 세계무역센터(WTC) 쌍둥이 빌딩이 붕괴되고, 버지니아 주에 있는 미국 국방부 펜타곤이 공격받아 일부가 파괴되었다. 그 사건으로 인하여 미국 내 국가 안보 체계가 변화되고, 재난관리 체계에도 큰 변화를 가져오게 된다. 2002년 국토안보에 관한 법이 통과되어 미국 국토안보부(Department of Homeland Security: DHS)[1]가 만들어졌다.

---

1) 국토안보부가 만들어질 당시의 인원은 약 17~18만 명 정도이며, 2017년도 기준 국토안보부는 24만여 명의 직원이 있다. 이는 국방부(Departments of Defense)와 원호부(Department of Veterans Affairs)에 이어 세 번째 규모이다.

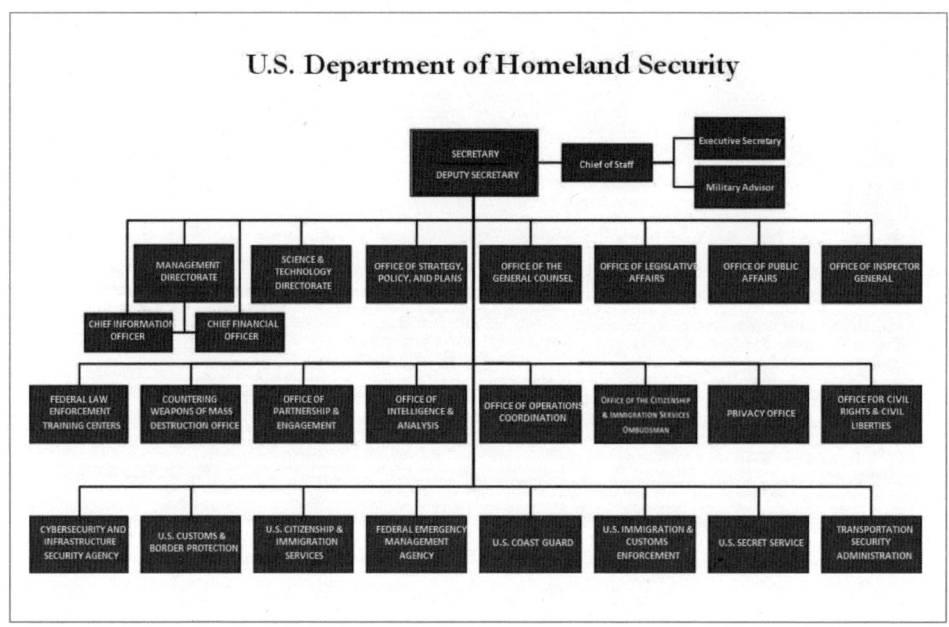

[그림 7-1] 미국 국토안보부(DHS) 조직도

　국토안보부가 만들어짐에 따라, 2003년 3월 1일, 기존의 재난관리 주무기관인 미 연방재난관리청(Federal Emergency Management Agency: FEMA)은 2,600여 명의 풀 타임 직원과 함께 대통령 직속기관의 지위에서 국토안보부 산하로 편입된다. 한편, 2005년에 발생한 허리케인 카트리나에 대한 대응 실패의 이슈가 부각되었고, 미 의회 등의 조사가 진행되었다. 국토안보부 내에서 테러가 정책의 우선순위가 됨에 따라, 기존 자연재난의 주무기관이었던 FEMA의 우선순위에도 변동을 가져온 것이 허리케인 카트리나에 효과적으로 대응하지 못한 것으로 나타났다. 이 때문에 FEMA를 국토안보부에서 독립시켜야 한다는 주장이 제기되었다. 하지만, FEMA는 국토안보부 산하에 남는 것으로 결정되었고, 대신 대통령과의 직접 소통 라인을 회복하는 선에서 그 독립성을 강화하는 것으로 마무리되었다.

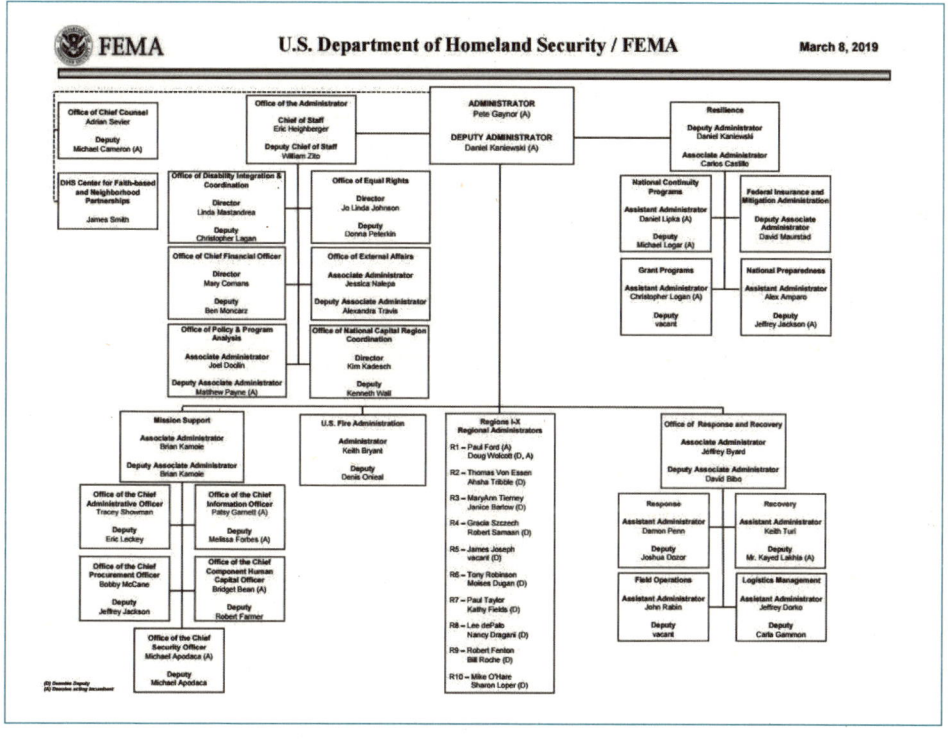

[그림 7-2] 미 연방재난관리청(FEMA) 산하 국토안보부 조직도

제2절 미국의 중앙소방조직

1. 미국 소방청의 조직

미국의 중앙소방조직은 FEMA 산하의 미국 소방청(US Fire Administration: USFA)이

라고 할 수 있다. USFA는 DHS/FEMA 내부에 위치하기 때문에, DHS/FEMA 내부의 정책적 지침에 따라 정책의 방향이 정해진다고 볼 수 있으며, 지역의 일선 대응 요원들에 대한 점증하는 수요에 부응하고 있다고 할 수 있다.

미국의 소방조직은 다른 재난 관련 기관들과 마찬가지로 기본적으로는 지방자치단체의 관할 사항이다. 중앙소방조직은 국가 전체적 시각에서 소방 기능을 발전시키고 통일성을 유지하기 위한 목적에 주안점을 두고 있다. 또한, DHS/FEMA의 일원으로서, 미국 소방청(USFA)은 비상대응관리(emergency management)[2]를 위하여 정부뿐만 아니라, 지역사회 내의 모든 측면(자원봉사자, 종교 및 신념단체, 민간 부문, 그리고 일반 대중)이, 모든 종류의 위험에 대한 예방과 대응, 보호, 준비 등을 효과적으로 수행하도록 하는 역할을 맡고 있다.

미국 소방청(USFA)의 역할은 국가의 화재 예방과 통제, 소방 훈련과 교육, 응급의료 서비스 활동에 대한 리더십을 발휘하고, 조정과 지원을 제공하며 최일선 대응 요원들과 헬스케어 리더들을 모든 종류의 위험과 테러의 비상 상황에 대응하도록 준비시키는 것이다.

미국은 여전히 선진국 중에서도 화재 사망률이 가장 높은 수준의 국가들 중 하나이다. 국가화재보호연합(National Fire Protection Association: NFPA)에 따르면, 2015년에 미국은 1,345,500건의 화재가 보고되었고, 3,280명의 민간인 화재 사망자와 15,700명의 민간인 화재 부상자가 있는 것으로 보고되었다. 또한, 직접적 재산 피해는 143억 달러에 이르는 것으로 추산된다.[3] 미 소방청(USFA)은 이러한 미국 내의 화재 위험과 피해를 낮추기 위하여 국가적 차원의 정책 수립과 시행에 중점을 두고 있다.

---

2) 보통 한국에서는 '재난관리'라는 용어가 널리 사용되지만, 미국에서는 통상적으로 'emergency management'라는 용어를 사용한다. 따라서, 미국의 'emergency management'에 관한 교재는 우리나라에서 '재난관리'로 번역되는 경우가 많다.

3) CRS Report, 2018. United States Fire Administration: An Overview. Congressional Research Service.

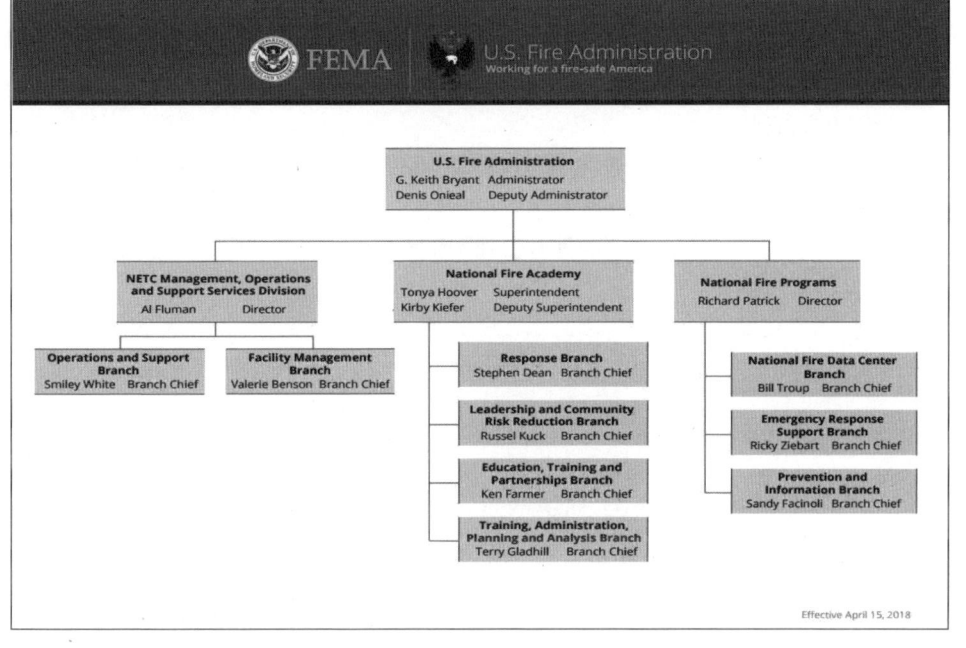

[그림 7-3] 2018년 기준 미국 소방청(USFA) 조직도

　미국 소방청(USFA)의 조직은 크게 세 부문으로 구성되어 있다.

　첫째는 국가응급교육센터(National Emergency Training Center: NETC)의 관리와 운영 및 지원에 관한 부서이다. 국가응급교육센터(NETC)는 소방청(USFA)의 프로그램뿐만 아니라, EMI(Emergency Management Institute) 등의 교육을 위하여 사용되기도 한다.

　다음은 미 소방학교(NFA)이다. 2017년도 기준으로, 소방학교(NFA)는 3,833개의 교육과정을 제공하고 있으며, 수강생은 102,773명에 이른다. 오프라인 강의는 국가응급교육센터(NETC), 지역의 캠퍼스 등에서 이루어지며, 105개의 대학과 협력하여 학점의 인정을 포함한 다양한 교육 프로그램을 제공한다.[4]

　현재 미국 소방청과 소방학교는 다음의 목적을 가지고 있다.[5]

---

4) USFA. 2018. Fiscal Year 2017Report to Congress.
5) U.S. Fire Administration Strategic Plan Fiscal Years 2014 - 2018.

- 소방 인력을 포함하여 화재 예방과 통제 활동에 관련된 인력들의 전문성을 함양
- 화재, 구조 그리고 시민 보호 서비스에 사용되는 장비들을 개발, 테스트, 평가하는 기술 프로그램의 발전
- 모든 종류의 화재에 대한 예방, 발생, 컨트롤과 관련된 정보의 수집, 분석, 발간 및 확산을 위한 국가화재데이터센터의 운영
- 그리고, 대중들에 대한 교육, 화재에 대한 대중의 무관심의 극복 및 화재 예방을 위한 모든 필요한 조치를 취함.

미국 소방청(USFA)의 마지막 조직 부문은 국가화재프로그램(National Fire Program)이다. 국가화재데이터센터, 재난 대응 지원부 및 예방과 정보부의 세 부문으로 구성된다. 화재 예방과 대응의 과학적 발전과 적용 등을 위한 조직 체계를 가지고 있다.

미국의 소방청장(USFA Administrator)은 대통령이 임명한다. 2019년 3월 현재 미국의 소방청장은 브라이언트(G. Keith Bryant)이며, 2017년에 취임하였다. 그는 이전에는 오클라오마 시(OCFD)의 소방책임자였다.

2018회계연도에 소방청은 4,341만 달러의 예산을 신청하였다. 4,191만 달러가 교육, 훈련 및 종합 연습에 대한 연방의 지원 항목이었고, 149만 달러는 조달과 건설 및 투자 계정이었다. 최종적으로는 주정부 화재 훈련 지원 보조금 항목에서 1백만 달러가 삭감된 채 승인되었다.

2. 미국 소방청의 탄생과 역사

1973년에 『아메리카 버닝(America Burning)』으로 불리는 「국립 화재 예방과 통제위원회 보고서(National Commission on Fire Prevention and Control)」가 발간되었다. 이 보고

서는 화재로 인하여 미국에서는 연간 12,000명의 사망자와 연간 300,000명의 부상자가 발생하는 것으로 추산하였고, 연간 재산상 손실은 114억 달러에 이르는 것으로 추산하였다. 또한, 약 50,000명이 짧게는 6주에서 길게는 2년까지 병원에 누워 있어야 하는 것으로 추산하였다. 이 보고서는 화재 사망과 부상 및 재산 손실을 감소하기 위한 노력을 하고 있는 주정부와 지방정부 및 민간조직을 지원하기 위한 연방 차원의 기관 설립을 제안하였다.[6] [7]

이 위원회는 이러한 새로운 조직을 주거도시부(Department of Housing and Urban Development) 내에 둘 것을 제안하였다. 하지만 의회는 통상부(Department of Commerce) 내에 두는 것을 주장하였고, 1974년의 「연방 화재 예방 및 통제법(Federal Fire Prevention and Control Act of 1974) (P.L. 93-498)」의 통과와 함께 국립 화재 예방과 통제청(National Fire Prevention and Control Administration: NFPCA)이 만들어졌다.[8] 동법은 또한 국가화재데이터센터(National Fire Data Center), 화재연구센터(Fire Research Center) 등도 규정하고 있다.[9]

1975년 포드 대통령은 국립 화재 예방과 통제청(FPCA)의 청장과 부청장을 임명하였다. 1978년에, 의회는 국립 화재 예방과 통제청(NFPCA)의 명칭을 미국 소방청(US Fire Administration: USFA)으로 변경하였고(P.L. 95-422), 카터 대통령의 재조직 계획

---

6) *America Burning*, 1973. 한편, 1989년 「아메리카 버닝 보고서」의 수치에 대한 사후 수정이 있었다. 연간 사망자는 12,000명이 아닌 6,200명이며, 연간 부상자는 30만 명이 아니라 10만 명이라는 안내 문구가 이 보고서의 목차 앞에 기재되었다.

7) 「아메리카 버닝 보고서」 이후로도 화재 위험과 대응에 관한 후속 보고서들이 만들어진다. 「*America Burning Revistited*」는 1987년 11월 30일부터 12월 2일까지 3일 동안 미소방청(USFA)과 미연방재난관리청(FEMA)이 개최한 워크숍의 결과물이라고 할 수 있다. 2000년 12월에 미연방재난관리청(FEMA)은 'America at Risk' 보고서를 발간하였는데, 이 또한 「아메리카 버닝 보고서」 정신의 연장선상에 있다고 할 수 있으며, 미국의 위험 요소들을 예방하고 통제하는 데 소방 서비스의 역할에 대한 내용과 권고 사항을 담고 있다.

8) CRS Report, 2018. United States Fire Administration: An Overview. Congressional Research Service.

9) 1974년 「연방 화재예방 및 통제법(Federal Fire Prevention and Control Act of 1974」(P.L. 93-498).

(Reorganization Plan No. 3)에 따라 미 소방청(USFA)은 새로 창설된 FEMA 내에 위치하게 된다. 또한, 1979년에는 국립소방학교(National Fire Academy: NFA)가 메릴랜드 주의 에미츠버그(Emmitsburg)에 개소하였다.

1980년대 초반, 레이건 행정부는 국립소방학교를 유지하는 대신 소방청(USFA)을 없애는 것을 제안하였다. 비록 의회는 소방청(USFA)을 없애는 것을 허가하지 않았지만, 소방청은 직원의 심각한 감축을 겪었고, 소방학교는 소방청(USFA)에서 분리되어 조직적으로는 연방재난관리청(FEMA)의 다른 비상 대응 훈련 프로그램과 같이 취급된다. 1991년에 소방학교(NFA)는 소방청(USFA)으로 복귀하였고, 현재까지 그 상태로 남아 있다. 현재, 소방청(USFA)은 메릴랜드 주 에미츠버그의 국립 비상대응센터 부지 내에 위치하고 있다.[10]

3. 미국 소방청의 주요 프로그램

소방청(USFA)의 주요 프로그램은 데이터 수집, 대중 교육과 인식(Public Education and Awareness), 교육훈련(Training), 연구와 기술(Research and Technology)이 있다. 이러한 임무를 수행하기 위하여 소방청(USFA)은 소방학교(NFA), 국가비상교육훈련센터(National Emergency Training Center: NETC), 국가화재프로그램부서(National Fire Programs Division) 등을 활용한다.[11]

---

10) CRS Report, 2018. United States Fire Administration: An Overview. Congressional Research Service.

11) CRS Report, 2018. United States Fire Administration: An Overview. Congressional Research Service.

- 데이터 수집 – 소방청(USFA)의 국가화재데이터센터(National Fire Data Center, NFDC)는 화재 사건 보고 시스템(the National Fire Incident Reporting System: NFIRS)을 운영한다. 이 시스템은 각 주와 지방정부 등의 화재와 다른 비상 사건 데이터를 수집, 분석하고 전파하는 역할을 한다. 국가화재데이터센터(NFDC)는 필요한 예방(prevention and mitigation) 전략을 위하여 화재와 관련한 문제의 분석을 수행한다.

- 대중 교육과 인식 – 소방청(USFA)은 화재안전 경보와 교육의 발전과 전달을 위하여 각종 파트너십과 이니시어티브를 통하여 소방 서비스, 미디어, 기타 연방기관 그리고 이익집단들과 함께 작업을 수행한다. 이러한 프로그램들은 어린이, 노인 및 장애인 등을 포함한 화재 위험에 취약한 사람들을 대상으로 하는 경우가 많다.

- 교육훈련 – 소방청(USFA)의 소방학교(NFA)는 화재 예방과 생명 안전 활동과 관련한 화재/응급(fire/EMS) 요원의 전문성 함양을 위한 교육의 기회를 제공한다. 소방학교(NFA)는 주정부와 지방정부 소방교육을 보충하고 지원하는 데 초점을 두고, 전국적 포커스를 가진 교육 및 훈련 프로그램을 개발하고 제공한다. 소방학교(NFA)는 또한 국가사고관리시스템통합센터(National Incident Management System Integration Center: NIC)의 지원과 국가사고관리시스템(National Incident Management System: NIMS)[12]의 전국의 통일적 실행을 위한 교육훈련을 제공한다.

- 연구와 기술 – 화재 및 생명 안전 분야의 개선을 위하여 소방청(USFA)은 리서치,

---

12) NIMS는 연방정부부터 지방정부와 민간기관에 이르기까지 재난 현장의 지휘관리 체계를 통일하기 위하여 개발된 프레임워크로 미국 대통령령에 기반한다.

테스트, 그리고 평가를 통하여 공공·민간기관들과 협업한다.[13] 소방관과 일선 대응요원들의 건강과 안전에 관한 이슈들과 같은 연구뿐만 아니라, 화재 감지, 진압 그리고 통보 시스템에 관한 특별 연구에 이르기까지 다양한 분야의 작업을 수행한다. 연구 결과는 소방청(USFA) 발간센터를 통하여 무상으로 일반 대중에게 제공된다.

미국의 경우, 소방뿐 아니라 여러 영역에서 연방 정책이 지방자치단체의 일선기관에 스며들도록 하기 위하여 여러 방법을 사용하고 있다. 그중 하나가 보조금(grant)이라고 할 수 있다. 화재 및 응급의료서비스(Emergency Medical Service: EMS) 등과 같은 연방의 소방 관련 보조금은 주정부나 지방 정부에 직접 전달되는 경우, 주정부를 경유하여 지방 정부까지 전달되는 경우, 주정부의 보조금이 지방정부에 전달되는 경우 등으로 구분할 수 있다. 이 밖에도 낮은 이자율의 정책자금을 대여해 주기도 한다. 또한, 대부분의 주정부 소방 책임자는 지역정부에 기술적 지원을 해 주기도 하고, 일선 대응요원들의 교육훈련을 무상으로 시켜 주기도 한다.[14] 이렇듯 다양한 방식을 통하여 소방에 관한 전체적인 통일성을 유지한다.

---

13) 미국의 경우, 화재 안전의 인증, 위험 수준의 확인, 교육 등 화재와 관련하여 각종 전문기관이 설립되어 있다. 이 중에는 공공기관뿐만 아니라 민간기관도 있다. 민간기관들도 오랜 역사를 가지고 공적 역할을 수행하는 것이 역사적으로 확립되어 현재까지 이루어지는 경우가 많기 때문에 협업하는 경우가 많다.

14) FEMA(Fire Administration), 2012. U.S. Funding Alternatives for Emergency Medical and Fire Services.

제3절 미국의 지방소방조직

　미국의 정부 체계는 통상적으로 '연방(Federal) - 주(State) - 카운티(County) - 시(City)'의 위계를 이루도록 되어 있으며, 각 수준의 정부는 각기 고유한 역할과 권한을 가지고 있다. 특히, 연방정부에 대한 주정부의 독립성은 매우 높다. 각 지방정부의 장이 지방정부의 소방 책임자를 임명하는 등 소방조직도 마찬가지로 지방정부의 독립성이 높다고 할 수 있다.

1. 미국의 소방관

　미국의 소방관은 직업소방관(career firefighter)과 의용소방관(volunteer firefighter)으로 구성된다. 미국은 의용소방대의 역사가 길고, 시골의 경우, 직업소방관을 운영하기가 어렵기 때문에 의용소방관 제도가 잘 발달되어 있다. 의용소방대는 자신의 직무에 맞는 엄격한 교육훈련을 받고 실전에 투입된다. 미국은 이러한 교육 시스템이 체계적으로 잘 발달되어 있다. 소방서는 세금으로 운영되기도 하고, 주민들의 회비로 운영되기도 한다.

　미국 지방정부는 재산세, 판매세, 소득세 등 각종 세금으로 운영된다. 어떠한 세금이 소방서의 운영으로 사용되는지는 각 주의 주법에 따라 달라진다. 세금 이외에 각종 부과금이나 사용료, 개별 서비스 이용료 등도 포함된다. 많은 지역에서는 응급의료가 민간 앰뷸런스 공급자에 의하여 운영되기도 한다. 소방서나 EMS 이용 시에도 사용자에

게 사용요금을 부과하는 경우가 많다. 다음은 한 의용소방서의 사례이다.15)

> 2009년, 테네시 주의 칸스 의용소방서(Volunteer Fire Department: VFD)는 세금을 전혀 받지 않고 순수하게 자체적인 수입으로만 운영되었다. 21%의 주민들에게 회비를 받았다. 건물 등 자산 1평방 피트당 0.07달러를 책정하였고, 이는 가구당 평균 100~200달러 정도였다. 소방서는 회원 자격 여부와 관계 없이 화재, 자동차 사고, 가스 주출, 화재 알람, 방화 및 각종 종류의 신고에도 출동하였다. 하지만 이때는 첫 1시간 출동 요금으로 1,900달러부터 시작하였다.

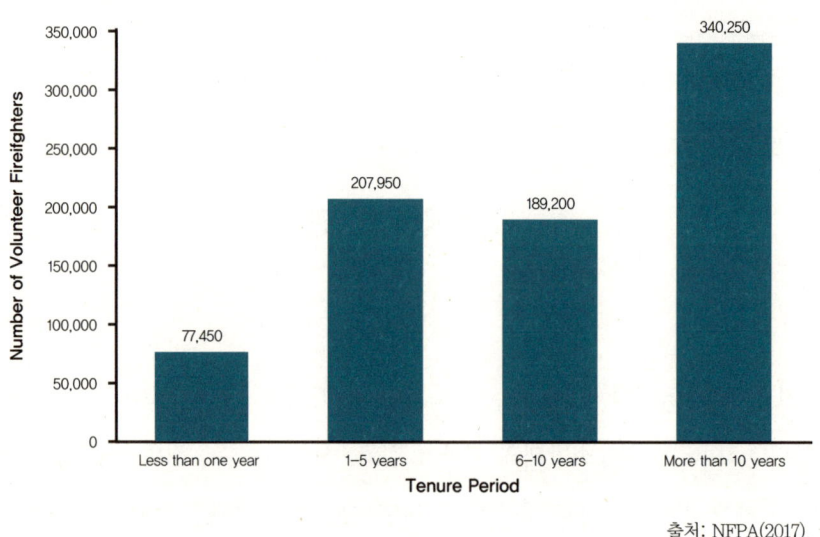

출처: NFPA(2017).

[그림 7-2] 2015년 기준 의용소방관 근속 연수

2015년도 기준 미국의 소방관 숫자는 약 1,160,450명이다. 이는 직업소방관과 의용소방관을 합한 숫자이다. 이는 민간 소방서 및 연방과 주 기관에서 근무하는 인력은 제외한 수치이다. 전체 소방관 중 약 30%에 해당하는 345,600명이 직업소방관이었으며, 70%에 해당하는 814,850명이 의용소방관이었다. 직업소방관의 71%는 25,000명 이상

---

15) FEMA(USFA), 2012. U.S. Funding Alternatives for Emergency Medical and Fire Services.

의 커뮤니티에 속해 있었고, 의용소방관의 95%는 25,000명 미만을 보호하는 소방서에 속해 있었다. 약 절반 정도의 의용소방관은 2,500명 미만의 인구를 보호하는 작은 소규모의 시골 기관에 속해 있었다.

〈표 7-1〉 2015년도 미국 지역 인구별 직업-의용소방관 통계

Population Protected	Career			Volunteer			Total
	Male	Female	Sub-Total	Male	Female	Sub-Total	
1,000,000 or more	38,150	1,100	39,250	1,050	200	1,250	40,500
500,000 to 999,999	33,400	2,150	35,550	4,750	500	5,250	40,800
250,000 to 499,999	25,150	1,200	26,350	1,950	50	2,000	28,350
100,000 to 249,999	49,400	1,850	51,250	1,850	200	2,050	53,300
50,000 to 99,999	41,200	1,150	42,350	6,500	550	7,050	49,400
25,000 to 49,999	50,650	1,200	51,850	18,400	1,500	19,900	71,750
10,000 to 24,999	50,900	1,450	52,350	65,000	4,900	69,900	122,250
5,000 to 9,999	21,500	1,200	22,700	95,450	7,250	102,700	125,400
2,500 to 4,999	11,600	900	12,500	182,150	18,050	200,200	212,700
Under 2,500	10,800	650	11,450	365,500	39,050	404,550	416,000
	332,750	12,850	345,600	742,600	72,250	814,850	1,160,450

출처: NFPA(2017).

1986년부터 미국에서의 직업소방관의 숫자는 점차적으로 증가한다. 1986년 237,750명이었던 숫자가 2013에는 354,600명으로 증가하여 해당 기간 49%의 증가율을 보였다. 같은 기간 직업소방관의 인구 1,000명당 숫자는 1.73명에서 1.67명으로 변하였다. 하지만 1986년부터 2013년도까지 직업 및 의용소방관 합산 숫자는 인구 1,000명당 1.48명에서 3.60명으로 증가한다.[16]

---

16) National Fire Protection Association. 2017. U.S. Fire Department Profile - 2015.

2. 미국의 지역 소방서

2015년도 기준으로, 미국의 소방서는 29,727개로 추산된다. 이 중 2,651개(8.9%)는 직업소방관으로만 구성되고, 19,762개(66.5%)는 순전히 의용소방관으로만 구성된다. 또한 1,893개(6.4%) 소방서는 대부분이 직업소방관으로 구성되며, 5,421개(18.2%)는 대부분 자원봉사 소방관으로 구성되어 있다.[17]

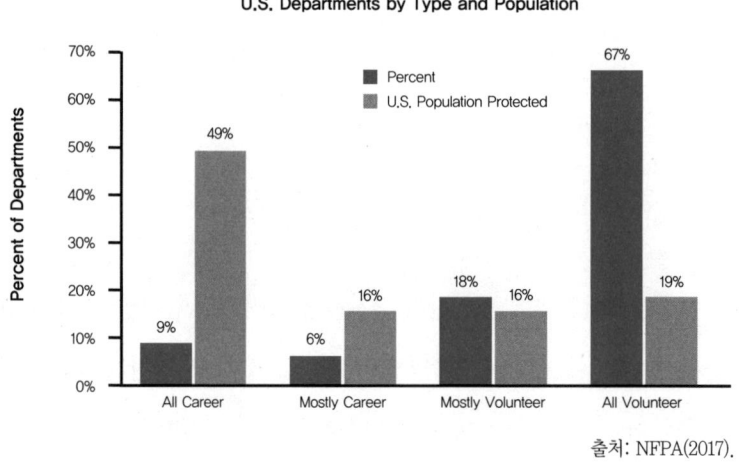

출처: NFPA(2017).

[그림 7-5] 2015년도 미국 소방서 소방관 전업 비율 구성원 통계

구성원 모두가 직업소방관이거나 대부분이 직업소방관으로 구성된 소방서는 전체 소방서의 15.3%에 해당하며, 이는 미국 인구의 64.9%를 보호한다. 반면, 구성원 대부분이 의용소방관이거나 모두가 의용소방관으로 구성된 소방서는 전체의 85.0%에 해당하

---

17) National Fire Protection Association. 2017. U.S. Fire Department Profile - 2015.

며, 이는 미국 인구의 35.1%를 보호한다.

구성원 전부 또는 대부분이 직업소방관으로 구성된 소방서는 1986년 3,043개에서 2015년 4,544개로 증가하였다.[18] 인구 25,000명 이상인 지역에서는 구성원 모두 또는 대다수가 직업소방관인 비율이 74.6%에서 100%를 기록하였으며, 그 이하 인구 지역에서는 구성원 모두 또는 대다수가 의용소방관인 비율이 53.3%에서 98.2%를 기록하였다.

〈표 7-2〉 2015년도 미국 지역 인구별 소방서 구성원 통계

Population Protected	All Career	Mostly Career	Mostly Volunteer	All Volunteer	Total
1,000,000 or more	69.2%	30.8%	0.0%	0.0%	100.0%
500,000 to 999,999	80.0%	13.3%	6.7%	0.0%	100.0%
250,000 to 499,999	81.8%	15.2%	3.0%	0.0%	100.0%
100,000 - 249,999	87.3%	10.3%	1.6%	0.8%	100.0%
50,000 to 99,999	69.8%	17.3%	11.9%	1.0%	100.0%
25,000 to 49,999	52.2%	22.3%	19.2%	6.2%	100.0%
10,000 to 24,999	21.6%	25.1%	35.9%	17.5%	100.0%
5,000 to 9,999	6.3%	8.6%	40.4%	44.8%	100.0%
2,500 to 4,999	0.9%	1.8%	23.3%	74.0%	100.0%
Under 2,500	1.2%	0.7%	5.5%	92.7%	100.0%
All Departments	8.9%	6.4%	18.2%	66.5%	100.0%

출처: NFPA(2017).

3. 미국 지역 소방서의 운영

미국의 공식적 비상전화 번호는 911이다.[19] 신고는 통상 시나 카운티가 통제하는 공

---

18) 이는 미국의 지역 소방서의 경우 전문화가 진행되고 있는 것으로 보아야 할 것이다.

19) 미국은 화재, 구조구급, 경찰 등 모든 서비스가 911로 통합되어 있다. 우리나라가 119와 112로 구분되어 있는 것과 다른 점이다.

공안전응답소(Public Safety Answering Points: PSAPs)로 가게 되는데, 그곳에서는 운영요원(dispatcher)이 해당 신고를 응급의료, 화재 및 경찰 서비스 중 필요한 곳으로 보낸다.

공공안전응답소(PSAPs)에 있는 운영요원은 전화번호를 지역 데이터베이스와 상호 체크하여 출동 권역을 결정한다. 한편, 휴대전화나 인터넷 전화 등으로 신고가 걸려올 경우에는 고정된 위치가 아니기 때문에 대응 시간이 좀 더 소요될 수 있다. 이러한 문제점을 개선하기 위하여 연방통신위원회(Federal Communications Commission)는 무선 서비스 공급자들이 위치 정보를 자동적으로 공공안전응답소(PSAPs)에서 이용 가능하도록 하는 조치를 취하고 있다. 시골 지역이나 외딴 지역에서는 비상전화가 자동적으로 지역의 소방서로 연결되게 하는 경우도 있다.

미국 소방서의 출동 중 대부분을 차지하는 것은 응급의료 및 구조이다. 미 소방청에서 발간한 2016년도 통계에 따르면, 응급의료 및 구조(EMS and Rescue) 출동이 전체의 64.1%에 해당한다. 다음으로는 좋은 의도의 신고에 대한 출동이 11.3%, 잘못된 경보나

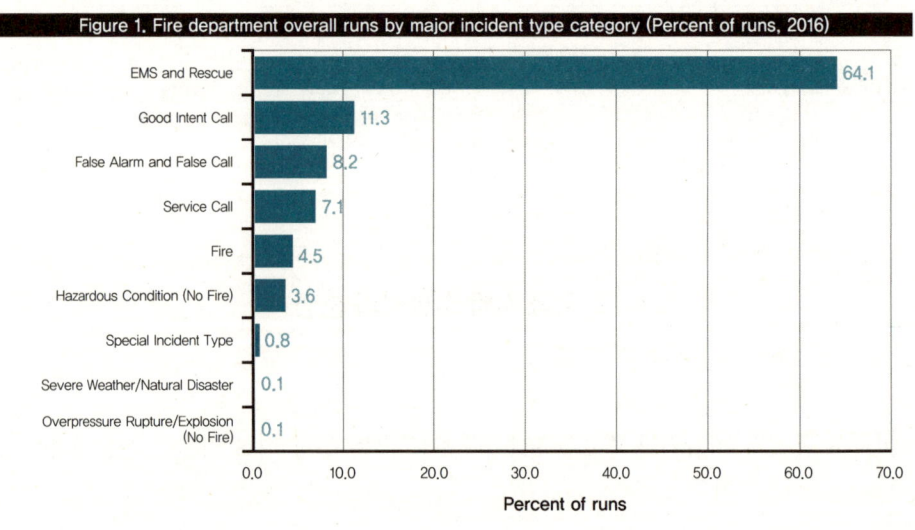

[그림 7-6] 2016년도 미국 소방서 출동 원인 분류

신고로 인한 출동이 8.2%, 서비스 신고로 인한 출동이 71%, 화재 출동 4.5%, 화재가 아닌 위험 상황 출동이 3.6%를 기록하였다.[20]

제4절 미국 소방의 미래

미국 소방청(USFA)은 전통적으로는 화재 문제에 초점을 맞추고 국가적인 선도 역할을 해 오고 있다. 하지만, 점차적으로 확장된 역할과 책임을 부여받고 있으며, 최근에는 역할이 미 연방재난관리청(FEMA)의 정책 속에서 모든 위험(all-hazard)에 대한 보호 책임으로 확장되는 추세에 있다. 이를 위하여 미 소방청(USFA)은 FEMA의 전략적 우선순위에 맞추어 폭넓은 협력을 추구하고 있다.

전통적으로 미국의 재난관리(emergency management)는 연방과 주정부 및 지방정부들과의 관계 속에서 협업 역량을 높이기 위한 노력을 기울여 왔으며, 각종 민간 조직들의 역량을 효과적으로 활용하기 위한 방안을 모색하여 왔다. 전통적으로는 미 소방청(USFA)과 연방재난관리청(FEMA)의 경우는 서로 독립성이 있어 온 것도 사실이다. 중앙정부 차원에서 볼 때 연방재난관리청(FEMA)은 대규모 자연재해에 초점을 맞추고 있는 반면, 소방청(USFA)은 주로 화재에 초점을 맞추고 있기 때문에 양자의 갈등도 있었다. 현재에도 미 소방청은 연방재난관리청의 하부 조직에 위치하고 있지만, 실질적으로는 상당한 독립성을 가지고 운영된다고 할 수 있다. 하지만 최근 들어 소방청의 정책은 연방재난관리청의 정책과 보조를 맞추고 있으며, 이러한 맥락에서 소방청의 역할이 화재뿐 아니라 모든 위험으로 확장되고, 연방재난관리청을 포함한 다른 기관들과의 협업을

---

20) USFA, 2018. Topical Fire Report Series Volume 19, Issue 5.

강조하는 방향으로 진행되고 있다고 보아야 할 것이다.

이러한 내용들은 미 소방청(USFA)이 발간한 「2014-2018 미국 화재와 응급서비스 리더 전략계획」이라는 계획에서 구체적으로 나타나 있다.[21] 이 계획에서는 2014~2018년도에 집중하는 다섯 가지 목표와 각 목표에 따른 핵심 세부계획(key initiatives)을 밝히고 있다. 전반적인 내용은 소방 부문만이 아닌 폭넓은 시각 속에서, 연방재난관리청(FEMA) 및 재난관리기관들 및 지역사회와의 관계 속에서 소방의 역할을 증진하고 역량을 개발하는가에 초점을 맞추고 있다. 다섯 가지 목표는 다음과 같다.

- 목표 1(Goal 1): 대비(preparedness), 예방(prevention) 및 경감(mitigation)을 통한 화재 및 생명 안전 위험의 감소
- 목표 2(Goal 2): 모든 위험(all hazards)에 대한 대응, 지역 계획 및 대비의 증진
- 목표 3(Goal 3): 모든 위험으로부터의 대응과 복구를 위한 화재 및 응급(emergency) 서비스 역량의 증진
- 목표 4(Goal 4): 소방 인력과 화재 예방과 통제 활동에 관계되는 기타 인력의 전문성 개발
- 목표 5(Goal 5): 미 소방청(USFA)을 역동적 조직이 되도록 만들고 지속적 역동성의 유지

이상의 다섯 가지 목표를 추진하기 위한 핵심 세부계획(Initiatives)이 각 목표마다 제시되어 있으며, 주요한 내용은 다음과 같다.[22]

---

[21] FEMA(USFA). America's Fire and Emergency Services Leader Strategic Plan Fiscal Years 2014-2018.
[22] 위에서 언급한 '2014-2018 전략 계획'에 수립되어 있는 핵심 세부계획(key initiative)'을 바탕으로 이해를 돕기 위하여 재가공하였다.

- 목표 1(Goal 1)은 '대비(preparedness), 예방(prevention) 및 경감(mitigation)을 통한 화재 및 생명 안전 위험의 감소'이다. 주정부와 지방정부를 포함한 각 주체들과 일반 시민 등 화재와 비상 상황 대처에 관련한 모든 주체가 각종 위험에 잘 대처하도록 하기 위하여 지원하는 데 중점을 둔 원칙이라고 볼 수 있다. 주요 세부계획은 다음과 같다.
  - 세부계획(Initiatives) 1: 규정(code) 개발과 적용(compliance)을 포함한 예방과 대비 전략의 채택을 통한 주정부와 지방정부의 탄력성 강화
  - 세부계획(Initiatives) 2: 화재 및 생명 안전 공공교육과 예방정책들을 모든 사람에게 도달하도록 하기 위하여 소셜 미디어의 사용을 포함한 노력의 강화
  - 세부계획(Initiatives) 3: 위험이 높은 인구집단 등 취약계층과 관계하고 있는 조직들과의 파트너십을 통하여 연방, 주정부, 지방정부 및 NGO 단체들과의 파트너십의 확대
  - 세부계획(Initiatives) 4: '전체 지역사회(whole community)'의 대비, 예방 및 경감 계획을 세우도록 장려하고 확산시키기 위하여 적합한 프로그램과 훈련의 확인, 증진 및 제공하는 데 관련 주체들과의 협업

- 목표 2(Goal 2)는 '모든 위험(all hazards)에 대한 대응, 지역 계획 및 대비의 증진'을 담고 있다. 지역 재난 대응계획 작성 시에 지역의 재난관리 공무원들과 더불어 소방 인력이 참여하여, 지역사회가 화재와 각종 위험까지 포괄하는 계획을 수립하는 것을 목표로 한다. 또한 계획뿐 아니라 실제 대응에서도 다른 국가 기관이나 소방 이외의 다른 분야 요원들과 협업이 가능하도록 하는 파트너십과 국가 재난 대응 체계에 소방이 익숙해지도록 장려하는 내용 등을 담고 있다. 즉, 지역의 재난관리에 소방도 자연스럽게 참여하고, 대응 역량을 높이는 데 주안점을 둔다고 할 수 있다. 주요 세부계획은 다음과 같다.

- 세부계획(Initiatives) 1: 지역의 종합계획, 다부문(multidiscipline) 정책의 개발과 대비 과정에서 소방 인력의 참여를 증진시키기 위한 프로그램과 교육훈련의 개발
- 세부계획(Initiatives) 2: 지역 계획, 대비 및 의사결정 체계를 개선하기 위하여 최신 데이터와 정보분석의 사용을 통한 프로그램과 교육훈련의 제공
- 세부계획(Initiatives) 3: 지역사회의 위험이 무엇인지를 확인하고 그에 대한 예방, 대비 및 대응할 수 있는 화재와 응급 서비스 역량의 개선
- 세부계획(Initiatives) 4: 국가사고관리시스템(National Incident Management System: NIMS) 훈련을 통하여 지방정부가 주정부 및 연방정부의 재난 대응 시스템에 통합할 수 있는 역량의 개선
- 세부계획(Initiatives) 5: 모든 재난위험(all-hazards)에 대응하는 데 필요한 비정부기구(NGO)에 명확한 정보를 제공하기 위한 파트너십의 강화

- 목표 3(Goal 3)은 '모든 위험으로부터의 대응과 복구를 위한 화재 및 응급(emergency) 서비스 역량의 증진'이다. 미국의 소방은 역사적으로 지역에서 먼저 발전하였으며, 지역 소방의 독립성이 높은 특성들을 지니고 있다. 이러한 한계를 극복하기 위한 노력들은 지속되고 있으며, 대규모 재난에 대응하기 위해서는 연방정부의 대응 체계 표준에 맞추고 최신의 과학적 기법들에 익숙하여야 효과적으로 협업할 수 있다. 표준적인 체계의 지역적 확산과 대응요원의 안전을 위하여 다음의 세부계획을 두고 있다.
- 세부계획(Initiatives) 1: 훈련(training), 교육(education), 연습(exercise) 및 평가(evaluation)를 통하여 모든 위험 사고에 대응하고 복구하기 위한 화재 및 비상 서비스 역량의 증진
- 세부계획(Initiatives) 2: 연방, 주, 지방 등 각종 정부와 기관들과의 정보 공유를 통하여 데이터에 기반하여 의사결정 역량을 개선

- 세부계획(Initiatives) 3: 비상 대응 요원들의 안전과 생존을 향상시키는 건강, 복지 및 행동 문화의 개선
- 세부계획(Initiatives) 4: 국가대응체계(National Response Framework: NRF)와 국가사고관리시스템(NIMS)/사고지휘체계(Incident Command System: CS)의 주 및 지방정부에서의 사용 증진
- 세부계획(Initiatives) 5: 모든 위험(all hazards)에서 화재와 비상 상황에서의 화재 및 비상과 관련한 준비, 대응, 복구 역량을 향상시키기 위한 기술적 기법의 채택을 장려

- 목표 4(Goal 4)는 '소방 인력과 화재 예방과 통제 활동에 관계되는 기타 인력의 전문성 개발'이다. 연방정부 차원에서 전국적인 통일성을 유지하고, 특히 주정부와 지방정부의 전문성을 함양하며, 주정부와 지방정부가 제공하기 어려운 고위 소방관리자를 위한 교육과정을 만들고 지원하는 데 중점이 있다. 세부계획은 다음과 같다.
  - 세부계획(Initiatives) 1: 주정부와 지방정부 수준에서 전문성 개발과 고급 교육을 표준화하기 위한 노력의 증진
  - 세부계획(Initiatives) 2: 효과적인 정책, 의사결정, 재정관리 및 커뮤니티 연계를 통하여 지역적 변화를 달성하기 위한 리더십 기법을 제공하는 교육과정의 개발과 제공
  - 세부계획(Initiatives) 3: 데이터에 기반한 의사결정과 소규모 그룹 리더십을 증진하기 위하여 전문성을 개발하고 고급 교육을 위한 전문 프로그램의 개발과 제공

- 목표 5(Goal 5)는 '미 소방청(USFA)을 역동적 조직이 되도록 만들고 지속적 역동성을 유지하는 것'이다. 조직의 지속적인 혁신을 위하여 다음의 세부계획을 두고 있다.
  - 세부계획(Initiatives) 1: 소셜 미디어에 집중하는 것을 포함하여 내부적·외부적 정보의 교환과 흐름을 증진

- 세부계획(Initiatives) 2: 행정적 운영, 시스템과 프로세스에 대한 지속적 개선의 추구
- 세부계획(Initiatives) 3: 모든 직원의 잠재력에 가치를 두고 지속적인 전문성 개발의 기회를 제공하기 위한 환경의 제공
- 세부계획(Initiatives) 4: 직원과 방문자들을 위한 안전하고 학습에 우호적인 환경의 제공을 위한 시설의 운영과 유지 관리
- 세부계획(Initiatives) 5: 소방청(USFA), 연방재난관리청(FEMA) 및 국토안보부(DHS)의 임무에서 모든 소방청 직원의 전문성 개발 장려.

참고로, 미 연방재난관리청(FEMA)의 2014 - 2018 전략적 우선순위(priority)는 다음의 다섯 가지이다. 다섯 가지의 전략적 우선순위를 위하여 16개의 핵심 성과가 있는데, 조직 간의 협업, 자원관리 방향 제시, 그리고 직원 업무 향상을 위한 정보 제공 등을 촉진하는 데 주안점을 두고 있다. 미 소방청(USFA)의 전략 계획 또한 FEMA의 우선순위를 바탕으로 만들어진다고 볼 수 있다.

- 우선순위 1: Be Survivor-Centric in Mission and Program Delivery 생존자 중심의 미션과 프로그램의 전달
- 우선순위 2: 혁신적 조직의 실현
- 우선순위 3: 대규모 재난을 준비하기 위한 역량의 양성
- 우선순위 4: 국가적 차원에서의 재난 리스크 감소
- 우선순위 5: 연방재난관리청(FEMA)의 조직적 기반 강화

8장 일본의 소방조직

일본의 소방 역사는 세계 각국의 소방과 마찬가지로 사회 발전과 더불어 자연발생적으로 태동하였고, 근대 도시화와 산업화에 따라 오늘날과 같은 공설 소방조직으로 발전하게 되었다.

일본은 자연조건상 지진과 수해 등의 재해가 발생하기 쉬운 특성을 가지고 있고, 삼나무 등 풍부한 산림자원으로 예로부터 목조 건축물이 발달함으로써 화재도 빈발하여 화재에 대한 대응을 중요하게 여겨 왔다. 이와 같이 화재나 자연재해 발생 시에는 어느 시정촌(市町村)[23]이든 즉시 정확하게 대응하는 것이 요구되며, 이에 따른 소방조직의 필요성은 더할 나위 없이 중요한 역할을 담당하게 되어 소방조(消防組)나 소방단(消防團)[24]과 같은 마을 주민들 스스로 화재를 예방하고 진압하는 임무를 공동으로 담당해 왔고, 자연재해가 빈발함에 따라 예로부터 자신들에게 닥쳐온 재해는 스스로 방어하고 대응

---

[23] 우리나라의 일반 시·군·구·읍·면·동 지역에 해당하는 일본의 기초지방자치단체이다.
[24] 우리나라의 의용소방대와 같이 생업에 종사하면서 지역의 소방 업무를 보조 또는 담당하는 소방대로, 소방본부나 소방서가 설치되어 있지 않은 일부 시정촌에서는 지방공무원 신분을 갖는 상근 소방단이 설치되어 해당 지역의 소방 업무를 담당하고 있다.

하는 자세가 몸에 배어 있어 오늘날의 시정촌과 같은 지역 중심의 대응조직이나 기술 등이 비교적 잘 발전되어 왔다.

오늘날과 같은 공공 소방조직은 1868년 메이지유신(明治維新) 이후에 서구 문물과 제도 등을 받아들이면서 본격적으로 태동하였고, 소방에 관한 법령과 제도 등이 마련되어 오늘에 이르고 있다.

이와 같이 재해에 강한 일본의 소방조직이 어떻게 운영되고 있는지 일본의 소방조직에 대하여 간략히 기술하였으며, 이 장의 내용은 대부분 일본의 「소방조직법」과 2017년판 「일본소방백서」를 참고하여 작성하였음을 밝혀 둔다.

제1절 일본의 소방조직

1. 국가소방행정기관

1) 소방청

(1) 조직 구성

일본의 소방조직은 「국가행정조직법」 제3조 제2항의 규정과 「소방조직법」 제2조에 의거하여 총무성의 외국(外局)으로 소방청을 두며, 소방청의 장은 소방청 장관으로 하고 있다. 일본의 소방 업무는 시정촌을 기반으로 하는 기초자치사무로 운영되고 있어, 소방청의 국가기관에 근무하는 직원은 소방청 장관을 비롯하여 모두 일반직 공무원으로 조직되어 있고, 국가직 소방공무원은 존재하지 않는다. 다만, 소방 업무의 특성과 전문 분야 등의 사무를 원활하게 처리하기 위하여 도쿄(東京)소방청을 비롯하여 전국의 지방 소방공무원을 일정 인원 파견받아 소방청의 업무를 수행하게 하고 있다.

(2) 소방청의 임무 및 소관사무

소방청의 임무와 소관사무는 「소방조직법」 제4조에서 다음과 같이 정하고 있다.

1. 소방에 관한 제도의 기획 및 입안, 소방에 관하여 광역적으로 대응할 필요가 있는 사무, 그 밖의 소방에 관한 사무를 행함으로써 국민의 생명, 신체 및 재산의 보호를 도모하는 것을 임무로 한다.
2. 소방 제도 및 소방준칙의 기획 및 입안에 관한 사항과 소방에 관한 시가지의 등급화에 관한 사항(都道府縣[25]의 소관에 관계되는 것은 제외)
3. 방화사찰이나 방화관리 그 밖의 화재 예방 제도의 기획 및 입안에 관한 사항
4. 화재조사 및 위험물에 관계되는 유출 등의 사고의 원인 조사에 관한 사항
5. 소방직원(소방공무원 그 밖의 직원) 및 소방단원의 교양훈련 기준에 관한 사항
6. 소방직원 및 소방단원의 교육훈련에 관한 사항
7. 소방 통계 및 소방정보에 관한 사항
8. 소방 용도로 쓰이는 설비, 기계기구 및 자재의 인정 및 검정에 관한 사항
9. 소방에 관한 시험 및 연구에 관한 사항
10. 소방시설의 강화·확충의 지도 및 조성에 관한 사항
11. 소방사상의 보급 선전에 관한 사항
12. 위험물 판정 방법 및 보안 확보에 관한 사항
13. 위험물 취급자 및 소방설비사에 관한 사항

---

[25] 일본의 광역지방자치단체로 전국에 47개 도도부현(都道府縣)이 있으며, 1都(東京都), 1道(北海道), 2府(大阪府, 京都府), 43개 현(縣)으로 구성되어 있다.

14. 소방에 필요한 인원 및 시설의 기준에 관한 사항
15. 방재계획에 의거한 소방에 관한 계획(도도부현의 소방에 관한 사무에 대해서는「소방계획」)의 기준에 관한 사항
16. 인명 구조에 관계되는 활동 기준에 관한 사항
17. 구급 업무 기준에 관한 사항
18. 소방단원 등의 공무재해 보상 등에 관한 사항
19. 소방에 관한 표창 및 보상에 관한 사항
20. 소방 응원과 지원 및 긴급소방원조대에 관한 사항
21. 「재해대책기본법」,「대규모지진대책특별조치법」,「원자력재해대책특별조치법」,「난카이(南海) 트로프(海溝)지진에 관계되는 지진방재대책의 추진에 관한 특별조치법」,「일본해구·치도리해구(千島海溝 : 쿠릴-캄차카 해구) 주변 해구형 지진에 관계되는 지진방재대책의 추진에 관한 특별조치법」및「수도직하지진대책특별조치법」에 의거하는 지방공공단체의 사무에 관한 국가와 지방공공단체 및 지방공공단체 상호 간의 연락에 관한 사항
22. 석유파이프라인사업 용도로 쓰이는 시설에 대한 공사 계획 및 검사와 그 밖에 보안에 관한 사항
23. 석유콤비나트 등「재해방지법」제2조 제2호에 규정한 석유콤비나트 등 특별방재구역에 관계되는 재해의 발생 및 확대 방지 및 재해 복구에 관한 사항
24. 「국제 긴급 원조대 파견에 관한 법률」에 의거한 국제 긴급원조 활동에 관한 사항
25. 「무력 공격 사태 등에 처한 국민의 보호를 위한 조치에 관한 법률」에 의거한 주민의 피난, 안부 정보, 무력 공격 재해가 발생한 경우 등의 소방에 관한 지시 등에 관한 사항 및 동법에 의거한 지방공공단체의 사무에 관한 국가와 지방공공단체 및 지방공공단체 상호 간의 연락 조정에 관한 사항
26. 소관사무에 관계되는 국제 협력에 관한 사항

27. 주민의 자주적인 방재조직이 행하는 소방에 관한 사항
28. 앞의 각 호에 언급한 것 외에, 법률(법률에 의거하는 명령을 포함)에 의거하여 소방청 소관으로 된 사항

2) 교육훈련기관(소방대학교)

소방청에 「소방조직법」 제5조 및 정령(政令)으로 규정하는 바에 의거하여, 국가 및 도도부현의 소방사무에 종사하는 직원 또는 시정촌의 소방직원 및 소방단원에 대하여 간부로서 필요한 교육훈련을 행하고, 아울러 도도부현의 소방학교 또는 소방직원 및 소방단원의 훈련기관이 행하는 교육훈련 내용 및 법에 관련된 기술적 원조(소방학교장·교관에 대한 교육훈련, 강사 파견, 소방교과서의 편찬, 강사정보의 제공 등)를 관장하는 교육훈련기관이다.

학과는 2016년 기준으로 20개 학과와 11개의 실무 강습을 실시하였고, 교육훈련 실적은 총합교육 및 전과교육으로 1,087명, 실무강습 595명의 졸업생을 배출하였으며, 졸업생은 2016년까지 총 59,183명이다(일본소방청, 2017: 180-181).

2. 지방소방행정기관

1) 시정촌의 소방 책임

시정촌의 소방에 관한 책임에 대하여는 「소방조직법」 제6조에 의거, 시정촌은 해당 시정촌의 구역에서 소방을 충분히 완수하여야 할 책임을 가진다. 따라서 시정촌의 소방은 조례에 따라 시정촌장이 이를 관리한다.

도쿄도(東京都)와 같이 특별구가 있는 구역에서는 특별구가 연합하여 그 구역 내에서 시정촌 소방에 관한 책임을 진다. 따라서 특별구의 소방은 도지사(도쿄도지사)가 이를 관리하며, 특별구의 소방장(도쿄소방청장)은 도지사(도쿄도지사)가 임명한다.

그 밖에 특별구가 있는 구역에서의 소방에 대해서는 특별구가 있는 구역을 하나의 시로 간주하여 시정촌 소방에 관한 규정을 준용한다.

「소방조직법」 제9조에 의거, 시정촌은 그 지역의 소방사무를 처리하기 위하여 소방본부, 소방서, 소방단의 기관 전부 또는 일부를 설치하여야 하도록 의무지어져 있다. 따라서 일본의 시정촌에는 이들 세 개의 기관이 전부 설치되어 있는 지역, 소방서와 소방단만 설치되어 있는 지역, 그리고 소방단만 설치되어 있는 지역으로 구분되는데, 소방단만으로 소방 업무를 담당하는 곳은 시(市)는 없고 정촌(町村)의 일부만 있다.

(1) 소방본부 및 소방서

소방본부 및 소방서의 설치, 위치, 명칭 및 소방서의 관할구역은 시정촌의 조례로 정하고, 소방본부의 조직은 시정촌의 규칙으로 정하며, 소방서의 조직은 시정촌장의 승인을 얻어 소방장이 정한다.

소방본부의 명칭은 도쿄도는 도쿄소방청이고, 정령지정도시(政令指定都市) 및 부현(府縣)의 소방본부는 소방국의 명칭을 사용하고 있으며, 기타 시정촌(市町村)의 경우 소방본부로 되어 있다.

가) 상설 소방기관

일본의 상설 소방기관이란 시정촌에 설치된 소방본부 및 소방서를 말하며, 여기에는 공무원 신분의 직원이 근무하고 있다. 2017년 4월 1일 현재, 전국에 732 소방본부, 1,718 소방서가 설치되어 있고, 소방직원은 16만 3,814명이며, 그중 여성 직원은 2.9%인 4,802명이다.

시정촌의 경우 현재 소방 체제는 크게 나누어 소방본부 및 소방서(상설 소방)와 소방단(비상설 소방)이 병존해 있는 시정촌과, 소방단만 있는 정촌이 있다.

2017년 4월 1일 현재, 상설 조직된 시정촌은 1,690시정촌이고, 상설 조직화되어 있지 않은 정촌은 9정촌이고, 상설화되어 있는 시정촌의 비율(상설화율)은 98.3%(시는 100%, 정촌은 96.9%)이다. 산간지역과 낙도에 있는 정촌의 일부를 제외하고 대부분 전국적으로 상설화되어 있고, 인구의 99.9%가 상설소방에 의하여 소방 서비스를 받고 있다.

이들 상설 소방지역의 소방행정 형태로는, 소방 업무의 일부를 사무조합 또는 광역연합에 의하여 설치한 소방본부에서 처리하는 곳이 290본부(이 중 광역연합은 22본부)이고, 그를 구성하는 1,108시정촌(367시, 601정, 140촌)은 상설화 시정촌으로 전국의 65.6%에 상당하며, 다른 시정촌 소방본부에 사무위탁을 하고 있는 시정촌 수는 140시정촌(35시, 85정, 20촌)으로 전국 상설화 시정촌의 8.3%에 상당한다(일본소방청, 2017: 153).

〈표 8-1〉 시정촌의 소방조직 현황(2017.04.01. 기준)

(단위 : 명)

구분			2017년	비고(전년 대비 증감)
소방본부	소방본부		732	△1
	단독	시	390	0
		정촌	52	0
	일부사무조합		290	△1
	소방서		1,718	4
	출장소		3,111	△19
	소방직원 수		163,814	771
	그중 여성 소방직원 수		4,802	205
소방단	소방단		2,209	△2
	분단		22,458	△26
	소방단원 수		850,331	△5,947
	그중 여성 소방단원 수		24,947	1,048

출처: 일본소방청(2017: 153 표 2-1-1) 을 재작성.

나) 소방직원

소방본부의 장은 '소방장'이라고 칭하며, 소방장은 소방본부의 사무를 총괄하고 소방직원을 지휘 감독한다. 소방장의 계급은 지역마다 다른데, 도쿄소방청은 소방총감이고, 정령지정도시(우리나라의 광역시에 해당)는 소방사감(우리나라의 소방정감)이며, 그 밖의 지역의 소방장은 소방정감(우리나라의 소방감) 또는 소방감(우리나라의 소방준감)으로 하고 있다.

소방서의 장은 소방서장이라고 하며, 소방서장은 소방장의 지휘 감독을 받아 소방서의 사무를 총괄하고 소속 소방직원을 지휘 감독한다.

소방본부 및 소방서에 소방직원을 두는데, 소방직원의 정원은 조례로 정하고 있다. 다만, 임시 또는 비상근직에 대해서는 예외로 하고 있다.

소방직원은 상사의 지휘 감독을 받아 소방사무에 종사한다.

소방공무원의 계급은 소방총감, 소방사감, 소방정감, 소방감, 소방사령장, 소방사령, 소방사령보, 소방사장, 소방부사장, 소방사의 10계급이다.

다) 소방직원의 임명 및 소방장·소방서장의 자격

소방본부장인 소방장은 시정촌장이 임명(다만, 특별구가 있는 도쿄의 경우에는 도쿄도지사가 임명함)하고, 소방장 이외의 소방직원은 시정촌장의 승인을 받아 소방장이 임명한다.

우리나라와는 달리 소방본부와 소방서의 장인 소방장 및 소방서장은 그들의 직에 필요한 지식과 경험을 가진 자의 자격으로서 시정촌의 조례로 정한 자격을 갖춘 자이어야만 임명될 수 있다. 시정촌이 소방본부장 및 소방서장의 자격을 조례로 정할 때는 정령(政令)에서 정하는 기준을 참작하여 정하고 있다.

라) 소방직원의 신분 취급 등

소방직원에 관한 임용, 급여, 지위 및 징계, 복무 그 외 신분 취급에 관하여는 당해 법규에 정한 것 외에는 「지방공무원법」에서 정하는 바에 따른다.

소방공무원의 계급 및 훈련, 예식 및 복제에 관한 사항은 소방청이 정하는 기준에 따라 시정촌의 규칙으로 정한다.

마) 소방직원위원회

노동조합의 기능을 담당하는 조직으로 소방본부에 소방직위원회를 두고 있는데, 주요 기능은 다음과 같은 사항에 관하여 소방직원으로부터 제출받은 의견을 심의하게 하고, 그 결과에 근거하여 소방장에게 의견을 진술하게 하며, 그것에 따라 소방사무의 원활한 운영에 도움이 되게 하는 역할을 한다.

1. 소방직원의 급여, 근무 시간 그 외의 근무 조건 및 후생복지에 관한 것
2. 소방직원의 직무 수행상 필요한 피복 및 장비비품에 관한 것
3. 소방용으로 쓰이는 설비, 기계기구 그 밖의 시설에 관한 것

소방직위원회는 위원장 및 위원으로 구성하고, 위원장은 소방장에 준하는 직 가운데 시정촌의 규칙에서 정하고 있는 것 중에서 소방장이 지명하는 자로 하며, 위원은 소방직원(위원장으로서 지명된 소방직원 및 소방장을 제외) 중에서 소방장이 지명하고, 소방직위원회 조직 및 운영에 관하여 필요한 사항은 소방청이 정하는 기준에 따라 시정촌의 규칙으로 정하고 있다.

(2) 소방단

가) 소방단의 조직

소방단의 설치, 명칭 및 구역은 해당 시정촌의 조례로 정하고, 소방단의 조직은 시정촌의 규칙으로 정한다. 소방단에는 일정 지역을 나누어 분단(分團)으로 편성하고, 분단 중에 다시 나누어 편성할 필요가 있는 경우에는 지단(支團)으로 편성한다.

소방본부를 둔 시정촌에서 소방단은 소방장 또는 소방서장의 관할 하에 행동하고, 소방장 또는 소방서장의 명령이 있을 때는 그 관할구역 밖에서도 활동할 수 있다.

나) 소방단장 및 단원

소방단의 장은 소방단장으로 하며, 소방단장은 소방단의 사무를 총괄하고, 그 소속의 소방단원을 지휘 감독한다.

소방단은 소방단원으로 구성되며, 소방단원의 정원은 조례로 정한다.

2017년 4월 1일 현재, 전국 소방단의 수는 2,209단으로 모든 시정촌에 설치되어 있고, 소방단원 수는 소방공무원의 약 5.2배인 85만 331명이 활동하고 있다.

다) 소방단원의 직무

소방단원은 상사의 지휘 감독을 받아 소방사무에 종사한다. 일본의 소방단원은 농어촌, 산간지역 등 공설 소방기관이 설치되어 있지 않은 지역에서는 소방공무원과 같은 지방공무원 신분의 상근 소방단원을 두고 모든 소방사무를 수행하고 있다.

소방단은 시정촌의 비상설 소방기관이고, 그 구성원인 소방단원은 다른 본업을 가지면서도 권한과 책임을 갖는 비상근특별직의 지방공무원으로서 "자신의 지역은 자신이 지킨다"라는 향토 애호정신을 근간에 두고 지역의 실질적 소방방재 활동을 하고 있다. 이와 같은 소방단은 소방단원이 관할구역 내에 거주 또는 근무하고 있으므로 지역밀착성이 있고, 소방공무원보다 월등히 많은 대원을 보유하고 있어 동원력이 뛰어나며, 평소에 교육훈련을 철저히 하여 재해 대응 기술·지식을 습득하고 있어 즉시 현장에 투입할 수 있는 대응 능력이 우수한 특성을 살려서 소방공무원이 하는 대부분의 소방 활동을 하며, 특히 소방본부·소방서가 설치되어 있지 않은 비상설 정촌은 소방단이 소방활동을 전부 수행하여 소방공무원과 똑같은 역할을 하고 있다.

라) 소방단원의 임명

소방단장과 단원의 임명은 우리나라와 조금 다른 점이 있다. 소방단장은 소방단의 추천에 의거하여 시정촌장이 임명하고, 소방단장 이외의 소방단원은 시정촌장의 승인을 얻어 소방단장이 임명한다.

마) 소방단원의 신분 취급 등

소방단원에 관한 임용, 급여, 지위 및 징계, 복무 그 밖의 신분 취급에 관해서는 「소방조직법」에서 정한 것 이외의 사항과 상근 소방단원에 대해서는 「지방공무원법」이 정하는 바에 따르고, 비상근 소방단원에 대해서는 조례로 정하고 있어 상근 소방단원은 소방공무원의 역할을 하고 소방공무원(지방공무원) 신분으로 다루고 있다.

소방단원의 계급, 훈련, 예식 및 복제(服制)에 관한 사항은 소방청이 정하는 기준에 따라 시정촌의 규칙으로 정하고 있다.

바) 비상근 소방단원에 대한 공무재해 보상

소방단원으로 비상근자가 공무로 인하여 사망하거나, 부상 혹은 질병에 걸리거나 또는 공무로 인한 부상 혹은 질병으로 사망하거나, 혹은 장애의 상태가 된 경우에는 시정촌은 정령에서 정하는 기준에 따른 조례의 정하는 바에 따라 그 소방단원 또는 그 유족이 이들 원인으로 인하여 받은 손해를 보상해 주어야 하며, 시정촌은 해당 소방단원으로서 비상근자 또는 그 유족의 복지에 관하여 필요한 사업을 행하도록 힘써야 할 의무를 가지고 있어 이를 위하여 노력하고 있다.

사) 비상근소방단원에 대한 퇴직보상금

우리나라 의용소방대와 달리 일본의 경우 소방단원으로 비상근인 자가 퇴직하는 경우에는 「소방조직법」상의 규정을 근거로 시정촌은 조례에서 정하는 바에 따라 그 자(사망에 의한 퇴직의 경우에는 그 자의 유족)에게 퇴직보상금을 지급하고 있다.

(3) 지방 소방교육훈련기관

가) 소방학교 등 교육훈련기관의 설치 현황

「소방조직법」 제51조의 규정에 의거하여 도도부현은 재정상의 사정, 그 밖에 특별 사정이 있는 경우를 제외하고 단독 또는 공동으로 소방직원 및 소방단원의 교육훈련을 하기 위하여 소방학교를 설치하여야 한다. 「지방자치법」 제252조의19 제1항의 지정도시는 단독 또는 도도부현과 공동으로 소방직원 및 소방단원의 교육훈련을 하기 위하여 소방학교를 설치할 수 있고, 그 지정도시 이외의 시 및 정촌은 소방직원과 소방단원의 훈련을 위하여 훈련기관을 설치할 수 있다.

이들 소방학교의 교육훈련 기준은 소방청이 정하고, 소방학교는 그 기준을 확보하도록 노력하여야 할 의무가 있다.

2017년 4월 1일 현재, 소방학교는 전국 47도도부현과 지정도시인 삿포로시, 치바시, 요코하마시, 나고야시, 교토시, 고베시, 후쿠오카시 7개 및 특별도인 도쿄도의 도쿄소방청에 설치되어 있어 전국 55개교 있다(도쿄도에서는 도쿄소방훈련소 및 도쿄소방청 소방학교 2교가 병설되어 있다)(일본소방청, 2017: 179).

소방청은 소방학교 시설과 운영에 진력하는 것을 목표로 하여 「소방학교 시설, 인원 및 운영의 기준」을 정하고, 소방학교의 교육훈련의 수준 확보, 향상을 도모하고 있다.

나) 교육훈련의 기회

소방직원 및 소방단원에게는 소방에 관한 지식 및 기능 습득과 향상을 위하여 그 자의 직무에 따라 소방청에 둔 교육훈련기관인 소방대학교 또는 지방의 소방학교가 행하는 교육훈련을 받을 기회를 주도록 의무지어져 있고, 국가와 지방공공단체는 주민의 자발적인 방재조직이 행하는 소방에의 기여 활동의 촉진을 위하여 해당 방재조직을 구성하는 자에 대하여 소방에 관한 교육훈련을 받을 기회를 줄 수 있도록 필요한 조치를 강구하도록 노력하게 하고 있다.

다) 교육훈련 체제

소방학교의 교육훈련 기준으로는 「소방학교 교육훈련 기준」이 정해져 있다. 각 소방학교에서는 이 기준에서 정한 '도달 목표'를 존중하는 것 외에도 '표준적인 교과목 및 시간 수'를 참고지침으로 활용하여 구체적인 커리큘럼을 정하고 있다. 교육훈련의 종류에는 소방직원에 대한 초임교육, 전과(전문)교육, 간부교육 및 특별교육이 있고, 소방단원에 대한 기초교육, 전과(전문)교육, 간부교육 및 특별교육이 있다.

- '초임교육'이란, 새로 채용된 모든 소방직원을 대상으로 하는 기초적인 교육훈련을 말하는데, 기준상의 교육 시간은 800시간으로 되어 있다.
- '기초교육'이란, 소방단원으로 입단 후, 경험 기간이 짧고, 지식·기능의 습득이 필요한 자를 대상으로 하는 기초적인 교육훈련을 말하고, 기준상의 교육 시간은 24시간으로 되어 있다.
- '전과교육'이란, 현임 소방직원 및 주로 기초교육을 수료한 소방단원을 대상으로 하는 특정 분야에 관한 전문적인 교육훈련을 말한다.
- '간부교육'이란, 간부 및 간부 승진 예정자를 대상으로 하는 과정으로, 소방간부에게 일반적으로 필요한 교육훈련을 말한다.
- '특별교육'이란, 위에서 열거한 과정 이외의 교육훈련으로, 특별한 목적을 위하여 행하는 것을 말한다(일본소방청, 2017: 179-180).

라) 교육훈련 실적

소방학교에서 실시한 직원과 소방단원에 대한 교육훈련 실적은 〈표 8-2, 8-3〉과 같다.

⟨표 8-2⟩ 소방직원을 대상으로하는 교육훈련 과정과 실적

교육과정		2015년	2016년
초임교육		6,411	6,094
전문교육	소계	10,343	10,269
	경방과	979	969
	특수재해과	683	608
	예방사찰과	921	954
	위험물과	446	388
	화재조사과	1,005	1,054
	구급과	4,617	4,454
	구조과	1,692	1,842
간부교육	소계	3,150	3,736
	초급간부과	1,903	2,415
	중급간부과	898	905
	상급간부과	349	416
특별교육		13,515	13,125
합계		33,419	33,224

출처: 일본소방청(2017: 180).

⟨표 8-3⟩ 소방단원 대상 교육훈련 과정과 실적

구분		2015년			2016년		
		학교교육	교원 파견	계	학교교육	교원 파견	계
기초교육		3,859	7,682	11,541	4,672	4,753	9,425
전문교육	소계	2,264	0	2,264	2,150	13	2,163
	경방과	1,033	0	1,033	769	13	782
	기관과	1,231	0	1,231	1,381	0	1,381
간부교육	소계	8,172	438	8,610	6,973	567	7,540
	초급간부과	2,507	438	2,945	1,821	322	2,143
	지휘간부과 수료자	193	0	193	601	2	603
	분단지휘과정	2,631	0	2,631	2,486	13	2,499
	현장지휘과정	3,034	0	3,034	2,666	232	2,898
특별교육		6,672	18,819	25,491	8,527	14,043	22,570
합계		20,967	26,939	47,906	22,322	19,376	41,698

출처: 일본소방청(2017: 180).

2) 도도부현의 소방에 관한 소관 사무

도도부현은 시정촌의 소방이 충분히 이루어지도록 소방에 관한 해당 도도부현과 시정촌의 연락 및 시정촌 상호 간의 연락 협조를 도모하며, 다음에 열거하는 소방에 관한 사무를 수행하고 있다.

1. 소방직원 및 소방단원의 교양훈련에 관한 사항
2. 시정촌 상호 간 소방직원의 인사 교류의 알선에 관한 사항
3. 소방 통계 및 소방정보에 관한 사항
4. 소방시설의 강화·확충 지도 및 조성에 관한 사항
5. 소방사상 보급 선전에 관한 사항
6. 소방 용도로 쓰이는 설비, 기계기구 및 자재의 성능시험에 관한 사항
7. 시정촌의 소방계획 작성의 지도에 관한 사항
8. 소방의 응원 및 긴급소방원조대에 관한 사항
9. 시정촌의 소방이 행하는 인명구조에 관계되는 활동의 지도에 관한 사항
10. 상병자의 반송 및 상병자의 접수 실시에 관한 기준에 관한 사항
11. 시정촌이 행하는 구급 업무의 지도에 관한 사항
12. 소방에 관한 시가지의 등급화에 관한 사항(소방청 장관이 지정한 시에 관한 것을 제외)
13. 앞의 각 호에 열거한 것 외에, 법률(법률에 근거한 명령을 포함)에 근거하여 그 권한에 속하는 사항

3. 시정촌 소방의 광역화

1) 광역화 추진 내용

일본의 소방행정은 기초자치단체 사무로 시정촌이 그 관할구역 내의 소방사무를 충분히 수행하여야 할 책임를 가지고 있다. 그러나 소규모 시정촌은 재정상의 어려움이나 지역 인력 수급의 곤란 등 다양한 문제로 그 책임을 다하기 어려운 경우가 많기 때문에 소방본부 규모를 확대하여 그러한 문제를 해결하고자 1994년부터 소방의 광역화를 추진하고 있다.

「소방조직법」에서는 시정촌 소방의 소방의 광역화를 하도록 하고 있는데, 소방의 광역화는 2개 이상의 시정촌이 소방사무(소방단의 사무를 제외)를 공동으로 처리하거나 다른 시정촌에 위탁하는 등 소방 체제의 정비 및 확립을 도모하는 것을 골자로 하고 있다.

기본지침은 소방청 장관이 자주적인 시정촌 소방의 광역화 추진과 함께 시정촌 소방의 광역화가 행해진 후의 소방의 원활한 운영을 위한 다음에 열거하는 기본적인 지침을 「소방조직법」에서 정하고 있다.

1. 자주적인 시정촌의 소방의 광역화 추진에 관한 기본적인 사항
2. 자주적인 시정촌의 소방의 광역화를 추진하는 기간
3. 광역화 대상 시정촌의 구성과 광역화 추진을 위하여 필요한 조치 사항에 관한 기준
4. 광역화 후의 소방의 원활한 운영의 확보에 관한 기본적인 사항
5. 시정촌의 방재에 관계되는 관계 기관 상호 간의 연대의 확보에 관한 사항

도도부현은 소방청의 기본지침에 의거하여 해당 도도부현의 구역 내에서 자주적인 시정촌 소방의 광역화를 추진할 필요가 있다고 인정되는 경우에는 그 시정촌을 대상으로 하여 해당 도도부현에서 자주적인 시정촌 소방의 광역화의 추진 및 광역화 후의 소방의 원활한 운영의 확보에 관한 계획을 수립하도록 노력할 의무가 있다.

도도부현은 추진계획을 정하거나 그것을 변경하고자 할 때에는 미리 관계 시정촌의 의견을 들어보아야만 하고, 도도부현 지사는 광역화 대상 시정촌의 전부 또는 일부로부터 요청이 있는 때에는 시정촌 상호 간에 필요한 조정을 하여야 하며, 도도부현 지사는 시정촌에 대하여 자주적인 시정촌의 소방 광역화를 추진하기 위하여 「소방조직법」에서 정하는 것 외에도 정보의 제공이나 그 밖의 필요한 원조를 행하도록 하고 있다.

2) 광역소방 운영계획

광역화 대상 시정촌은 시정촌 소방의 광역화를 하고자 할 때에는 그 협의에 따라 광역화 후의 소방의 원활한 운영을 확보하기 위한 계획("광역소방운영계획")을 작성하여야 하며, 다음과 같은 사항을 정하도록 하고 있고, 「지방자치법」에 의거하여 협의회를 설치한다.

1. 광역화 후 소방의 원활한 운영을 확보하기 위한 기본 방침
2. 소방본부의 위치 및 명칭
3. 시정촌의 방재에 관계된 관계 기관 상호 간 연대의 확보에 관한 사항

3) 광역화 추진 상황

소방본부 수는 1991년 최대인 936본부까지 증가하였는데, 1994년 이래 광역화의 계속적 추진으로 점진적으로 감소하였고, 2006년의 「소방조직법」 일부 개정 이후 2017년 4월 1일까지 50개의 지역에서 광역화가 실현되어 2006년 4월에 811개였던 소방본부 수는 732개로 감소되었다. 소방본부와 소방서를 설치하지 않은 정촌은 29곳으로 7도현(都縣)인데, 지리적인 원인 때문인 지역이 많고, 1도(都) 3현의 21정촌(町村)이 도서지역이다(일본소방청, 2017: 163, 167).

4) 국가의 원조 등

국가는 도도부현 및 시정촌에 대하여 자주적인 시정촌의 소방의 광역화를 추진하기 위하여 「소방조직법」에서 정하는 것 외에, 정보의 제공, 그 밖에 필요한 원조를 하도록 하고 있고, 광역화 대상 시정촌이 소방의 광역화를 한 경우에는 해당 광역화 대상 시정촌이 광역소방 운영계획을 달성하고자 행하는 사업에 필요로 하는 경비를 충당하기 위하여 발행하는 지방채에 대해서는 법령의 범위 내에서 자금 사정 및 해당 광역화 대상 시정촌의 재정 상황이 허락하는 한 특별한 배려를 하도록 하고 있다.

4. 각 소방기관 상호 간의 관계 등

1) 시정촌의 소방과 소방청 장관 등의 관리와의 관계

시정촌의 소방은 소방청 장관 또는 도도부현 지사의 운영관리 또는 행정관리에 따르는 상하급 기관의 관계가 아니라 각각 독립적인 행정기관이라고 「소방조직법」 제36조에서 선언하고 있다. 이는 소방청과 각 시정촌 소방기관은 직접적인 지휘명령의 수명(受命)이 가능한 상하기관이 아님을 의미한다.

2) 소방청 장관의 조언, 권고 및 지도

소방청 장관이 지방소방기관에 대하여 지휘명령을 할 수 없기 때문에 소방청 장관은 필요에 따라 소방에 관한 사항에 대하여 도도부현 또는 시정촌에 대하여 조언을 주고, 권고하거나 또는 지도를 할 수 있다.

3) 도도후현 지사의 권고 · 지도 및 조언

도도부현과 시정촌 소방기관의 관계도 소방청과 같이 지휘명령의 권한이 없는 독립적 지위에 있기 때문에, 도도부현 지사는 필요에 따라 소방에 관한 사항에 대하여 시정촌에 대하여 권고하고, 지도하고 또는 조언만을 할 수 있다. 이 경우에 권고, 지도 및 조언은 소방청 장관이 행하는 권고, 지도 및 조언의 취지에 합치되지 않으면 안 되도록 하고 있다.

4) 시정촌 소방의 상호 응원 및 경찰기관과의 협력

시정촌은 필요에 따라 소방에 관하여 상호 응원에 힘쓰도록 「소방조직법」에서 규정하고 있고, 이를 위하여 시정촌장은 소방의 상호 응원에 관하여 협정하도록 하고 있다.

5) 소방, 경찰 및 관계 기관의 상호 협력 등과 지휘 관계

소방 및 경찰은 국민의 생명, 신체 및 재산 보호를 위하여 상호 협력하여야 하는 것은 어느 나라나 마찬가지이고 일본 또한 그러하다. 소방청, 경찰청, 도도부현 경찰, 도도부현 지사, 시정촌장 및 「수방법(水防法)」에 규정한 수방관리자는 상호 간에 지진, 태풍, 수재 및 화재 등의 비상사태의 경우에 재해의 방어 조치에 관하여 미리 협정할 수 있다.

이들 재해에서, 소방이 경찰을 응원하는 경우에는 운영관리는 경찰이 그 권한을 가지고 소방직원은 경찰권을 행사해서는 아니 된다. 그와 반대로 경찰이 소방을 응원하는 경우에는 재해구역 내의 소방에 관계된 업무를 수행하는 경찰에 대해서는 소방에서 지휘한다.

또한, 소방청 및 지방공공단체는 소방사무를 위하여 경찰통신시설을 사용할 수 있다.

6) 소방청 장관에 대한 소방 통계 등의 보고

소방청 장관은 도도부현 또는 시정촌에 대하여 소방청 장관이 정하는 형식 및 방법에 따라 소방 통계 및 소방정보에 관한 보고를 할 것을 요구할 수 있다.

7) 비상사태 시의 소방청 장관 등의 조치 요구 및 도도부현 지사의 지시

(1) 소방청 장관 등의 조치 요구 등

　소방청 장관은 지진, 태풍, 수해 및 화재 등의 비상사태의 경우, 그 재해가 발생한 시정촌의 소방 응원 또는 지원에 관하여, 해당 재해 발생 시정촌이 속하는 도도부현의 지사로부터 요청이 있거나 필요가 있다고 인정되는 때에는 해당 도도부현 이외의 도도부현의 지사에 대하여 해당 재해 발생 시정촌의 소방 응원 등을 위하여 필요한 조치를 취할 것을 요구할 수 있고, 그 요청을 기다릴 틈이 없다고 인정될 때에는 같은 항의 요청을 기다리지 말고 긴급히 소방 응원을 필요로 한다고 인정되는 재해가 발생한 시정촌을 위하여 해당 재해 발생 시정촌이 속하는 도도부현 이외의 도도부현 지사에게 그 취지를 통지하고 필요한 조치를 취할 것을 요구할 수 있다. 긴급을 요하는 경우에는 직권으로 시정촌의 장에게 응원 출동 등의 조치를 취할 수 있다.

　또한, 도도부현 지사는 지진, 태풍, 수해 및 화재 등의 비상사태의 경우, 긴급 필요가 있을 때에는 시정촌장, 시정촌의 소방장 또는 「수방법」에서 규정하는 수방관리자에 대하여 협정의 실시, 그 밖의 재해 방어 조치에 관하여 필요한 지시를 할 수 있는데, 이 경우에도 지시는 소방청 장관이 행하는 권고 · 지도 및 조언의 취지에 부합하도록 하여야 한다.

　그리고 하나의 도도부현의 구역 내에서 재해 발생 시정촌이 두 개 이상 있는 경우에는 긴급소방원조대가 소방의 응원 등을 위하여 출동한 때에는 해당 도도부현의 지사는 소방응원활동조정본부를 설치하여 대응 조치의 종합 조정과 관계 기관과의 연락 업무 등을 하여야 한다.

(2) 도도부현 지사의 긴급소방원조대에 대한 지시 등

　도도부현 지사는 긴급소방원조대가 행동하는 시정촌 이외의 재해 발생 시정촌의 소방 응원 등에 관해 긴급의 필요가 있다고 인정하는 때에는 미리 조정본부의 의견을 들어(의견을 들을 틈이 없는 경우 예외) 해당 긴급소방원조대 행동 시정촌 이외의 재해 발생 시정촌을 위하여 긴급소방원조대 행동 시정촌에서 행동하고 있는 긴급소방원조대에 대하여 출동할 것을 지시할 수 있다.

제2절 구급 체제

1. 구급 업무 실태

일본의 소방 구급 업무는 우리나라와 유사하게 운영되고 있다. 구급 업무 실시 상황을 살펴보면, 구급 출동 및 이송 상황은 아래와 같다.

〈표 8-4〉 2016년 구급 출동 건수와 이송 인원

출동 건수(건)			이송 인원(명)		
계	구급자동차	소방방재 헬기	계	구급자동차	소방방재 헬기
6,213,628	6,209,964	3,664	5,624,034	5,621,218	2,816

출처: 일본소방청(2017: 184 표 2-5-1)에 의거 재작성.

구급자동차로 이송한 응급환자의 사고 원인을 종류별로 보면, 급병(응급)이 64.2%, 일반 부상이 15.1%, 교통사고가 8.5%를 차지하고 있다.

현장 도착 소요 시간의 상황을 보면, 2017년 구급자동차에 의한 출동 건수

6,209,964건의 119 신고 접수로부터 현장에 도착하기까지의 소요 시간이 5분 이상 10분 미만이 3,778,131건으로 60.8%이며, 평균 소요 시간은 8.5분(8분 30초)으로 10년 전(2007년)과 비교하여 1.9분이 길어졌다(일본소방청, 2017: 185-187).

이 밖에도 구급 업무의 고도화를 위하여 구급구명사(救急救命士)의 양성과 심포지엄이나 연수 등을 통한 구급 활동 기능의 향상, 구급구명사의 처치 범위 확대, 소방기관과 의료기관과의 상호 연대를 통한 응급 처치의 질의 향상을 위한 메디컬 컨트롤 체제의 충실화, 2007년부터 세계 최초로 국가 전역에 통일적으로 도입한 구급소생 통계의 활용을 적극 도모하고 있다.

2. 시정촌의 구급 업무

구급 업무를 실시하고 있는 시정촌 수는 2017년 4월 1일 현재 1,690시정촌(792시, 737정, 161촌)이다(도쿄도의 특별구는 한 개의 시로 계산). 이는 전국 98.3%의 시정촌에서 구급 업무를 실시하고 있으며, 전 인구의 99.9%가 수혜를 받고 있는 것으로, 거의 모든 지역에서 구급 업무 서비스를 받을 수 있는 상태로 되어 있다.

구급 업무 실시 형태는 단독으로 실시하는 곳이 442 시정촌, 위탁이 140 시정촌, 일부사무조합 및 광역연합이 1,108 시정촌이다(일본소방청, 2017: 188).

3. 구급대 및 대원 현황

구급대는 2017년 4월 1일 현재 5,140대(전년 대비 50대 증가)가 설치되어 있다.

구급대원은 인명을 구하는 중요한 임무에 종사하기 때문에 최저 135시간의 구급 업무에 관한 강습(구 구급 I 과정)을 수료한 자 등으로 되어 있다. 2017년 4월 1일 현재 이 자격 요건을 충족한 소방직원은 전국에 12만 1,854명(전년 대비 277명 증가)으로, 이 중 6만 2,489명이 구급대원(전임 구급대원뿐만 아니라, 구급대원으로 임무가 부여되어 있지만 소방펌프차 등 다른 소방자동차와 환승 운용하고 있는 겸임 구급대원도 포함)으로서 구급 업무에 종사하고 있다.

또한, 구급대원의 자격 요건을 충족한 소방직원 중, 좀 더 고도의 응급 처치를 실시할 수 있는 250시간의 구급과(구 구급표준과정 및 구 구급 II 과정을 포함)를 수료한 소방직원은 2017년 4월 1일 현재, 전국에 8만 1,960명(전년 대비 31명 감소)으로, 이 중 3만 4,557명이 구급대원으로 구급 업무에 종사하고 있다(일본소방청, 2017: 189-190).

4. 구급구명사 운영 실태

소방청에서는 고품질의 구급 서비스를 위하여 구급 업무의 고도화에 수반하여 모든 구급대에 1인 이상 구급구명사(救急救命士) 배치를 목표로 구급구명사 양성과 운용 체제 정비를 추진하고 있다.

2017년 4월 1일 현재 구급구명사를 운용하고 있는 소방본부는 전국 732소방본부 중 99.9%인 731본부이고, 구급대 수로는 전국 구급대 5,140대 중 98.9%에 해당하는 5,082

대(전년 대비 74대 증가)로 해마다 증가하고 있다. 또 구급구명사 자격을 갖춘 소방직원은 3만 5,775명(전년 대비 1,552명 증가)이지만, 이 중 2만 5,872명(전년 대비 899명 증가)이 구급구명사로 활용되고 있고, 해마다 착실히 증가하고 있다(일본소방청, 2017: 190-191).

5. 구급자동차 현황

전국 소방본부의 구급자동차 보유 대수는 비상용을 포함하여 2017년 4월 1일 현재 6,271대(전년 대비 61대 증가)이다. 이 중 우리나라의 특수(대형)구급차에 해당하는 고규격(특수)구급자동차 수는 전체의 95.3%에 해당하는 5,977대(전년 대비 100대 증가)가 운영되고 있다. 우리나라와 다른 점은 구급차의 고장이나 정비 기간 동안 활용할 수 있도록 비상용으로 여유분을 보유하여 운영하는 점이다.

제3절 구조 체제

1. 구조 활동의 실시 현황

1) 구조 활동 현황

소방기관이 행하는 인명 구조란 화재, 교통사고, 수난사고, 자연재해, 기계에 의한 사고 등에서부터 인력과 기계력 등을 이용하여 그 위험 상태를 배제하고 피해자 등을 안전한 장소로 이송하는 활동을 말한다.

2016년의 전국 구조 활동 실시 상황은 구조 활동 건수 5만 7,148건(전년 대비 1,182건 증가, 2.1% 증가), 구조 인원(구조 활동에 의하여 구조된 인원) 5만 7,955명(전년 대비 1,235명 감소, 2.1% 감소)이다. 이 중, 구조 활동 건수 증가의 주된 요인을 보면, '건물 등에 의한 사고'의 구조 활동 건수(전년 대비 1,151건 증, 5.1% 증가)가 증가하였다.

또 구조 인원 감소의 주된 요인을 보면, '풍수해 등 자연재해 사고'(전년 대비 1,940명 감소, 67.1% 감소)와 관련하여 감소하였다(일본소방청, 2017: 200).

2) 구조 활동 내역

2016년 4월에 발생한 구마모토(熊本) 지진에서는 인적 피해, 주택가옥 피해, 도로 손괴 등의 심각한 피해가 발생한 상황에서 그 지역 소방본부, 소방단 및 현(縣) 내의 소방응원대가 긴급소방원조대, 경찰, 자위대 등과 협력해 구조 활동을 전개하였다.

사고 종별마다 구조 활동 상황을 보면, 구조 활동 건수 및 구조 인원과 함께 '건물 등에 의한 사고'와 '교통사고'의 경우가 높은 수치를 보여 주고 있다.

또한, '건물 등에 의한 사고'에 대해서는 구조 활동 건수의 경우, 2008년 이후 최다 사고 종별로 되어 있고, 구조 인원의 경우도 1978년 이후 최다 사고 종별이었던 '교통사고'를 빼고 2013년 이후 최다 사고 종별로 되어 있다.

구조 활동 인원(구조 활동을 하기 위하여 출동한 모든 인원을 말함)은 합계 138만 3,457명이다. 이 중 소방직원 출동 인원은 합계 131만 368명이고, '건물 등에 의한 사고'에 의한 출동이 28.3%, '교통사고'에 의한 출동이 26.9%로 되어 있다. 한편 소방단원의 출동 인원은 합계 7만 3,089명이고, '화재'에 의한 출동이 70.7%로 되어 있다.

다음 구조 활동 인원(구조 출동 인원 중 실제로 구조 활동을 한 인원을 말함)은 합계 56만 4,641명이고, 구조 활동 1건당 9.9명이 종사한 셈이 된다. 또 사고 종류별로 구조 활동

1건당 종사 인원은 '화재'의 16.9명이 가장 많고, 이어서 '수난사고'로 14.5명이다 (일본소방청, 2017: 200).

2. 구조 활동 체제

1) 구조대 및 대원 현황

구조대는 「구조대 편성, 장비 및 배치 기준을 정한 성령(省令)」에 기초하여, 소방본부 및 소방서를 둔 시정촌 등에 설치한다. 인명 구조에 관한 전문적인 교육 140시간을 받은 대원, 구조 활동에 필요한 구조기구 및 이 장비들을 적재한 구조공작차 등에 의하여 구성되고, 구조대, 특별구조대, 고도구조대(高度救助隊) 및 특별고도구조대인 네 가지로 구분된다.

2017년 4월 현재, 715 소방본부에 1,420대 설치되어 있고 구조대원은 2만 4,596명으로 되어 있다. 1 소방본부당 약 2.0대의 구조대가 설치되어, 1대에 17.3명의 구조대원이 배치되어 있다. 소방본부 수 및 구조대 수는 광역화에 의하여 감소하고 있지만, 1 소방본부당 구조대 수 및 1대당 구조대원 수는 증가하는 경향이다 (일본소방청, 2017: 200-201).

2) 구조장비 현황

〈표 8-5〉 구조기구 보유 현황

구분	품명	수량	품명	수량	품명	수량	품명	수량	품명	수량
차량	구조공작차		사다리차		굴절사다리차		소방펌프차		물탱크펌프차	
	1,248		421		90		262		376	
	화학차		특수재해차		기타					
	121		14		476대					
주요 구조 기구	3단 사다리		구명로프 발사총		유압 스프레더		유압 절단기		가반식 윈치	
	7,435		1,891		4,338		4,151		4,400	
	엔진커터, 체인톱		가스 용단기		공기 호흡기					
	12,948		1,339		42,489개					
	에어쟈키		쇄암기		공기정		햄머드릴		송배풍기	
	2,699		1,687		1,942		1,617		2,176	
	산소 호흡기		열·화상 탐색기		수중음향 탐지기					
	3,400		1,908		320개					

출처: 일본소방청(2017: 202 표 2-6-3)을 재작성.

제4절 항공소방 방재 체제

1. 항공소방 방재 체제 현황

　소방기관 및 도도부현이 보유한 소방방재 헬리콥터는 구급 이송과 구조, 임야 화재의 공중 소화 등의 활동에서 커다란 성과를 올리고 있다. 특히, 우리나라보다 산악지형이 많고, 지진이나 태풍 등 자연재해가 많은 일본에서는 대규모 재해가 발생하여 육상이나 해상교통로가 두절된 상태에서는 헬리콥터의 고속성·기동성을 활용한 소방방재 재해활동이 중요한 역할을 하고 있다.

　2011년 발생한 동일본대지진 재해에서는 전국 각지의 소방방재 헬리콥터가 지진 발생 직후부터 출동하여 조기에 정보 수집 활동을 실시한 것 외에, 해일로 인하여 고립된 피해자의 구출과 인원·물자 수송 등에서 활약하는 등 소방방재 헬리콥터 특성이 크게 발휘되었다(일본소방청, 2017: 205).

도도부현의 항공소방대가 시정촌의 소방기관의 지원을 위하여 출동한 경우에는 해당 항공소방대는 지원을 받은 시정촌의 소방기관과의 상호 밀접한 연대 하에 행동한다.

2. 항공소방 헬리콥터 운용 현황

일본의 2017년 11월 1일 현재 소방방재 헬리콥터 보유 현황은 소방청 보유 5기, 소방기관 보유 31기, 도현(道縣) 보유 39기로 총 75기가 있고, 현 내에 헬리콥터를 보유하고 있지 않은 지역은 현재 2개 지역으로 사가현 및 오키나와현이다.

기동력과 공중 작업 능력 등이 우수한 소방방재 헬리콥터는 다양한 소방 활동에서 그 능력을 발휘하고 있고, 2016년 내에 전국 출동 실적은 6,992건으로, 그 내역은 구급출

〈표 8-6〉 소방방재 헬리콥터의 재해 출동 건수

(단위: 건)

	2016년	2015년	2014년	2013년	2012년
계	6,992	6,842	7,061	6,868	6,393
화재	812	906	1,119	1,178	925
구급	2,144	2,218	2,120	2,082	2,035
구조	3,621	3,308	3,456	3,256	3,246
정보 수집·이송	263	257	328	243	187
긴급소방원조대	152	153	38	109	0

출처: 일본소방청(2017: 201 그림 2-7-3)을 재작성.

동 3,621건, 구조출동 2,144건, 화재출동 812건, 정보 수집·수송 등 출동 263건, 긴급소방원조대출동 152건으로 되어 있다.

3. 조종사 양성·확보 대책

밤낮을 가리지 않고 발생하는 재해에 대응하기 위해서는 소방방재 헬리콥터의 24시간 운영 체제를 확보할 필요가 있고, 이를 위해서는 안전성 향상 대책과 고도의 기술을 가진 조종사를 양성·확보하여야 한다. 따라서 향후 베테랑 조종사의 퇴직 등에 대비하기 위하여 지방공공단체에서 대책을 검토하고 있고, 소방청에서는 2015년 5월에 '소방방재 헬리콥터의 조종사 양성·확보 실태에 관한 검토회'를 발족시키는 등 대책을 강구하고 있다(일본소방청, 2017: 209).

제5절 광역소방응원과 긴급소방원조대

우리나라의 「소방기본법」에서 소방 업무의 응원(제11조)과 소방력의 동원(제12조)을 규정해 놓은 것과 마찬가지로 일본의 소방 체제도 소방의 상호 응원과 국가기관인 소방청에서 소방력을 동원하여 재해 발생 지역에 지원할 수 있도록 광역소방응원과 긴급소방원조대를 운영하는 법적 근거와 업무 체제를 갖추고 있다. 지진, 태풍 등 자연재해 발생이 많으면서도 기초자치단체 소방사무 체제인 일본의 특성상 대규모 특수재해에 대응하기 위해서는 시정촌 소방력(消防力)을 넘어 광역적인 소방응원과 소방력의 동원이 필요하다고 볼 수 있다.

1. 소방의 광역응원 체제

1) 상호응원협정

「소방조직법」 제39조 제1항에서 시정촌은 소방에 관하여 필요에 응하고 상호 응원하여야 할 노력 의무를 규정하고 있기 때문에 소방 상호응원협정을 체결하고, 대규모 재해와 특수재해 등에 적절히 대응할 수 있도록 하고 있다.

현재 모든 도도부현의 경우, 각 도도부현 아래 모든 시정촌 및 소방의 일부 사무조합 등이 참가한 소방상호응원협정(상설화 시정촌만을 대상으로 한 협정을 포함)이 체결되어 있다.

나아가 지방공공단체 간뿐만 아니라 고속도로(메이신[名神]고속도로 소방응원협정 외), 항만(도쿄만 소방상호응원협정 외) 및 공항(오사카국제공항 소방상호응원협정 외) 등과의 상호응원협정을 체결하는 움직임도 활발히 행해지고 있다(2017년판 「일본소방백서」, 210).

2) 광역응원 체제의 정비

대규모 재해와 특수재해 등에 대응하기 위해서는 시정촌 또는 도도부현의 구역을 넘어 소방력의 광역적인 운용이 필요하므로 소방청에서는 긴급소방원조대의 충실 강화를 꾀함과 함께 광역항공소방응원 요청 절차의 명확화 등을 꾀하고, 소방기관 및 도도부현이 보유한 소방방재 헬리콥터에 의한 광역응원의 적극적인 활용을 추진하고 있다.

또한 도도부현 관할 내의 소방방재 헬리콥터만으로는 대응할 수 없는 경우에는 좀 더 신속히 다른 도도부현의 소방방재 헬리콥터의 응원 요청을 구함과 동시에, 자위대 헬리콥터 파견 요청 등, 헬리콥터를 대량 투입하고, 피해 확대 방지 체제를 좀 더 조기에 확립하는 응원 요청 체계를 명확화하였다.

앞으로도 소방방재 헬리콥터를 광역적이고 효과적으로 활용하기 위하여, 각 도도부현 재해대책본부의 항공운용조정반 설치, 신속한 정보 수집 활동을 위한 헬기위성시스템 및 헬리콥터 텔레비전 전송 시스템의 정비와 함께 소방방재 헬리콥터의 위치정보 파악 및 효율적인 운용 조정을 하기 위한 헬리콥터 동태관리 시스템의 활용을 추진하여 전국적인 광역 항공소방응원 체제의 견고한 충실 강화를 도모할 필요가 있다(일본소방청, 2017: 210).

3) 소방청 장관 등의 조치 사항

소방청 장관은 지진, 태풍, 수·화재 등 비상사태의 경우에 이들 재해가 발생한 시정촌(재해 발생 시정촌)의 소방응원 또는 지원에 관하여 당해 재해 발생 시정촌이 속하는 도도부현 지사의 요청이 있고 필요가 있다고 인정되는 때에는 당해 도도부현 이외의 도도부현의 지사에게 재해 발생 시정촌의 소방의 응원 등을 위하여 필요한 조치를 취할 것을 요구할 수 있고, 요청을 기다릴 여유가 없는 경우에는 요청을 기다리지 않고 곧바로 조치를 요구할 수 있으며, 그 취지를 지체 없이 재해 발생 시정촌이 속하는 도도부현 지사에게 통지하도록 규정하고 있다. 이러한 경우에 소방청 장관은 인명 구조 등을 위하여 긴급을 요하고 광역적으로 소방기관의 직원의 응원출동 등의 조치를 신속 정확하게 할 필요가 있다고 인정될 때에는 재해 발생 시정촌 이외의 시정촌의 장에게 응원출동 등의 조치를 하도록 직접 요구할 수 있고, 그 취지를 조치를 요구한 시정촌이 속하는 도도부현 지사에게 지체 없이 통지하도록 하고 있다.

4) 소방응원활동조정본부

하나의 도도부현의 구역 내에서 재해 발생 시정촌이 두 곳 이상 있는 경우에, 긴급소방원조대가 소방의 응원 등을 위하여 출동한 때에는 해당 도도부현의 지사는 소방응원활동조정본부를 설치한다. 조정본부의 사무는 당해 도도부현 및 도도부현 내의 시정촌이 실시하는 조치의 종합 조정에 관한 것과 그러한 업무가 원활하게 이루어지도록 하기 위한 관계 기관과의 연락 등이다.

조정본부의 장은 당해 도도부현의 지사가 되고, 조정본부의 사무를 총괄하며, 본부원 중에서 부본부장을 지명한다.

도도부현의 지사는 긴급소방원조대 행동 시정촌 이외의 재해 발생 시정촌의 소방의 응원 등에 관하여 긴급하다고 인정되는 때에는 당해 긴급소방원조대 행동 시정촌 이외의 재해 발생 시정촌을 위하여 긴급소방원조대 행동 시정촌에서 활동하고 있는 긴급소방원조대에 대하여 출동할 것을 지시할 수 있다. 이 경우 미리 조정본부의 의견을 들어야 하고(재해의 규모 등에 비추어 긴급을 요하거나 들을 여유가 없는 경우는 예외), 소방청 장관에게 지체 없이 조치 지시의 취지를 통지하여야 하며, 통지를 받은 소방청 장관은 당해 긴급소방원조대로 활동하는 인원이 속하는 도도부현이나 시정촌의 장에게 지체 없이 그 취지를 통지한다.

2. 긴급소방원조대

긴급소방원조대란 비상사태 시에 소방청 장관 등의 조치 요구 등에 응하거나 필요한 조치 지시에 따라 「소방조직법」 제45조에 의거하여 소방의 응원 등을 행하는 것을 임무로 하는 도도부현 또는 시정촌에 속하는 소방에 관한 인원 및 시설로 구성되는 부대를 말한다.

총무대신은 긴급소방원조대의 출동에 관한 조치를 정확하고 신속하게 하기 위하여 긴급소방원조대의 편성 및 시설의 정비 등에 관련된 기본적인 사항에 관한 계획을 미리 재무대신과 협의하여 책정 공표하도록 하고 있다. 또한 소방청 장관은 도도부현 지사 또는 시정촌장의 신청을 바탕으로 필요하다고 인정되는 인원 및 시설을 긴급소방원조대로 등록하도록 규정하고 있고, 필요하다고 인정되는 때에는 도도부현 지사와 시정촌장에게 등록의 협력을 구할 수 있다.

1) 조직 설치 현황

긴급소방원조대는 1995년 1월 17일의 한신·아와지대진재(阪神·淡路大震災 : 우리나라에서는 고베[神戶] 대지진으로 널리 알려져 있음)의 교훈을 발판으로 일본 내에서 발생한 지진 등의 대규모 재해 시에 인명 구조 활동 등을 좀 더 효과적이고 신속하게 실시할 수 있도록 전국의 소방기관 상호 간에 원조 체제를 구축하기 위하여 전국 소방본부의 협력을 얻어 같은 해 6월에 창설하였다.

긴급소방원조대는 평상시에는 각각의 지역에서 소방 책임을 수행하는 데 전력을 다하면서, 한편으로는 일단 일본의 어딘가에서 대규모 재해가 발생한 경우에는 소방청 장관의 요구 또는 지시에 따라 전국에서 해당 재해에 대응하기 위한 소방부대가 피해지역에 집중적으로 출동하여 인명 구조 등의 소방 활동을 실시하는 시스템으로 우리나라의 소방력 동원 시스템과 유사하다.

발족 당시에 긴급소방원조대의 규모는 구조부대, 구급부대 등으로 구성되는 전국적인 소방의 응원을 실시하는 소방청 등록부대가 376개대(교체 인원을 포함하여 약 4,000명 규모), 소화부대 등으로 구성되는 이웃한 도도부현 간에 활동하는 현 이외 응원부대가 891개대(교체 인원 포함 13,000여 명 규모), 합계 1,267개대(17,000명 규모)였다. 2001년 1월에는 긴급소방원조대의 출동 체제 및 각종 재해에의 대응 능력을 강화하기 위하여 소방부대에 대해서도 등록제를 도입하였다. 더욱더 복잡·다양화하는 재해에 대응하기 위하여 석유·화학재해, 독극물·방사성물질 재해 등의 특수재해에 대응 능력을 가진 특수재해부대, 소방방재 헬리콥터에 의한 항공부대 및 소방정에 의한 수상부대를 신설한 뒤 8개 부대 1,785개대(교체 인원 포함 약 26,000명 규모)로 조직되었다(일본소방청, 2017: 210-211).

2) 조직 편성

긴급소방원조대의 편성 및 출동계획 등에 대해서는 총무대신이 정하는 기본계획에 정해져 있는데, 주요 내용은 다음과 같다.

(1) 지휘지원부대

지휘지원부대는 대규모 재해 또는 특수재해 발생 시에 헬리콥터 등으로 긴급하게 피해지역에 접근하여 재해에 관한 정보를 수집하고, 소방청 장관 및 관계 있는 도도부현의 지사 등에게 전달함과 함께 피해지역에 있는 긴급소방원조대에 관계된 지휘가 원활하게 이루어지도록 지원 활동을 하는 것을 임무로 한다.

(2) 도도부현대대

도도부현대대는 해당 도도부현 또는 해당 도도부현 내의 시정촌(도쿄도 특별구 및 시정촌의 소방 일부사무조합 및 광역연합을 포함)에 설치된 도도부현 대대지휘대, 소화중대, 구조중대, 구급중대, 후방지원중대, 통신지원중대, 항공중대, 수상중대, 특수재해중대 및 특수장비중대 중 피해지역에서 행하는 소방의 응원 등에 필요한 중대를 가지고 편성한다.

3) 통합기동부대

통합기동부대는 대규모 재해 또는 특수한 재해 발생 후, 도도부현 대대장의 지시를 받아서 신속하게 미리 출동하고, 후속하는 도도부현대대의 원활한 활동을 돕는 정보 수집 및 제공과 함과 함께, 피해지역에서 소방 활동을 긴급하게 행하는 것을 임무로 하고 있다.

4) 에너지산업기반재해즉응부대(드래곤 하이퍼 · 코맨더유니트)

에너지산업기반재해즉응부대는 석유콤비나트, 화학플랜트 등의 에너지산업 기반이 입지하는 지역에서의 특수재해에 대하여 고도 및 전문적인 소방 활동을 신속하고 정확하게 행하는 것을 임무로 하고 있다.

3) 등록 현황

긴급소방원조대는「소방조직법」제45조의 규정에 따라 도도부현 지사 또는 시정촌장의 신청을 근거로 소방청 장관이 등록하는 것 또는 등록 협력 요구에 의하는 것으로 되어 있다.

1995년 9월에 1,267개대로 발족한 긴급소방원조대는 그 후 재해 시에 활동의 중요성이 점점 인식되고 등록 대수(隊數)가 증가하여 2017년 4월 1일 현재 전국 727개 소방본부(전국 소방본부의 약 99%) 등으로부터 5,658개대가 등록하였고, 2016년 4월 1일의 등록 대수는 5,301개대보다 357개대가 증가하였다.

그리고, 2014년 3월에는 동일본대진재를 상회하는 피해가 상정되는 난카이(南海)트로프(海溝)지진, 수도직하지진(首都直下地震) 등의 대규모 재해에 대비하고, 대규모이고 신속한 부대 투입을 위한 체제 정비가 반드시 필요하기 때문에 기본계획을 개정하여 2018년 말까지의 등록 목표 부대 수를 대략 4,500부대 규모에서 대략 6,000부대 규모로 대폭적으로 증가시키는 것으로 하였다(일본소방청, 2017: 219-220).

4) 활동 실적

1995년 창설 이래 JR서일본 후쿠치야마선(福知山線) 탈선 사고(2005년), 동일본대진재(2011년) 및 구마모토지진(2016년) 등 대규모 재해에 출동하여 많은 인명 구조를 행하는 등 2017년 10월까지 총 24회 출동하였다(일본소방청, 2017: 221).

제6절 국가와 지방공공단체의 방재 체제

1. 국가와 지방의 방재조직

일본의 방재조직에 대해서는 재해로부터 국토와 국민의 생명·신체 및 재산을 보호하기 위하여 제정된 「재해대책기본법」에 규정되어 있다. 국가에는 중앙방재회의를 두고, 도도부현 및 시정촌에는 지방방재회의를 설치하도록 하고 있다. 방재회의는 일본적십자사 등 관계 공공기관이 함께 참가하여 방재계획의 작성과 원활한 추진을 목적으로 하고 있다.

중앙방재회의에서는 방재기본계획을 수립하고, 각 지정행정기관 및 공공기관에서는 그 소관 사무 또는 업무에 관한 방재 업무 계획을 수립한다. 지방방재회의에서는 해당 지역의 방재계획을 각각 작성하게 되어 있다.

재해 발생 시에는 국가는 비상재해대책본부(이변이나 심각한 비상재해가 발생한 경우에는 긴급재해대책본부)를 설치하고, 도도부현 및 시정촌은 재해대책본부를 설치하여 재해에 대응하는 등 만전을 기하도록 하고 있다.

2. 「재해대책기본법」의 개정

1961년에 제정된 「재해대책기본법」은 아래와 같은 개정을 거치게 되었다.
- 1995년 : 한신·아와지대진재를 계기로 긴급재해대책본부의 설치 요건의 완화, 국민의 자발적인 방재 활동의 촉진, 지방공공단체의 광역응원 체제의 확보 등 개정
- 1999년 : 지방분권의 추진 관련 개정
- 2011년 : 지역의 자주성과 자립성 제고를 위한 지역방재계획에 관계되는 기관 관여 규정의 개정
- 2012년 : 동일본대진재로부터 얻은 교훈을 살려 재해대책의 강화를 도모하기 위하여 방재에 관한 조직의 충실, 광역에 걸친 피해지역 주민의 수용, 재해대책에 필요한 물자 등의 공급 및 운송에 관한 조치 등 개정
- 2013년 : 재해 발생 시에 피난의 지원이 특히 필요하게 되는 사람에 대한 명부 작성, 기타 주민 등의 원활하고 안전한 피난을 확보하기 위한 조치 확대, 국가에 의한 응급조치의 대행 등 개정
- 2014년 : 수도직하지진(首都直下地震) 등의 대규모 지진과 대설(大雪) 등의 재해 시에 발생할 수 있는 긴급통행 차량의 통행을 확보하기 위하여 도로관리자의 권한을 강화하는 개정
- 2015년 : 재해 시에 폐기물 처리에 대하여 평시부터 대규모 재해 발생 시의 조치에

이르기까지 단절 없는 대응이 이루어지도록 재해폐기물 대책에 관련되는 조치의 확충을 꾀하는 개정

- 2016년 : 대규모 재해 시에 즉시 도로 개설을 진행하여 긴급차량의 통행 루트를 신속히 확보하기 위하여 항만관리자 및 어항관리자에 의한 방치 차량 대책을 강화하는 개정

3. 소방청의 방재 체제 및 대책

소방청은 기동부대 역할을 하는 소방기관을 관장하고, 지방공공단체와 국가 간의 정보 연락의 창구 역할을 하며, 지역방재계획의 작성·수정 등 지방공공단체의 방재대책에 대한 조언·권고 등을 하고 있다. 특히 한신·아와지대진재 등에서 겪은 사례를 교훈 삼아 지방공공단체의 방재대책 전반의 수정이나 지원 조치 등 실질적인 역할을 담당하고 있다.

2회에 걸친 법 개정을 추진하여 방재 체제를 강화하였는데, 2003년에는 1995년에 발족한 긴급소방원조대에 대하여 소방청 장관이 출동에 필요한 조치를 지시할 수 있도록 법제화하였고, 2008년의 법 개정에서는 긴급소방원조대의 기동력을 강화하였다.

소방청의 조직 체제에 대해서도 평시에 '국민보호·방재부'를 설치하고, 테러를 포함한 긴급대응과 지방공공단체와의 연락 조정 등 업무의 전문성 확립 및 책임 체제의 명확화를 도모하였고, 대규모 재해에 대비하기 위하여 2012년 4월에 긴급소방원조대와 항공기에 의한 소방 활동 제도의 기획 및 입안 등의 업무를 수행하는 '광역응원실'을 '국민보호·방재부' 내에 신설하였다.

또한 2014년 4월에는 '국민보호·방재부' 내에 소방단과 자주방재조직 등의 업무를 담당하는 '지역방재실'을 신설하여 「소방단을 중핵으로 한 지역방재력의 충실 강화에 관한 법률」의 실효성을 높였다.

시설·장비의 정비로서는 긴급소방원조대 등의 신속하고 정확한 초동 대응을 위하여 총무성에 '소방방재·위기관리센터' 정비, 직원 자동 소집 시스템 구축, 재해지역에 소방청 직원 등 신속 파견과 현지조사 및 정보 수집 등을 위하여 소방청 헬리콥터도 확보하고 있다.

제7절 소방재정

「소방조직법」 제8조에 의거, 시정촌(市町村)의 소방에 필요로 하는 비용은 해당 시정촌이 이것을 부담하여야 한다. 이는 일본의 소방 업무가 기초자치행정 체제로 운영되고 있는 관계로 자치재정권의 원칙에 따라 자체적으로 재정 부담을 하는 것이며, 국가로부터 보조를 받아 부족한 부분을 충당하고 있다.

1. 소방청 예산액

1) 2017년도 당초예산

소방청의 2017년도 당초예산액은 158억 99백만 엔이다.

세부 내역은 일반회계예산이 125억 80백만 엔이고, 부흥청 일괄계상예산 12억 96백만 엔, 그리고, 전년도 보정예산 20억 24백만 엔이다.

일반회계예산의 사업 내용별로는 인건비를 제외한 사업비 기본으로 110억 50백만 엔이고, 이 중에 긴급소방원조대 설비정비비보조금 등의 소방보조부담금은 62억 98백만 엔으로 되어 있다.

2) 부흥청 일괄계상예산

동일본대진재로 큰 피해를 입은 피해지의 경우 소방방재시설·설비의 복구를 실시하기 위하여, 부흥청 동일본대진재피해부흥특별회계에 12억 96백만 엔의 예산 조치를 강구하였다.

- ○ 소방방재시설 재해복구비보조금(8억 79백만 엔)
- ○ 소방방재설비 재해복구비보조금(2억 42백만 엔)
- ○ 원자력재해피난지 시구역소방활동비교부금(77백만 엔)
- ○ 긴급소방원조대 활동비부담금(동일본대지진재해 파견 헬기 제염)(98백만 엔)

2. 도도부현의 방재비

도도부현의 방재비는 2016년도 결산액이 1,456억 엔이고, 도도부현 보통회계 세출결산액에서 차지하는 비율은 0.29%이다. 세부 내역은 소방방재 헬리콥터, 방재용 자기재 및 방재시설의 정비·관리운영비, 소방학교비, 위험물 및 고압가스 단속, 화재 예방, 국민보호 대책 등에 요하는 사무비 등이다.

3. 시정촌 소방비

1) 소방비 결산 내용

실질적인 소방 업무를 담당하고 있는 시정촌의 보통회계 결산액, 1인당 소방비 부담액 및 소방비의 비율 등은 현황은 〈표 8-7〉과 같다.

표7. 보통회계 세출결산액과 소방비 결산액의 비교

연도	보통회계 세출결산액 (백만 엔) (A)	소방비결산액 (백만 엔) (B)	1세대당 소방비 (엔)	주민 1인당 소방비 (엔)	(B)/(A) × 100(%)
2016년	56,712,380	2,096,886	36,819	16,373	3.7

출처: 일본소방청(2017: 156 표 2-1-4)에서 발췌.

2) 소방비 성질별 내역

소방비 결산액의 성질별 내역은, 인건비가 63.3%로 예산의 대부분을 차지하며, 보통건설사업비, 물건비 등의 세부 내역은 〈표 8-8〉과 같다.

〈표 8-8〉 소방비의 성질별 세출결산액 내역

2016년	계	인건비	물건비	보통건설사업비				기타
				소계	보조사업비	단독사업비	수탁사업비	
금액(억 엔)	20,969	13,264	2,017	4,766	846	3,912	8	922
구성비(%)	100	63.3	9.6	22.7	4.0	18.7	0.0	4.4

출처: 일본소방청(2017: 157 표 2-1-5)에서 발췌.

4. 소방 예산의 재원

1) 재원의 구성

2016년도의 소방비 결산액의 재원 내역을 보면, 일반재원 등(지방세, 지방교부세, 지방양여세 등 사용 용도가 특정되어 있지 않은 재원)이 1조 6,746억 엔(79.9%), 이어 지방채 3,116억 엔(14.9%), 국고지출금 411억 엔(2.0%)으로 되어 있다.

〈표 8-9〉 소방 예산의 재원 구성 내역

2016년	계	일반재원 등	특정재원				
			소계	국고지출금	지방채	사용료, 수수료	기타
금액(억엔)	20,969	16,746	4,223	411	3,116	33	664
구성비(%)	100	79.9	20.1	2.0	14.9	0.2	3.2

출처: 일본소방청(2017: 157 표 2-1-6)에서 발췌.

2) 지방교부세

지방교부세의 경우 소방비의 기준재정수요액은 시정촌의 경우 소방비의 실정을 감안하여 산정되어 있고(지방채의 원리상환금 등, 다른 사용 목적으로 산정되어 있는 것도 있다), 인원, 설비 등에 관계되는 경비의 증가분을 반영하고 있다.

3) 국고보조금

국고보조금과 도도부현 보조금은 시정촌의 소방방재시설 등 정비에 대한 보조금이고, 소방청 소관의 국고보조금에는 소방방재시설정비비 보조금(시설보조금)과 긴급소방원조대 설비정비비보조금 등이 있다.

또한 시설보조금 및 긴급소방원조대 설비정비보조금 외에, 소방청 이외의 예산에 의한 소방비에 관한 재원으로 된 국고보조금의 재원으로는 입탕세(목욕세), 항공기연료양여세, 교통안전대책특별교부금, 전원입지지역대책교부금, 석유저장시설입지대책 등 교부금, 고속자동차국도 구급 업무 실시 시정촌 지불금 등이 있다(일본소방청, 2017: 158).

4) 지방채

지방채는 소방방재시설 등의 정비 등에 필요한 경비를 충당하는 데 쓰이는 국고보조금과 일반재원 외에도 중요한 역할을 담당하고 있다.

이 중에 방재대책사업은 지방단독사업으로 행하는 방재기반정비사업(방재 및 재해 경감을 위한 소방방재시설의 정비, 소방광역화 및 협력 등에 관한 사업) 및 공공시설 등 내진화사업 등을 대상으로 하고, 지방채의 원리상환금의 일부에 대하여 지방교부세 조치가 강구되고 있다.

또한 재해 경감을 위한 지방단독사업으로 다음과 같은 사업이 있다.

① 대규모 재해 시의 방재·감재 대책을 위하여 필요한 시설의 정비
② 대규모 재해에 신속히 대응하기 위하여 긴급히 정비할 필요가 있는 정보망의 구축
③ 진파(津波, 쓰나미) 대책의 관점에서 이전이 필요하다고 위치가 결정된 공공시설 등의 이전
④ 소방의 광역화 관련 사업 또는 소방의 제휴·협력에 동반하여 시설할 고기능 소방지령센터의 정비사업
⑤ 지역방재 계획상, 그 내진 개수를 진행할 필요가 있다고 본 공공시설 및 공용시설의 내진화 등

이 밖에 소방방재시설 등의 정비에 관계되는 지방채에는 교육·복지시설 등 정비사업, 일반단독사업(일반사업(소방·방재시설)), 변지(邊地)대책사업 및 과소(寡疎)대책사업 등이 있다(일본소방청, 2017: 158).

소방조직론
Fire Service Organizations

5편

미래의
소방조직

국가소방과 자치소방

제1절 소방환경의 변화 및 국가소방과 자치소방의 개념

1. 소방환경의 변화

오늘날 사회환경과 시대적 요구에 부응하기 위하여 소방 분야에서도 재난 관련 정보를 적극 활용하는 등 다가오는 지식사회에 대비하고 있다(한국지방자치학회, 2010: 12). 또한 최근 들어 국민들의 삶의 질 향상과 안전에 대한 요구가 점차 증대되고 있다. 지금까지 소방 활동의 영역이라고 생각하지 않았던 동물 보호, 생태환경 보호, 심지어 주택과 관련된 부분까지도 주민의 다양한 요구를 외면할 수 없는 단계에 이르게 되었다(김중구, 2011: 220). 이에 따라 소방 업무는 전통적·소극적인 고유 영역인 화재 진압으로부터 각종 재난사고의 수습과 적극적인 대민 서비스 및 봉사 업무인 구조·구급 활동 등으로 그 영역이 확대되는 추세에 있다(이재은 외, 2006: 276-277; 정병수 외, 2013: 1; 양기근 외, 2016a: 3-4).

우리나라는 2017년 7월 국민안전처가 폐지되면서 소방 분야는 소방청으로 분리·독립하였고, 재정 지원 부족으로 인한 소방장비 및 소방공무원 처우 등의 불균형 심화를 해결하기 위하여 대부분 지방직인 소방공무원의 국가직 전환을 모색하고 있다. 현재는 광역지방자치단체(특별시·광역시·특별자치시·도·특별자치도[1])가 소방행정을 책임지고 있으므로 소방공무원의 국가직 전환 시 중앙정부의 재원 확보가 필요한 상황이다(김홍환, 2018: 3).

2. 국가소방과 자치소방의 개념

소방은 각종 소방 활동의 주체 및 대상에 따라 국가소방과 자치소방으로 구분할 수 있다.

국가소방은 소방을 화재를 비롯한 각종 재난으로부터 국민의 생명·신체 및 재산을 보호함으로써 국민의 안녕 질서 유지와 복리 증진에 이바지하는 국가 활동으로 보는 관점이다.

자치소방은 '지방자치'와 '소방'이라는 두 단어가 결합된 것이다. 지방자치란 지역 주민이 지방자치단체를 구성하여 그 지역의 문제를 스스로 처리하는 것을 의미하므로, 자치소방이란 각종 재난으로부터 지역 주민의 생명·신체 및 재산을 보호하여 공공의 안

---

1) 이것을 줄여서 '시·도'라 한다.

녕 질서 유지와 복리 증진에 이바지하기 위하여 지방자치단체 스스로 처리하는 활동으로 보는 관점이다.

그런데, 지방자치단체는 자치계층[2])에 따라 광역지방자치단체(시·도)와 기초지방자치단체(시·군·구)로 나뉘므로, 자치소방 체제는 광역소방 체제와 기초소방 체제로 구분할 수 있다.

제2절 우리나라 소방조직 체계 연혁

현재 우리나라 소방 체제는 1992년부터 소방법령·제도 운영 등 정책 업무를 수행하는 소방청(중앙)과 집행 및 현장 대응을 담당하는 소방본부·소방서(지방)로 이원화되어 운영되고 있다(양기근 외, 2016a: 126).

우리나라 소방조직 체계를 국가소방과 자치소방으로 대별하여 일제 강점기 이후부터 연혁을 살펴보면, 우선 일제 강점기에는 국가소방이었고, 미군정시대에는 자치소방이었다. 1946년 「군정법」 제66호로 소방부 및 소방위원회를 설치하고 소방을 경찰에서 분리하면서 자치화가 시작된 것이다. 또한 소방서는 일제 말기까지 서울의 경성, 용산, 성동소방서와 인천, 부산 등 5개 소방서에서 미군정의 자치소방 체제로 전환되었으며, 이후 50여개 소방파출소로 증설되었다(한국지방자치학회, 2010: 9-10).

---

2) 자치계층이란 지방자치단체 간 상하·수직적 관계를 뜻한다. 원래 지방자치단체는 독립적인 법인이고, 상호 간 상하 수직적인 관계가 성립할 수 없으나, 기초자치단체가 광역자치단체의 관할구역 안에 있어 광역자치단체의 종합적인 조정을 받으면서 궁극적으로 국가 목적의 달성을 위하여 유기적인 관계를 유지해 나가는 것이므로 편의상 자치계층이라 부르고 있다(양기근 외, 2016a: 372).

소방조직 체계는 해방 이후 다시금 국가소방으로 전환되었다가, 1970년부터 국가소방과 자치소방으로 이원화되었다. 1970년 8월 「정부조직법」이 개정되면서, 내무부의 소방 기능을 삭제하고 소방사무를 지방자치단체의 고유사무로 하는 근거가 마련되었다.

이어 1972년 6월에는 서울과 부산에 소방본부가 설치되어 소방사무를 관장하였다. 이후 1975년 내무부에 민방위본부를 설치하여 종전의 치안본부 소방과를 개편하고, 민방위본부 내 민방위국과에 소방국을 설치하면서(신봉수, 2005: 14), 소방은 민방위본부 산하에 존속하게 되었다. 이처럼 1970년에서 1992년까지 서울특별시와 광역시는 광역자치단체를 중심으로 한 자치소방 제도로 운영되었고, 시·군은 국가에서 소방사무를 수행토록 함으로써 국가소방과 자치소방이 이원화되어 운영되었다(한국지방자치학회, 2010: 10).

이원적 형태로 운영되어 오던 소방조직은 1991년 5월 31일 「정부조직법」 개정과 함께 같은 해 12월 14일 「소방법」을 개정하면서 명실상부한 광역소방 체제가 확립되었다. 이에 소방사무는 각 시·도의 사무로 전환되고, 기존에 소방본부가 설치된 특별시와 직할시(광역시)를 제외한 9개 도에도 일제히 소방본부가 설치되면서 본격적인 광역소방 체제의 시작을 맞이하게 되었다.

이듬해인 1992년 3월 28일, 대통령령 제13622호로 「행정기구와 정원에 관한 규정」을 개정하여 도에 소방본부를 설치할 수 있는 근거를 마련함으로써, 16개 시·도 전체에 소방본부가 설치되어 소방 업무를 수행하게 되었다. 하지만 1990년대에 들어서 대형 건축물 및 시설물의 붕괴사고가 빈번하게 일어나고 인위적인 사고가 증가하자, 종합적이고 체계적인 재난관리 체계를 강화할 수 있는 소방청의 설치 여부가 최대의 과제로 대두되었다.

당시 우리나라는 1992년 신행주대교 붕괴, 1993년 부산구포 열차 전복, 목포 아시아나항공기 추락, 서해 페리호 침몰 사고, 1994년 성수대교 붕괴, 아현동 가스폭발 사고, 1995년 대구지하철 가스폭발 사고, 삼풍백화점 붕괴사고, 괌 대한항공기 추락사고, 화성 씨랜드 화재 등 많은 인명 피해가 속출하는 안전사고가 끊이지 않았다. 그리고 2003년 대구지하철 참사를 계기로 1년여 간의 준비 기간을 거쳐 안전을 담당하는 전담기구 이상의 의미를 지닌 소방방재청이 2014년 6월 1일 출범하였다. 소방방재청은 3국 1관 19과 4개 소속 기관 체계를 갖추고 「재난 및 안전관리 기본법」 등에 근거하여 국가 재난관리 업무 및 소방 업무를 중추적으로 수행하는 기능을 맡게 되었다(김병욱 외, 2013: 139-140).

2014년 4월 16일 발생한 세월호 침몰 사고를 계기로 재난 시 신속한 대응 및 수습책 마련과 체계적·종합적인 재난안전관리 시스템의 구축을 목표로 동년 11월에 국민안전처가 신설되었다. 안전행정부로부터 안전 및 재난에 관한 전반적인 정책 수립·운영 및 총괄·조정과 비상 대비와 민방위 제도에 대한 사무, 해양수산부로부터 해상교통관제센터에 관한 사무, 소방방재청의 소관 사무, 그리고 해양경찰청으로부터 해양에서의 경비·안전 사무를 이관받아 국무총리 직속으로 설치되었다. 그리고 국민안전처 내 중앙소방본부가 소방방재청의 소방·구조·구급 업무를 인계받아 소방 업무를 담당하였다.

그런데, 2017년 비대해진 국민안전처가 국가안보와 재난안전을 명확히 구분하지 못하고 소방청 독립에 대한 국민의 지지가 높아짐에 따라 「정부조직법」 개정으로 국민안전처가 폐지되어 안전 업무는 행정안전부로 이관되고, 중앙소방본부의 관련 업무를 승계하여 소방에 관한 사무를 관장하는 소방청이 재창설되었다(류상일 외, 2018: 23). 이와 더불어 지방직 소방공무원의 국가직 전환이 논의되고 있다. 이는 크게 두 가지 방향으로 전개될 가능성이 있는데, 하나는 소방사무를 국가사무화하는 것이며, 다른 하나는 소방공무원을 국가직으로 전환하되 소방사무는 시·도지사 소속 사무로 두는 것이다. 후자의 경우 소방사무가 지방사무로 유지되는 것으로 보일 수 있으나 시·도지사가 인사·조직권을 행사할 수 없다는 점에서 전자와 차이가 없다고 할 수 있다(김홍환, 2018: 15-16).

요컨대 1992년 이후 우리나라 소방조직 체제는 기본적으로 광역소방 체제이며, 2004년 소방방재청 설치 이후에는 광역소방 체제를 주축으로 국가소방 체제가 가미된 수정된 이원 체제로 이루어져 있다고 할 수 있다(신봉수, 2005: 5; 류상일 외, 2011: 144; 정병수 외, 2013: 2). 그리고, 소방사무 주체는 광역자치단체에서 국가로의 전환이 시도되고 있다고 볼 수 있다.

이상과 같은 우리나라 소방조직 체계 연혁을 국가소방과 자치소방의 관점에서 정리하면 〈표 9-1〉과 같다.

〈표 9-1〉 소방조직 체계 연혁

시대	소방조직 체계	세부 내용
미군정기	자치소방 (1946~1948)	• 중앙: 소방위원회(소방청) • 지방: 도 소방위원회(지방소방청)
정부 수립 이후 초창기	국가소방 (1948~1970)	• 중앙: 내무부 치안국 소방과 • 지방: 경찰국 소방과, 소방서 ※ 1958년 「소방법」 제정, 「경찰공무원법」 적용
발전기	국가 + 자치소방 (1971~1974)	• 중앙: 내무부 치안국 소방과 • 지방: 서울, 부산(본부), 도(경찰국 소방과) ※ 1973년 「지방소방공무원법」 제정, 지방과 국가직
	국가 + 자치소방 (1975~1992)	• 중앙: 민방위본부 소방국 • 지방: 시·도(민방위국), 시·군(민방위과)
광역자치소방 정착기	광역소방 (1992~1994)	• 중앙: 내무부 소방국 설치 • 지방: 민방위국 소방과, 소방서 ※ 1992년 9개 도 소방본부 설치
	광역소방 (1995~2003)	• 중앙: 행정자치부 소방국 설치(1998) • 지방: 소방본부, 소방서 ※ 「정부조직법」 개정으로 '소방' 국가사무로 명문화(1998)
소방방재청	광역소방 + 국가 (2004~2014)	• 중앙: 소방방재청 • 지방: 소방본부, 소방서
국민안전처	광역소방 + 국가 (2014~2017)	• 중앙: 국민안전처 소속 중앙소방본부 • 지방: 소방본부, 소방서
소방청	광역소방 + 국가 (2017~현재)	• 중앙: 소방청 출범 • 지방: 소방본부, 소방서 ※ 지방직 소방공무원의 국가직 전환 모색

출처 : 강인재 외(2017: 12-13).

제3절 광역소방 체제와 기초소방 체제의 장·단점

자치소방을 계층에 따라 시·도 광역소방 체제와 시·군·구 기초소방 체제로 나누어 각각의 소방 체제의 장·단점을 정리하면 다음과 같다(변상호, 2004: 48-49).

1. 시·도 광역소방 체제

1) 장점

시·도 광역소방 체제는 우선 소방비용의 효율성 극대화 및 소방력 운영의 신축성에서 두드러지는 장점을 가진다. 소방 수요에 따른 권역별 소방관서 설치로 효율적 인력, 장비, 재정관리의 조정이 용이하여, 지방세 수입으로 인건비 해결이 어렵고 재정자립도도 낮은 시·군에도 균등한 혜택을 줄 수 있다. 따라서 재정 취약지역의 재정 부담을 완화하고 공평한 소방 서비스를 제공할 수 있다. 특히 구조구난을 위한 장비나 인력 풀을 활용할 수 있으며, 재난사고에 광역권 전체를 통일된 지휘 체계로 일사불란하게 대응하여 조직 운영의 능률성이 커진다.

둘째, 기초소방 체제에서 나타날 수 있는 시·군·구 간의 복잡한 협의나 응원 요청 없이 재난의 규모에 따른 적정한 소방력을 신축적으로 운용할 수 있고, 가용자원의 신속 투입이 가능하여 재난에 효과적으로 대처할 수 있다.

셋째, 소방인사의 광역화로 우수한 전문 인력의 확보가 용이하고, 조직의 활력과 직원들의 승진 기회 폭이 넓어져 사기도 진작된다. 시·군의 지역 특성과 소방 수요에 맞게 인력을 탄력적으로 배치할 수 있고, 지역적인 정실인사를 배제할 수 있어 균등한 인사 기회를 제공할 수 있다.

2) 단점

첫째, 시·도 광역소방 체제는 시·도에 소방예산이 집중되어 시·도의 과도한 재정 부담을 초래한다. 둘째, 시장·군수·구청장이 소방 업무에 대한 직접적인 지휘 책임이 없으므로 이들의 관심이 소홀해질 수 있다.

2. 시·군·구 기초소방 체제

1) 장점

첫째, 시·군·구 기초소방 체제는 소방행정 운영의 책임과 권한이 일치된다고 가정하면, 단체장인 시장·군수·구청장의 관심 제고가 가능하다. 둘째, 기초자치단체의 재정 여건이 열악한 곳이 많으나, 기초단체 단위의 소방 수요에 맞추어 규모에 맞는 소방 관서를 설치하는 등 시장, 군수가 자주성을 가지고 관리할 수 있다. 셋째, 소방 인력 운용의 단순화 및 연고지 근무가 가능하다.

2) 단점

첫째, 기초자치단체가 책임을 맡을 경우 지역의 소방 수요가 낮아도 지역 주민들의 요구에 따라 무리하게 소방 관서를 설치하거나, 값비싼 장비의 경쟁적 구입으로 지방재정 운용의 비효율성을 초래하기 쉽다. 전국의 기초자치단체가 소방의 책임을 맡으려면,

기반 구축에만 일시적으로 4~5조 원이라는 엄청난 재원이 소요된다. 나아가 시·군 지역 간 재정 격차가 소방력 유지의 격차로 이어져 지역 간 주민의 소방 수혜 불평등을 초래할 수 있다.

둘째, 중·대형 재해재난에 대한 대처 능력이 미흡하다. 재정이 취약한 시·군의 경우 119안전센터 설치, 소방 첨단장비, 특수장비, 소방헬기 보강 등 소방력 확충에 따른 도·농 간 소방 수혜 사각지역이 발생한다. 아울러 소방응원 출동 시 비용 부담, 보상 등 기준 책정 및 집행이 어렵기 때문에 재난의 규모가 클 경우 인접 자치단체의 협조 지원이 원활하지 않을 수 있다.

셋째, 전문 인력의 충원 및 유지가 어렵다. 인력 운영의 경직성으로 소방공무원의 인사 정체와 첨단과학 장비를 운용할 수 있는 전문직원의 채용이 어렵다. 그리고 시·군·구 소속으로 자치단체 간 인사 교류가 힘들어져 소방 인력의 자질도 저하될 수 있다.

넷째, 기초소방 체제로 유지되어도 기초 체제 내의 광역 기능이 필요하므로 결국 업무의 중복성이 생긴다. 지역 내 소방서 수가 2개 이상 늘어나게 되면 이를 관리하기 위한 소방부서(국 또는 본부)를 설치할 필요가 있다. 이는 결국 시·군 내의 업무 조정 및 지휘통신, 소방헬기 등 재난 대비 및 대응 지휘를 위한 광역 기능에 해당된다.

다섯째, 재해대응 수습의 사각지대가 발생할 수 있다. 기초지방자치단체 간의 경계를 통과하는 고속도로, 지방도로 구간, 지방자치단체 간의 경계와 접하는 호수, 댐, 산악지역, 지역 경계와 연결되어 흐르는 강, 하천 등이 전국적으로 흩어져 있다. 이러한 접점과 공유 영역에서 산불, 교통·수난(水難, 물난리) 등의 재난이 발생할 경우, 기초자치단체 간의 책임이 모호하여 신속하고 체계적인 대응과 수습이 곤란해진다. 여러 개의 시·군·구 접경지역, 통과지역 등에서 발생하는 각종 재해사고는 그 특성상 통합적인 지휘와 응원으로 일사불란한 대응 태세가 필요하다.

이상의 장·단점을 중심으로 광역소방 체제와 기초소방 체제를 간략히 비교하면 〈표 9-2〉와 같다.

〈표 9-2〉 광역소방 체제와 기초소방 체제

구분	광역소방 체제	기초소방 체제
체제	광역자치 체제: 시·도	기초자치 체제: 시·군·구
성격	효율성 강조	민주성 강조
소방 책임	광역지방자치단체장(시·도지사)	기초지방자치단체장(시장·군수)
조직 관할	시 단위 소방서가 1개 이상의 군 관할	시·군·구마다 소방서 설치 관할
신분 소속	시·도 소방공무원(소방본부관리)	시·군 소방공무원(소방서 관리)
국민 수혜 범위	광범위(소방 수혜의 고른 혜택)	심각한 불평등 초래
재해 대응 능력	신속성(일사불란한 지휘 체제 확립)	지연/ 자치단체 간 원활한 협조 곤란/ 응원 요청과 승인 절차 필요
인사 운영	광역성(우수 전문 인력 확보 용이)	경직성(인사정체, 자질 저하)
경제성	경제적(1개의 소방본부 운용)	비경제적(본부나 소방국 별도 설치)
외국 사례	영국, 프랑스, 캐나다	일본(기초에서 광역화 추진 중)

출처: 변상호(2004: 51); 한국지방자치학회(2010: 56)를 재구성.

제4절 소방사무

1. 국가사무와 자치사무 현황

소방을 전통적·소극적 영역인 화재 진압에 국한한다면 소방사무는 국가사무라기보다는 지방사무라고 할 수 있으며, 전통적으로 기초자치단체인 시·군·구의 사무이며 시·군·구의 공공 서비스 대상으로 인식되고 있다. 그러나 현행 우리나라 소방조직 체계는 시·도가 소방 서비스 공급 주체로서 지역 주민들에게 소방 서비스를 제공하는 광역소방 체제를 유지하고 있다는 점에서 지방사무 중에서도 광역자치단체인 시·도 사무로 보고 있다.

〈표 9-3〉 현행 법령에서의 소방사무

「소방기본법」 제3조 및 「지방소방기관 설치에 관한 규정」 제1조	• 시·도는 소방기관을 설치하여 소방행정을 통일적이고 체계적으로 수행 • 소방본부장·소방서장은 관할 시도지사의 지휘 감독을 받음.
「지방자치법」 (제9조 제2항)	• 「지방자치법」 제9조 제2항(지방자치단체의 소방에 관한 사무) • 「지방자치법시행령」 제8조 별표1의 6호(화재 예방 및 소방)

출처 : 한국지방자치학회(2010: 50)를 재구성.

그런데, 한 연구 결과에 따르면, 소방청 소관 15개 법률[3]에서 구체적인 사무를 형성하는 관련 조문 중 국가사무는 192개, 자치사무는 182개인 것으로 나타났다. 다만, 「소방공무원법」, 「소방공무원 보건안전 및 복지기본법」 등은 그 규율 대상이 국민이 아닌 소방공무원인 소방조직 내부 운영에 관한 법률이므로, 국민을 대상으로 하는 법률을 기준으로 살펴보면, 전체 272개 조문 중 국가사무를 규정한 조문이 138개, 자치사무 조문이 143개였다. 즉, 국가사무와 자치사무의 비중이 비슷한 것으로 나타났다(김홍환, 2018: 94).

---

3) 소방기본법, 화재 예방 소방시설 설치·유지 및 안전관리에 관한 법률, 소방시설공사업법, 위험물안전관리법, 다중이용업소의 안전관리에 관한 특별법, 재난 및 안전관리 기본법, 소방공무원법, 소방공무원 보건안전 및 복지 기본법, 대한민국 재향 소방 동우회법, 의용소방대 설치 및 운영에 관한 법률, 소방산업의 진흥에 관한 법률, 대한소방공제회법, 119구조·구급에 관한 법률, 초고층 및 지하연계 복합건축물 재난관리에 관한 특별법, 의무소방대 설치법을 말한다.

〈표 9-4〉 소방 관련 법률 조문 단위 사무 구분

구분	국가사무	자치사무
소방기본법	15개	27개
화재예방, 소방시설 설치·유지 및 안전관리에 관한 법률	35개	32개
소방시설공사업법	10개	14개
위험물안전관리법	7개	23개
다중이용업소 안전관리에 관한 특별법	15개	14개
재난 및 안전관리기본법	6개	3개
소방공무원법	15개	12개
소방공무원 보건안전 및 복지 기본법	11개	8개
대한민국 재향소방 동우회법	2개	2개
의용소방대 설치 및 운영에 관한 법률	5개	14개
소방산업의 진흥에 관한 법률	26개	6개
대한소방공제회법	4개	1개
119구조·구급에 관한 법률	21개	10개
초고층 및 지하연계 복합건축물 재난관리에 관한 특별법	3개	14개
의무소방대 설치법	7개	2개
계	192개	182개
국민 대상 법률	138개	143개

출처 : 김홍환(2018: 95)을 재구성.

한편, 현행 「지방자치법」 제9조에서는 지방자치단체의 사무 범위를 규정하고 있는데, 제2항의 제6호에서 지역 민방위 및 지방소방에 관한 사무를 지방자치단체의 사무로 예시하고 있다. 아울러 「지방자치법」 시행령 제8조 별표 1에서 지방소방에 관한 사무를 예시하고 있다. 동 시행령에서는 지역 및 직장민방위 조직의 편성과 운영 및 지도·감독과 지역의 화재 예방·경계·진압·조사 및 구조·구급의 두 사무를 예시하고 있다. 「지방자치법 시행령」 제8조 별표 1에서 규정하고 있는 지방소방 및 지역민방위에 관한 사무를 구체적으로 열거하면 〈표 9-5〉와 같다.

〈표 9-5〉 지방소방 및 지역민방위에 관한 사무

구분	지역 및 직장민방위 조직의 편성과 운영 및 지도·감독	지역의 화재 예방·경계·진압·조사 및 구조·구급
시·도 사무	- 시·도 민방위계획의 작성 - 시·도 민방위협의회의 설치 - 민방위대 조직관리·지도 - 민방위경보 발령	- 소방기본계획 수립 - 소방관서의 설치와 지휘·감독 - 소방력 기준 설정 자료 작성 관리 - 소방장비의 수급관리 - 소방용수시설의 확충관리 - 화재 진압·조사 및 구조·구급 업무 지휘·감독 - 소방지령실 설치·운영 - 화재경계지구 지정·관리 - 소방응원규약 제정 - 화재 예방 활동 - 소방홍보 및 계몽 - 소방시설의 설치 및 유지관리의 지도·감독 - 소방 법령의 규정에 따른 인·허가 및 업무의 지도·감독 - 소방 관계 단체의 지도·감독
시·군·자치구 사무	- 시·군·자치구 민방위계획의 작성 - 시·군·자치구 민방위협의회의 설치 - 직장민방위대의 편성 및 운영관리 - 직장민방위대의 편성 신고 수리와 그 지휘·감독 - 민방위경보 발령 - 민방위시설의 설치 및 관리 - 민방위 기술지원대의 편성·관리 - 주민신고망 조직·운영 - 시범민방위대 육성 - 민방위대 교육훈련	

출처 : 지방자치법, 지방자치법 시행령.

2. 소방사무의 변화

소방사무는 사실상 화재를 비롯한 각종 재난·재해 규모가 특정한 지방자치단체의 범위를 넘어 국가적 재난·재해로 확대될 수 있으며, 소방 업무 또한 화재 진압에만 한정되지 않고 화재 예방과 구조·구급 등 소방 수요가 다양해지고 있다는 점에서 지방자치단체의 사무로만 보기에는 무리가 있다. 실제 「지방자치법」에 규정되어 있는 사무라도 다른 법령에서 국가사무로 규정하는 경우에는 지방사무가 아닌 국가사무 또는 공동사무로 볼 수 있다.

소방사무의 변화를 살펴보면, 1991년 이래 국가사무와 공동사무가 점차적으로 증가한 반면, 지방사무는 감소 추세를 보이고 있다. 1991년 이후 2012년까지 총 84개 사무가 증가하였고, 특히 소방방재청 개청 이후 국가사무와 공공사무가 크게 증가한 데 비하여 자치사무는 감소하였다. 2012년 총 11개 소방 관련 법률상에 나타난 국가 소방사무의 경우는 1991년 8개(15.4%)에서, 1995년 11개(16.4%), 2004년에는 27개(33.8%), 2008년에는 52개(43%), 2012년에는 66개(48.5%)로 점차 증가하여 왔다(양기근 외, 2016a: 395).

자치사무의 경우 현행 법률상 상대적으로 많은 비중을 차지하고 있는 것은 사실이지만, 2004년 소방방재청 개청 이후 자치사무의 비중이 크게 감소하였음을 볼 수 있다. 이는 소방 업무가 제한적인 협의의 개념으로 정의되기보다 국가의 종합적 관리정책의 일환으로 인식되고 있으며, 최근 대형화되고 있는 화재와 재난으로 인한 체계적인 대응 및 대비 체계 확보에 필요한 물적 자원 동원과 관련 기반 조성을 지방자치단체가 독자적으로 하기에는 한계가 있음을 보여 주는 것이다. 즉, 열악한 지방재정, 인력 지원 등 대형화되어 가고 있는 국가적 재난에 대하여 지방자치단체만으로는 효과적인 대응이 더욱더 어려워지고 있다는 현실적 문제점을 반영하는 것이라고 볼 수 있다(한국지방자치학회, 2012; 정병수 외, 2013: 2).

〈표 9-6〉 소방사무의 비중 변화

구분	1991년		1995년		2004년		2008년		2012년	
국가사무	8개	15.4%	11개	16.4%	27개	33.8%	52개	43.0%	66개	48.5%
공동사무	11개	21.1%	16개	23.9%	25개	31.2%	35개	29.0%	36개	26.5%
자치사무	33개	63.5%	40개	59.7%	28개	35.0%	34개	28.1%	34개	25.0%

출처: 강인재 외(2017: 25).

3. 외국의 소방사무 수행 주체

외국의 경우 대부분의 국가가 소방사무를 지방사무로 간주하여 대체로 기초사무로 보고 있으나 광역자치단체나 특별자치단체에서 운영하기도 한다.

일본의 경우에는 기초자치단체인 시정촌(市町村)이 소방사무를 담당하고 조례에 따라 이를 운영하도록 하고 있다.

미국 또한 일정한 구역 내의 소방에 대한 책무는 일차적으로 기초자치단체에 있다. 다만, 기초자치단체가 소방기구를 설치·운영할 능력이 없을 때에는 상급자치단체나 주(州)가 그 기능을 담당하며 일종의 특별지방자치단체로서 소방구(消防區, Firefighting district)가 설치되기도 한다.

영국에서는 소방사무가 국가사무인 동시에 자치사무이기도 하다. 19세기 전반에는 국가가 경찰조직의 한 분야로서 담당하였으나 1947년에는 소방사무를 광역자치단체의 자치사무로 전환하고 국가는 감독권만을 행사하게 되었다.

프랑스의 경우는 소방을 지방자치단체 사무로 규정하고 있으나, 소방사무의 범주는 기초자치단체 공동사무로 확대되고 있다. 그 주된 이유는 재정적 측면과 기술적 측면에서 개별 기초자치단체가 소방 재원 마련 확보에 어려움을 겪고 있고, 소방 대상물의 대형화에 따른 장비의 고도화를 위한 것이다(김홍환, 2018: 11).

제5절 해외 소방조직 체계

1. 미국

미국은 소방조직을 연방정부, 주정부 및 지방정부에 각각 두고 있다.

연방정부는 국토안보부(Department of Homeland Security: DHS)의 산하에 연방위기관리청(Federal Emergency Management Agency: FEMA)을 두고 있으며, FEMA 내에 소방행정청(United States Fire Administration: USFA)이 있다. USFA는 전국의 소방정책과 기능을 재조정하고, 화재 예방과 방화 및 통제계획을 지도·감독하며 재난재해에 대한 광범위한 소방 자료를 관리·분석한다. 그리고 산하에 지원서비스국, 국립화재 프로그램국, 국가도시조사와 구조대응시스템국, 국립화재자료실, 국립소방학교, 위기관리기구의 행정조직을 두고 있다(중앙소방학교, 2009: 30).

주정부의 소방조직은 주정부의 행정에 따라 특성이 달라진다. 50개 주 각각에 소방본부와 소방본부장이 있다. 소방본부는 주정부의「소방법」을 근거로 화재 예방, 소방법 집행, 화재 수사, 건축 허가 동의, 소방검사, 화재통계분석, 교육훈련, 예방홍보교육,「소방법」제정 및 재정 능력이 없는 지방자치단체에 대한 소방 업무를 직접 관할한다(중앙소방학교, 2009: 37). 주정부의 소방조직은 소방본부의 역할을 하는 소방서, 행정부서의 역할을 하는 소방국, 시·군·구의 소방서, 소방특구, 방화특구소방서와 의용소방대로 편제되어 있다(중앙소방학교, 2009: 34). 지방정부의 소방조직은 지역의 특성에 따라 대·중·소의 소방서를 설치·유지하고 있다(중앙소방학교, 2009: 37).

미국의 소방조직은 연방정부, 주정부, 지방정부 간의 긴밀한 협조 체계를 형성하고, 법과 제도적 측면에서 책임과 권한을 분명히 하고 있는 점이 특징이다. 연방정보의 소방은 FEMA의 조직 내에서 재해재난과 함께 수평적 차원에서 책임과 임무를 통합적 · 효율적으로 시행한다. 그리고 USFA는 연방정부 차원에서 자율성이 확보된 독립적 형태로, 주정부의 소방정책과 기능을 조정하고 총괄한다(이종열 외, 2003).

또한 연방정부는 원칙적으로 재해 관련 업무와 소방행정을 통합 · 조정하는 역할을 할 뿐, 실질적 소방행정의 권한과 책임을 주정부에 이관함으로써 분권적 소방조직 체제를 분명히 하고 있다. 주정부는 화재에 대비하여 연방정부와 유기적 관계를 유지하나, 주정부가 화재에 대비하는 일차적 권한과 책임을 가진다. 주정부의 재정과 방어가 어려울 때 연방정부가 지원하는 보충성의 원리에 입각하여, 연방정부와 주정부가 협력적 관계를 유지하고 있다. 한편 주정부와 지방정부와의 관계는 화재 발생 시 초동 대응 단계는 지방정부가 지역 실정에 맞게 대응하며, 대응력이 부족할 때 주정부가 지원하는 것을 원칙으로 삼고 있다(이종열 외, 2003; 김중구, 2011: 226-228).

2. 일본

일본은 소방조직을 중앙정부, 지방정부와 기초자치단체에 두고 있다.

중앙정부는 총무성 산하의 독립된 외청으로 소방청을 두고 있다. 국가재난 발생 시 내각청, 내각부, 소방청이 책임을 맡으나, 소방청은 「재난대책기본법」, 「대규모 지진대책 특별조치법」 및 「원자력재해대책 특별조치법」에 근거하여 국가와 지방공공단체의 사무를 지도 · 담당한다. 소방청은 국가소방에 필요한 법령 · 제도 · 준칙을 제정하며, 전국적으로 통일된 소방행정을 수행하기 위하여 자치단체에 이양된 소방행정사무를 감독, 권고 및 행정지도한다. 이러한 업무를 수행하기 위하여 소방청은 산하에 소방연구소, 소방학교, 국민보호방재부, 예방과, 소방과, 구급과 및 총무과를 두고 있다.

지방정부는 도(도쿄도), 도(홋카이도), 부(오사카부, 교토부), 현에서 소방조직을 편성하고 있다. 지방정부는 시정촌의 소방행정사무에 대한 정책적 조언, 지도 및 협력 관계를 유지하고 있다(이종열 외, 2003 : 367).

기초자치단체(시정촌)의 소방조직은 소방본부, 소방서, 출장소, 소방단 및 분단으로 편성된다. 시정촌장이 소방조직의 최고책임자이고, 소방본부는 시정촌의 소방사무를 총괄하는 중심적인 역할을 하며, 소방행정의 기획 입안, 인사, 예산, 서무 등을 취급한다. 소방서는 화재 예방, 경계, 진입, 구급, 재해 방재 등의 소방 활동을 담당하는 일선 기관이다. 소방단은 비상근 공무원으로, 각자 일상의 직업에 종사하다가 필요 시 화재의 진압, 경계, 진압, 재해의 방재 활동을 하는 보조적 기능을 한다.

일본은 특유의 지리적 환경으로 인하여 자연재해가 자주 발생한다. 이에 따라 중앙정부의 소방조직뿐만 아니라 지방정부의 소방조직도 상당히 방대한 것이 특징이다. 중앙정부에는 소방청, 소방대학교, 소방연구소가 있고, 도도부현에는 소방학교, 소방연구소, 대도시 소방국 소방과학연구소가 있다(중앙소방학교, 2009: 167).

일본의 소방조직은 기초자치단체를 중심으로 하는 지역과 구역에 치중되어 발생하는 소방행정의 단점을 극복하고, 소방 및 재해에 실질적으로 대응하는 능력을 향상시키기 위하여 소방조직을 광역화하고 있다. 즉, 이제까지 소방행정이 화재의 신속한 진압과 예방에 주력하였다면, 소방행정의 범위가 자연재해로 확장되면서 업무 범위도 광범위하게 확대되어, 소방조직 역시 광역화를 추진하고 있다(김중구, 2011: 229-231).

3. 영국

영국의 소방 제도에서 가장 큰 특징은 도시 규모별로 기능을 분담하는 데 있다. 대도시에서는 공동위원회의 형태로 여러 개의 지방정부가 수립되어 있으며, 기타 도시에서는 광역 단위인 카운티(county)가 소방 기능을 수행하고 있다. 소방 서비스의 전달은 지방 수준에서 이루어지나, 중앙정부가 소방 서비스의 목표를 설정하고, 각 지방정부의 소방본부와 서비스 전달협정(service delivery agreement)을 체결하여 감독하는 체제로 이루어져 있다.

영국의 중앙소방조직은 내무부를 중심으로 조직되어 있으며, 내무부 장관은 중앙 및 지방훈련기관의 설립, 연금, 소방검열위원회 위원과 공무원의 임명 권한을 가지고 있다. 조직 구성은 내무부 소속의 소방 및 비상계획국, 감독실 소속의 소방서비스감독실, 집행기관 소속의 소방대학을 중심으로 이루어져 있다.

중앙정부는 정책 결정과 집행 시 중앙소방자문위원회의 의견을 수렴한다. 중앙소방자문위원회의 의견은 권고의 형태를 띠지만, 실질적으로는 대부분의 권고가 수용된다. 소방검열위원회는 매년 전국의 소방서를 감시하여 보고서를 작성하고, 법령상의 의무 준수 여부 조사, 정보 제공, 조언, 기술 지원, 소방 통계 작성 등을 수행하며, 장관 및 중앙소방자문위원회에 조언하는 역할을 담당한다.

영국은 1947년에 「소방조직법」을 제정하여 지방소방조직으로 전환되었다. 지방소방기관의 설치 등은 「지방정부법」에 따라 결정되며, 일반적으로 소방 업무는 지방정부가 소방기관이 되어 수행하고, 규모가 작은 지방정부는 인근의 작은 지방정부와 연합하여 소방 관서를 설치·운영하고 있다. 스코틀랜드는 현재 우리나라의 광역소방과 같은 체제를 갖추고 있다.

시와 읍·면·교구에는 소방 운영의 책임이 없고, 대도시 및 도 단위로 구분하여 소방관구사령부 단위로 관할구역을 설정한다. 관구사령부는 관할구역 내의 화재 예방과 진압 업무를 총괄한다. 행정 수요가 많은 지역에는 소방 관서를 설치하고, 행정 수요가 적은 지방의 소도읍에서는 의용소방대가 화재 진압을 담당한다.

영국의 소방 제도는 1947년 「소방조직법」이 제정되면서 오늘날의 자치소방 제도와 조직이 확립되었다고 볼 수 있다. 소방조직의 주요 업무는 화재 예방과 진압에 있으며, 이를 위하여 소방대와 소방 인력을 유지하고, 화재신고 체계를 효율적으로 운영하고 있다. 우리나라와 달리 긴급구조·구난 서비스는 소방조직에서 공식적으로 수행하는 업무에 포함되지 않고, 주로 화재와 관련된 업무만 담당하고 있다(송상훈 외, 2012: 107-109).

4. 독일

독일의 소방조직은 내무부에 의한 통제와 연방과 지방의 역할 분담을 특징으로 한다. 내무부 산하 연방민방위청은 본래 민방위 업무를 담당하였으나, 통일된 이후에는 자연재난과 인적 재난 관리 업무를 주로 담당하고 있다. 연방민방위청은 관리부, 민방위부, 재난통제부, 기술지원부, 경계·경보활동부 등으로 구성되어 있다.

연방정부는 전시(戰時)의 재난을 관리토록 하고, 평시(平時)의 재난은 지방정부에서 담당하도록 역할이 분담되어 있다. 평상시에 발생하는 지진, 홍수, 눈사태 등의 자연재난이나 산불, 비행기 추락, 열차사고, 화학사고, 원자력사고, 화재 등 모든 인적 재난은 지방정부에서 책임을 진다. 그러나 지방정부에서 감당하기 어려운 대형 재난이 발생할 경우, 지방정부의 요청에 따라 연방정부가 개입하게 된다. 기초자치단체 소방대는 의용소방대, 직업소방대 그리고 상황실로 구성되어 있거나 의용소방대로만 구성된다. 독일에서는 소방행정이 주정부에 속하는 업무이므로, 기초자치단체 소방대 설치 기준도 각 주(Land)에서 정한 소방 관련 법에 따라 정해야 한다(송상훈 외, 2012: 110).

〈표 9-7〉 해외 소방조직의 사례 비교

구분	체제	소방조직		특징
		중앙	지방	
미국	기초 + 광역소방 추세	• 연방위기관리청(FEMA) • 연방소방청(USFA) • 국립소방대학(NFA) • 국가소방자료센터	• 주: 소방위원회, 소방대학, 소방본부, 소방국 등 • 시와 카운티: 소방위원회 소방본부, 소방학교, 소방국, 소방서 등 특별구 · 타운: 소방서, 의용소방대 등	• 열악한 지자체들은 상호 연합하여 소방(방화)특별구 설립 운영 • 사실상 광역화 추세 (주마다 상이)
일본	기초소방 체제 (시정촌 간 광역화 추세)	• 총무성 소방청 • 소방심의회 • 소방연구소 • 소방대학교	• 도도부현: 소방방재과 (도쿄는 소방청), 소방학교 • 시정촌: 소방본부, 소방서, 소방단, 출장소 등	• 소방이 각종 재난 현장 활동 지휘+지진풍수해 등 자연재해+가스, 산불, 원자력 등 특수재해 담당 • 기초자치단체 간 광역화 추세
영국	광역소방 체제 (강력한 중앙통제)	• 부총리실 소방복구국 • 소방대학교 • 중앙소방학교 • 소방자문위원회 • 비상계획대학	• 런던소방비상기획청 • 런던위기관리자문단 • 카운티와 리전(region): 소방본부, 소방국, 소방서 • 소방자문위원회 • 읍 · 면: 소방서, 의용소방대	• 강력한 중앙통제 체제 • 열악한 지자체에 국고 지원(25~35%) • 지역별 상이
독일	광역소방 체제 (각 주의 내무부에 의한 강력한 통제)	• 연방정부는 소방행정에 대한 실질적 권한이 없음.	• 주: 소방국(소방대) • 시 · 군 · 읍: 소방관서 (주는 연방정부로부터 강한 독립성)	• 각 주의 소방 관계 법규는 통일 • 소방행정은 기본법에 따라 시 · 군 · 읍의 책임 • 민방위 업무는 소방 업무에 흡수

출처: 김병욱 외(2013: 149).

독일의 소방행정은 기초자치단체에 속하는 것이므로, 각 주의 법률에 따라 운영되고 있다. 소방시설과 소방교육은 연방 소방규정에 따라 비교적 표준화되어 있고, 소방 관련 제도와 행정은 개별 주법으로 정해져 있다. 대규모 화재나 홍수 등이 발생하는 경우, 해당 주들 간의 협의로 재난을 수습하게 되며, 특별한 요청이 없는 한 연방정부는 개입하지 않는다.

주는 소방학교를 설립하여 소방대원들의 교육을 실시하여야 하며, 기초자치단체 소방대가 소방장비와 시설을 구입할 수 있도록 예산을 지원하여야 한다. 아울러 기초자치단체 소방대가 여러 주에 걸쳐 투입될 경우를 대비하여 필요한 예산도 확보하여야 한다.

모든 기초자치단체는 화재 진압과 인명 구조를 위한 소방대를 설립·운영하여야 한다. 소방서, 소방시설, 화재 통보, 경보 시스템을 구축하고 소방용수, 소방관 교육, 임금 등을 책임져야 한다. 기초자치단체의 소방대는 다른 지방자치단체의 화재 진압과 인명구조를 위하여 필요한 시설 투자를 부담하고, 다른 지역 투입에 필요한 교육을 수행하여야 한다.

독일 소방조직의 최근의 추세를 보면 화재 진압, 구조, 재난 방지가 서로 연관된 업무라는 인식 하에 구조에 관한 법률과 재난 방지에 관한 법률이 통합되는 방향으로 발전하고 있다(송상훈 외, 2012: 114).

재난관리와 소방

제1절 개요

　우리나라에서 '소방(消防)'이라는 용어가 공식적으로 소개된 것은 대체로 갑오개혁기 전후라고 알려져 있다. 소방조직의 업무는 시대의 흐름과 사회적 변화에 따라 다양한 개념으로 변천하여 왔다고 할 수 있다. 초기 '소방'이라는 용어의 등장은 화재 진압이라는 의미에서 사회적 소방 수요의 증가와 소방조직의 발달로 화재의 예방·경계·진압이라는 '개념'으로 확대되었고, 1958년에「소방법」이 제정된 때에는 화재뿐만 아니라 풍·수·설해까지 포함한 자연재난의 예방과 대비라는 것까지 포함한 개념이 되었다. 1982년 일부 소방서에서 119구급대를 설치하여 구급 업무를 실시하였고, 1983년 12월 31일에「소방법」을 개정하여 구급 업무를 소방의 기본 업무로 법제화하였다. 또한 경제성장과 더불어 삶의 질이 향상되면서 안전에 대한 수요가 증가하였으며, 복잡한 사회구조만큼이나 다양한 사고가 발생하여 높은 수준의 전문성을 갖추고 고도로 훈련된 구조대가 필요하게 되었다.

특히 1988년 서울올림픽 대회를 개최하기 위하여 테러 등에 대응할 수 있는 구조대가 절실히 요구되었다. 1987년 소방서 단위로 인명구조대를 운영해 오다가 1988년 8월 1일 올림픽이 개최되는 도시, 즉 서울, 부산, 대구, 인천, 광주, 대전, 수원 등을 중심으로 구조대를 설치하여 인명구조 활동을 수행하게 되었다. 최근 소방안전 서비스가 화재, 구조·구급을 넘어서 위험의 사전 방지와 일상생활에서 느끼는 생활 안전 업무까지 확대되고 있다. 119로 접수되는 각종 생활안전사고가 급증하고, 생활 수준의 향상으로 안전 욕구가 증가함에 따라 일선 소방관서에서는 2012년부터 생활안전 소방 서비스를 제공하기 위하여 119생활안전대를 조직하여 운영하고 있다(채진, 2014: 2).

이처럼 소방조직은 화재의 예방·경계·진압이라는 화재 중심에서 사회가 발전하면서 구조·구급 활동으로 그 업무의 영역을 넓혀 갔으며, 최근에는 재난관리의 업무를 소방조직에서 집행하고 있어 소방조직은 급변하는 환경에 적응하면서 발전해 왔다. 현대 조직은 급격한 환경으로부터 조직을 생존·성장·발전시키기 위하여 단순히 환경에 적응하는 수준을 넘어 그 변화를 선도하는 창조적인 조직이 되어야 할 것이다. 급격하게 변화하는 환경 속에서 조직의 생존 전략 모색이 환경에 대한 적응 노력뿐만 아니라, 환경을 스스로 변화시킬 수 있는 적극적인 대응책으로 중요하게 부각되고 있다(채진, 2012).

1. 소방의 목적

소방행정은 "각종 재난으로부터 국토를 보존하고 국민의 생명·신체 및 재산을 보호하기 위하여 국가와 지방자치단체의 재난 및 안전관리 체제를 확립하고, 재난의 예방·

대비·대응·복구와 안전문화 활동, 그 밖에 재난 및 안전관리에 필요한 사항을 규정함을 목적"으로 하고 있다(소방기본법).

2. 소방 업무의 특성

각종 재난에 효과적으로 대처하기 위하여 재난관리(disaster management)의 성격을 지니며, 일반행정과 달리 다음과 같은 고유의 특성을 지니고 있다(이재은 외, 2006).[1]

1) 긴급성

화재 등 재난이 발생할 때에 이를 신속히 처리하지 못하고 지연될 경우 대형 재난으로 이어질 가능성이 높으므로 신속하게 출동하여 사고에 대응하여야 하는 긴급성이 있다.

2) 위험성

재난 현장은 항상 위험성을 내재하고 있으며, 소방대원들은 위험에 노출되어 있기 때문에 위험에 대비하면서 재난에 대응하여야 한다.

3) 결과성

일반적으로 과정이나 절차를 중요시하지만 소방은 대형 재난으로 인명과 재산 피해

---

[1] 우성천(2007)은 소방 업무의 특수성으로 위험성, 돌발성, 기동성, 조직성, 보수성 등을 들고 있다. 양기근 외 (2016a)는 소방 업무의 특수성으로 결과성, 긴급성, 위험성, 현장성, 경계성, 가외성, 전문성, 대기성, 일체성 등을 들고 있다.

가 커지면서 책임을 면하기 어렵고, 화재 등 각종 대형 재난이 발생할 때에 관계자의 책임을 물어 문책과 처벌이 따르는 경우가 종종 있다. 따라서 위기 상황에서는 규칙이나 절차에 따라 행동하는 것보다 결과를 강조하는 특수성이 있다.

4) 가외성

미래 불확실한 재난에 대비하는 조직의 특성을 지니고 있기 때문에 가외성(加外性)의 논리에 따라 인원과 장비가 항상 갖추어져 있어야 한다.

5) 전문성

화학, 건축, 전기, 가스 등 다양한 지식이 필요로 하는 전문 분야이며, 화재 등 다양한 재난 현장에서 신속하게 화재 진압, 인명 구조, 응급 처치 등을 위하여 전문성을 요구한다.

6) 위기 대응성

재난은 예고 없이 발생하기 때문에 신속하게 대응하여 생명과 재산 피해를 최소화하려면 충분한 현장 인력과 장비를 보유하고 상시 출동 태세를 유지하여야 한다.

7) 규제성

소방 업무는 구조·구급 등 각종 서비스를 제공할 뿐만 아니라 화재 발생 시 안전을 확보하기 위하여 인가·허가 업무 처리 등 규제의 기능도 수행한다.

제2절 소방 연혁 및 기본 현황

1. 소방의 연혁

조선시대 금화법령의 제정과 금화도감(禁火都監)의 설치로 소방의 시초가 되었고, 일제·미군정시대에 전문 업무로 발전하였으며, 정부 수립 이후에 소방 체계의 격변기를

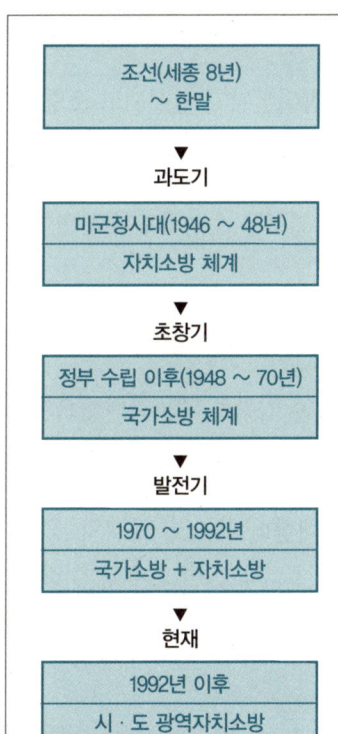

- 1426 수성금화도감
- 1925 경성소방서(현 종로소방서) 설치

- 중앙 : 소방위원회(소방청)
- 지방 : 도 소방위원회(지방소방청)
  시읍면 : 소방부

- 기구
  ┌중앙 : 내무부 치안국 소방과
  └지방 : 경찰국 소방과, 소방서
- 법제 : 「소방법」 제정(1958. 3. 18)
- 신분 : 「경찰공무원법」 적용

- 체제 : 서울·부산소방본부 설치(자치소방)
- 구조 : 내무부 소방국 설치(1975. 8)
- 신분 : 「소방공무원법」 제정(1978. 3)
- 구조·구급 업무의 도입
  ※소방학교 설치(1978. 7)

- 체제 : 시·도(광역) 책임으로 일원화
- 기구 : 도 소방본부 설치(1992. 4)
- 신분 : 시·도 지방직으로 전환(1995. 1)
- 법제 : 「소방기본법」 등 4개 법률 제정(2003. 5)
- 2004. 6. 1 소방방재청 개청
- 2014. 11. 19 국민안전처(중앙소방본부) 출범
- 2017. 7. 26 소방청 개청

출처 : 이재은 외, 2006.

[그림 10-1] 소방의 발전 과정

거쳐 1992년 1월 국가 소방과 광역자치소방으로 이원화된 소방 제도를 광역자치 소방 체계로 운영하고 있다.

1995년 1월 1일 본격적인 지방자치가 실시되면서 소방본부장 및 지방소방학교장을 제외한 시·도의 국가직 소방공무원을 지방직 소방공무원으로 전환하는 등 본격적인 광역자치 소방행정이 실시되고 있다(이재은 외, 2006). 2017년 문재인 정부가 들어서면서 소방청이 독립되었으며, 국가직 소방을 추진하고 있다.

1) 초창기

1958년 3월 11일 소방법의 제정 당시는 화재·풍수해·설해 업무까지 담당하였으나 1967년 「풍수해대책법」이 제정됨에 따라 풍수해·설해를 삭제하고 화재만으로 한정하였다. 1975년 「민방위기본법」의 제정으로 내무부에 민방위본부가 창설되고 소방 업무를 관장하였으며, 소방본부장 및 소방서장은 시·도지사와 시장·군수의 지휘 감독을 받고 소방서가 설치되지 않은 지역은 시장·군수가 소방 업무를 수행하도록 하였다.

2) 도약기

1983년 「소방법」을 개정하여 구급 업무를 소방의 기본 업무로 제도화하였으며, 1984년 모든 소방관서로 확대 실시하였고, 1980년대 후반 인구 증가 및 도시 집중화에 따른 건물의 고층화·밀집화·지하심층화 및 산업시설의 대형화 등으로 화재의 양상이 복잡·다양화됨에 따라 인명 구조의 수요 증대와 고도의 전문구조 기술과 장비를 갖춘 구조대의 신설 필요성이 증대함에 따라 1989년 119구조대를 설치·운영하였다.

3) 정착기

1992년 시·도 광역자치 소방 체계를 전면적으로 시행함으로써 16개 시·도에 모든 소방본부가 설치되고, 소방 업무는 시·도지사의 책임으로 일원화되었으며, 2004년 6월

1일 정부조직상 최초의 재난관리 전담기구인 소방방재청(消防防災廳)이 출범함으로써 소방·방재·민방위 운영 및 안전에 관한 사무를 관장하는 재난관리 총괄기구로서 역할을 하였다.

정부는 효과적인 재난 대응을 위하여 2014년 4월 16일 세월호 참사를 계기로 재난관리 시스템에 문제가 있다는 사회적 지적에 따라 육상재난과 해상재난을 통합적으로 관리하기 위하여 2014년 11월 19일 국민안전처를 출범시켰으며, 2017년 7월 26일 문재인 정부의 출범과 함께 육상재난의 대응 전문기관인 소방청을 독립시켰다.

2. 기본 현황

소방 업무를 수행하기 위한 소방관서, 소방 인력, 소방 예산, 소방장비의 현황(2018. 1.1 현재)은 아래와 같다.

1) 소방관서

구분	소방본부	소방학교	소방서	안전센터	구조대	소방항공대	소방정대
계	19	9	215	1,029	224	18	8

2) 소방 인력

소방공무원은 국가직 소방공무원과 지방직 소방공무원으로 분류한다. 국가직은 소방청 및 소속기관(중앙소방학교, 119중앙구조본부) 공무원과 시·도의 소방본부장 및 지방학교장이며, 그 외는 지방직 공무원으로 계급별 현황은 다음과 같다.

구분	계	소방총감	소방정감	소방감	소방준감	소방정	소방령	소방경	소방위	소방장	소방교	소방사
계	4,8042	1	3	10	35	323	1,213	3,378	3,550	6,848	12,801	19,880
국가	585	1	3	10	17	28	74	91	115	88	90	68
지방	47,457				18	295	1,139	3,287	3,435	6,760	12,711	19,812

3) 소방 예산

구분	계	인건비	기본경비	사업비	비고
합계					단위 : 억 원
소방청	1,688	485	106	1,097	
시·도 소방관서	36,380	32,995	1,464	1,921	

※ 타 부처 편성, 소방청 관련 기금 및 예산 : 5,485억 원.

4) 소방장비

합계	펌프차	물탱크차	사다리차	화학차	조연차	구조차	구급차	지휘차	화재조사차	소방정	기타
9,146	2,115	758	452	303	169	642	1,512	321	163	56	2,655

제3절 재난관리와 소방조직 체계

1. 중앙정부

1) 소방청

중앙정부의 청(廳)은 행정 각부의 소관 사무 중 업무의 독자성이 높고 집행적인 사무를 독자적으로 관장하기 위하여 행정 각부 소속으로 설치되는 중앙행정기관이다. 청은 다른 중앙행정기관 유형에 비하여 상대적으로 업무의 독자성이 높고 성과가 가시적이며 명확한 기관으로서 부·처에 비하여 표준운영절차(standard operation procedure : SOP)가 잘 구비되어 있는 집행적 성격의 업무를 주로 수행한다(유홍림 외, 2006: 24-25; 조석준·임도빈, 2010: 399).

청장은 소관 사무 통할권과 소속 공무원에 대한 지휘·감독권을 가지고, 국무회의에 직접 의안을 제출할 수 없어 소속 장관에게 의안 제출을 건의하여야 하며, 국무회의 구성원은 아니지만 출석·발언권을 가진다. 또한 소관 사무에 관하여 직접적인 법규명령을 제정할 수 없으므로 소속 장관을 통하여 부령(部令)을 제정할 수 있다.

중앙정부의 소방조직인 소방청은 2017년 7월 26일 「정부조직법」 개편에 따라 42년 만에 독립한 대한민국의 소방조직 외청이다. 소방청은 육상재난의 총괄대응 책임기관으로서, 안전한 대한민국을 만들고 국민이 안심하고 생활할 수 있는 대한민국을 만들기 위하여 모든 역량을 집중한다. 점점 복잡화, 대형화되어 가고 있는 각종 사고와 재난으로부터 국민을 안전하게 보호하기 위하여 부족한 소방 인력과 장비를 확충하고, 현장 중심의 조직을 강화하여 국가 재난 대응 체계를 구축하였다.

소방청 조직은 119종합상황실, 기획조정관, 소방정책국, 119구조구급국 등 1실, 1관, 2국으로 구성되어 있다. 기획조정관은 기획재정담당관, 행정법무감사담당관, 정보통계담당관으로 구성되어 있으며, 소방정책국은 소방정책과, 화재예방과, 화재대응조사과, 소방산업과로 구성되어 있다. 또한 119구조구급국은 119구조과, 119구급과, 119생활안전과, 소방장비항공과로 구성되어 있다. 소속기관으로는 중앙119구조본부와 중앙소방학교가 있으며, 이들 조직의 구성원은 국가직 소방공무원이다. 총 186명(소방직 164명, 일반직 25명)으로 운영하고 있다.

[그림 10-2] 소방청 조직 체계

2) 소속기관

(1) 중앙소방학교

중앙소방학교는 소방공무원과 소방간부 후보생 및 의무소방원에게 소방 직무에 관한 학술과 기술 및 응용 능력을 습득시키고 소방행정의 발전을 위하여 조사·연구 및 구조구급에 관한 훈련에 관한 사무, 소방공무원 채용시험 등을 관장하기 위하여 교육지원과, 인재개발과, 교육훈련과, 인재채용팀, 소방과학연구실 등을 두고 있으며, 총 79명(소방직 61, 일반직 18명)으로 운영하고 있다.

(2) 중앙119구조본부

중앙119구조본부는 각종 대형·특수재난사고의 구조·현장 지휘 및 지원, 재난 유형별 구조기술의 연구·보급 및 구조대원의 교육훈련, 시·도지사의 요청 시 본부장이 필요하다고 판단하는 재난사고의 구조 및 지원, 그 밖의 중앙긴급구조통제단장이 필요하다고 판단되는 재난사고의 구조 및 지원 등을 관장하기 위하여 기획협력과, 특수구조훈련과, 특수장비항공팀, 인명구조견센터, 특수구조대, 화학구조센터 등을 두고 있으며, 총 421명(소방직 373, 일반직 48명)으로 운영하고 있다.

2. 지방자치단체

1) 소방본부

소방본부는 특별시·광역시·특별자치시·도 또는 특별자치도에서 화재 예방·경계·진압 및 조사, 소방안전교육·홍보와 화재, 재난·재해, 그 밖의 위급한 상황에서의 구조·구급 등의 업무를 수행하는 부서를 말한다. 소속기관으로 소방서와 소방학교, 119안전체험관 등이 있다.

2) 소방학교

특별시·광역시 또는 도는 그 관할구역 소방공무원의 교육·훈련을 위하여 해당 특별시·광역시 또는 도의 조례로 지방소방학교를 설치할 수 있다. 신임소방공무원, 전문교육과정, 의용소방대 및 민간인을 위한 특별교육과정 등을 운영하고 있다.

3) 소방서

소방서는 시·군·구(지방자치단체인 구를 말한다.) 단위로 설치하되, 소방 업무의 효율적인 수행을 위하여 특히 필요한 경우에는 인근 시·군·구를 포함한 지역을 단위로 설치할 수 있다. 소방서에는 시·도의 실정에 따라 소방행정과, 방호과, 예방과, 119구조구급과 등을 운영하고 있다.

4) 119안전체험관

119안전체험관에서는 체험교육 운영 계획 수립·시행에 관한 사항, 체험 프로그램 개발·운영에 관한 사항, 시민안전교육 활성화에 관한 사항, 체험객 안전관리에 관한 사항, 체험시설 보강 및 유지·보수에 관한 사항, 시민안전교육 홍보에 관한 사항, 체험 인원 통계 및 성과분석에 관한 사항 등을 담당한다.

5) 119안전센터

119안전센터는 화재 발생 시 출동·진화 및 특별경계근무·화재 예방 지도·계몽, 위급환자 응급 처치·병원 이송 및 시민생활 응급 처치 교육에 관한 사항, 독거노인 자동신고 시스템 관리·운영에 관한 사항, 소방검사·소방정보 수집 및 순찰 업무에 관한 사항, 위험물검사 및 불법위험물 단속에 관한 사항, 소방용수시설 조사 및 지리조사에 관한 사항, 그 밖에 소방에 관한 사항 등이다.

6) 119구조대

119구조대는 화재 및 재난 현장 인명 구조에 관한 사항, 구조·구출 방법의 정보 수집 및 연구에 관한 사항, 하천에서의 수난 구호에 관한 업무에 관한 사항, 인명구조장비 유지관리 및 대원 안전관리 교육, 재난 취약 대상 현지 적응 및 인명 구조·장비 조작 훈련, 그 밖에 인명 구조에 관한 사항 등이다.

7) 소방정대

소방정대는 항계(港界, harbour limit) 내 선박 화재 진화 및 인명 구조에 관한 사항, 해난 사고 시 인명 구조 및 지원 활동에 관한 사항, 소방정 안전 운항 및 계류장·장비 유지 관리에 관한 사항, 화재 예방 홍보 및 순찰 업무에 관한 사항, 접안지 조사 및 연안 인접 육상 화재 시 해수 지원 활동, 그 밖에 소방정대 운영에 관한 사항 등이다.

3. 의용소방대

의용소방대는 관설 소방 업무를 보조하기 위한 조직으로서 화재 예방과 초기 발견 및 신고·소화 등은 물론 각종 재난 방지에 적극 참여하여 주민의 귀중한 생명과 재산을 보호하기 위하여 설치된 민간소방조직으로 그 지역에 거주하는 주민 중에서 지역사회에 대한 희생·봉사정신이 강한 사람들의 자원(自願)으로 조직되어 비상근으로 운영되고 있다.

의용소방대는 단위 생활 공동체 속에서 화재 등 각종 소방 상황에 맞닥뜨리면 상호 협조 및 상부상조하는 민간조직에서 그 모태를 찾을 수 있으나 오늘날에는 순수 자율적인 차원을 넘어서 실질적인 소방 업무를 보조하기 위하여 제도적으로 규정하고 있다.

의용소방대의 설치 지역은 특별시, 광역시와 시·읍·면 지역이며, 그 설치·명칭·구역·조직·정원·임면·훈련·검열·복제 및 복무 등에 관한 사항은 「의용소방대 설치 및 운영에 관한 법률」에 따른다(우성천·채진·고기봉, 2014: 65).

4. 의무소방대

의무소방대는 대한민국의 전환, 대체복무 제도의 하나로, 그동안 제기되어 왔던 소방 행정 수요에 비하여 절대 부족한 현장 활동 인력을 확충하여 소방 업무의 효율성을 높이고 국민의 생명과 재산을 보호하기 위하여 도입된 제도이다. 의무소방원은 「의무소방대설치법」에 따라 선발 및 운영되고 있다.

제4절 재난관리와 소방 활동

1. 소방 업무의 확대

현대 사회는 산업화·도시화, 건물의 고층화·밀집화·지하심층화 및 가스·위험물의 사용 증가 등 소방환경의 변화에 발맞추어 소방 서비스에 대한 수요가 점점 증가하고 있다. 소방 업무는 전통적·소극적·고유의 영역인 화재 진압으로부터 각종 재난의 대응과 적극적인 대민 서비스 및 봉사 업무인 구조·구급 활동 등으로 그 영역이 확대되어 왔다.

2. 재난관리에서 소방의 역할

오늘날 세계 각국은 각종 재난을 사전에 예방함으로써 인명 및 재산 피해를 최소화하고 복구를 효율적으로 수행하기 위한 재난관리 체계를 구축하는 데 역점을 두어 추진하고 있다.

재난관리에서 가장 중요한 것은 각종 재난을 사전에 예방하여 발생하지 않도록 하는 것이지만 오히려 재난의 발생이 증가하고 그 유형도 다양해지고 있으며, 재난 발생 시 인명 및 재산 피해도 증가하고 있다(이재은 외, 2006).

1) 재난의 분류

재난은 "국민의 생명·신체 및 재난과 국가에 피해를 주거나 줄 수 있는 것"으로 정의하면서 자연재난, 사회적 재난으로 분류하고 있다(재난 및 안전관리기본법 §3). 그러나 많은 학자는 재난을 자연재난, 인적 재난, 사회재난으로 분류하고 있으며, 실정법의 자연재난과 사회재난의 분류에 대해서는 비판적인 의견이다.

2) 소방의 역할

일반적으로 재난관리 과정은 예방, 대비, 대응 및 복구의 네 단계로 분류할 수 있다.

첫째, 예방(mitigation) 단계는 재난이 실제로 발생하기 전에 위기 촉발 요인을 제거하거나 재난 요인이 표출되지 않도록 억제 또는 예방하는 활동을 의미한다(이재은·김겸훈·김은정·이호동, 2003: 132; McLoughlin, 1985: 166; Petak, 1985: 3). 재난관리의 예방 활동에는 재난 요인의 사전 제거, 안전 기준의 설정, 위험에의 노출 감소 등이 해당되는데 재난 발생의 가능성이 있는 대상물은 정부 각 부처와 기관별로 예방 책임의 소재를 나누어 시행하고 있다.

소방기관에서는 화재 등 재난이 발생하지 않도록 지속적인 예방 활동을 강화하여 시행하고 있다. 특히 재난이 발생하면 대형 사고로 이어질 위험이 상존하는 고층건물, 관광호텔, 대규모 공장 등 일정 규모 이상을 대형 화재 취약 대상으로 선정하여 건축·전기·가스 등 유관 기관 부서와 정기적인 합동 안전점검을 실시하여 위험 요인을 사전에 제거하고 단란주점, 유흥주점 등 불특정 다수인이 많이 이용하는 다중이용 업소에 대해서는 재난 발생 시 대피할 수 있도록 비상구를 확보하고, 취약 시기 및 이상 기온 시 예방 순찰을 강화하는 등 안전관리 체계를 구축하고 다각적인 재난 예방 활동을 전개하고 있다.

둘째, 대비(preparedness) 단계는 재난 발생 시의 대응 활동을 사전에 준비하기 위한 대응 능력 개발 활동을 의미한다(이재은, 2004: 235; Clary, 1985: 20; Petak, 1985: 3). 재난이 발생하였을 때를 상정하여 재난 상황 하에서 수행하여야 할 제반 활동을 재난 발생 전에 계획·준비하고, 이에 대한 교육 및 훈련으로 위기 대응 능력 및 대비 태세를 강화하는 일련의 활동이다(이재은, 2004: 235).

태풍·폭설 등 자연재난과 화재·유독물로 인한 환경오염 사고 등 인적 재난에 대응하기 위하여 소방본부 및 소방서 상황실에 매뉴얼을 작성하여 각종 재난 발생에 대한 대응 태세를 유지하고 있으며, 소방대원들의 재난 대처 능력을 향상시키기 위한 도상훈련의 실시 및 각종 훈련을 실시하고 있다. 사고가 발생하면 인명 및 재산 피해가 클 것으로 우려되는 대상의 관계자에 대하여 소집 및 방문교육을 실시함으로써 재난 발생에 대비하고 각종 홍보 매체를 통한 주민 안전 의식 제고를 위한 활동을 전개하고 있다.

대형 재난사고 발생 시 신속한 현장 재난관리를 위한 수송, 통신, 의료, 장비 지원 등 관련 기관과 응원협정 체제를 제도화하고, 시민단체·자원봉사자 등 민간 참여 활성화를 위하여 인력 데이터베이스(D/B)를 구축하고 있다. 또한 효율적인 지방자치단체의 재난관리를 위하여 시청·경찰서·군부대 등 유관 기관 및 실무기관과 정기적인 합동훈련을 실시하는 등 긴밀한 협조 체계를 유지하고 있다.

셋째, 대응(response) 단계는 재난 발생 이후 재난관리 기관의 각종 업무 및 기능을 실제 적용하는 활동이다(이재은, 2004: 237; Drabek, 1985: 85; Petak, 1985: 3). 재난 발생 상황에서 국가의 가용 자원 및 역량을 효과적으로 활용하여 신속히 대처하는 것을 의미하는 것으로서, 즉 예방, 대비 단계의 활동과 연계하여 재2의 손실 발생 가능성을 줄이고, 복구 단계에서 발생할 수 있는 문제들을 미리 최소화하는 활동이다(이재은, 2004: 237).

이상기온 등 자연 현상과 과학화·산업화에 따라 각종 시설의 대규모화로 인한 재난의 발생은 불가피한 현상으로 받아들여지고 있으므로, 재난관리 과정에서의 대응 단계는 어느 단계보다도 중요하다. 이러한 재난관리 대응 단계에서 가장 중추적인 역할을 담당하는 조직이 24시간 인원과 장비를 보유하고 각종 재난 발생에 대비하는 소방조직이라 할 수 있다.

소방종합상황실을 설치·운영하고, 재난 발생 시 피해 지역의 신속한 현장 지원 및 정보를 수집·전파하며 「재난 및 안전관리기본법」에 의한 현장지휘소를 설치·운영함으로써 중앙 및 지역재난안전대책본부 등과 정보 공유 및 신속한 수습 방안을 강구하고 있다. 또한 지역긴급구조통제단을 설치·운영하여 지방자치단체와 긴밀한 협조 체계를 통한 현장 대응 및 지휘 체계를 강화하고 신속한 대응으로 인명 및 재난 피해를 최소화하기 위하여 경찰·군·보건소·전기안전공사 등 유관 기관과 적극 협조하여 각종 재난 발생에 대처하고 있다.

넷째, 복구(recovery) 단계는 피해 지역이 재난 발생 직후부터 재난 발생 이전 상태로 회복될 때까지의 장기적인 활동 과정이다(이재은, 2004: 237; Petak, 1985: 3). 즉, 피해 지역의 초기의 재난 발생 상황으로부터 정상 상태로 돌아올 때까지 지원을 제공하는 지속적인 활동을 의미한다.

화재 등 재난 발생 시 피해조사를 위하여 경찰과 협조 하에 과학적인 원인 조사를 실시하고, 재난 발생 지역의 조기 지역 복구·회복 및 재발 방지를 위한 안전 대책을 마련하여 실시하고 있다.

⟨표 10-1⟩ 재난대책 과정상 특성과 소방의 역할

구분	예방 단계	대비 단계	대응 단계	복구 단계
활동 내용	재난의 발생 가능성을 사전에 감소시키기 위한 제반 활동	재난 발생 시 효과적인 대응을 위한 사전 준비 활동	재난으로 인한 인명·재산 피해의 최소화 및 확산 방지 활동	재난으로 인한 피해를 재난 발생 이전 상태로 회복시키는 활동
긴급성	불필요	불필요	필요	일부 필요
특성	대상물에 따른 전문성 필요	대응에 따른 준비이므로 대응 기관에서 담당	협의의 재난관리론 지휘 체계가 중요	단기와 장기 복구로 구분
활동기관	(화재) 해당 부서	소방에서 주로 담당 해당 부서		(일부 부분)

출처 : 행정자치부(2004: 30).

제5절 긴급구조 체계

 소방청의 설치와 「재난 및 안전관리 기본법」의 제정으로 모든 재난 발생 시 국민의 생명과 재산을 보호하기 위하여 인명 구조 활동 등 긴급구조는 소방 중심으로 경찰·군인·대한적십자사 등 유관 기관의 지원을 받아 긴급구조 업무를 수행하는 체계를 갖추고 있다.

1. 긴급구조통제단

 긴급구조에 관한 사항의 총괄·조정, 긴급구조기관 및 긴급구조 지원기관이 행하는 긴급구조 활동의 역할 분담 및 지휘통제를 위하여 소방청에 중앙긴급구조통제단과 지역별 긴급구조에 관한 사항의 총괄·조정, 당해 지역에 소재하는 긴급구조기관 및 긴급구조 지원기관 간의 역할 분담과 재난 현장에서의 지휘·통제를 위하여 시·도의 소방본부에 시·도긴급구제통제단을 두고, 시·군·구의 소방서에 시군구긴급구조통제단을 두고 있다.

1) 긴급구조통제단의 구성

중앙통제단 및 지역통제단에는 단장 1인을 두되, 중앙통제단의 단장은 소방청장, 시·도 긴급구조통제단의 단장은 소방본부장, 시·군·구 긴급구조통제단의 단장은 소방서장이 된다. 단장은 각각 중앙통제단 및 지역통제단을 대표하고 그 업무를 총괄한다. 통제단에는 부단장을 두고 부단장은 중앙통제단장을 보좌하며, 중앙통제단장이 부득이한 사유로 직무를 수행할 수 없을 때에는 그 직무를 대행한다. 부단장은 소방청의 차장이 되며, 통제단에는 총괄지휘부, 대응계획부, 자원지원부, 긴급복구부 및 현장지휘대를 둔다.

(1) 중앙긴급구조통제단의 조직과 임무

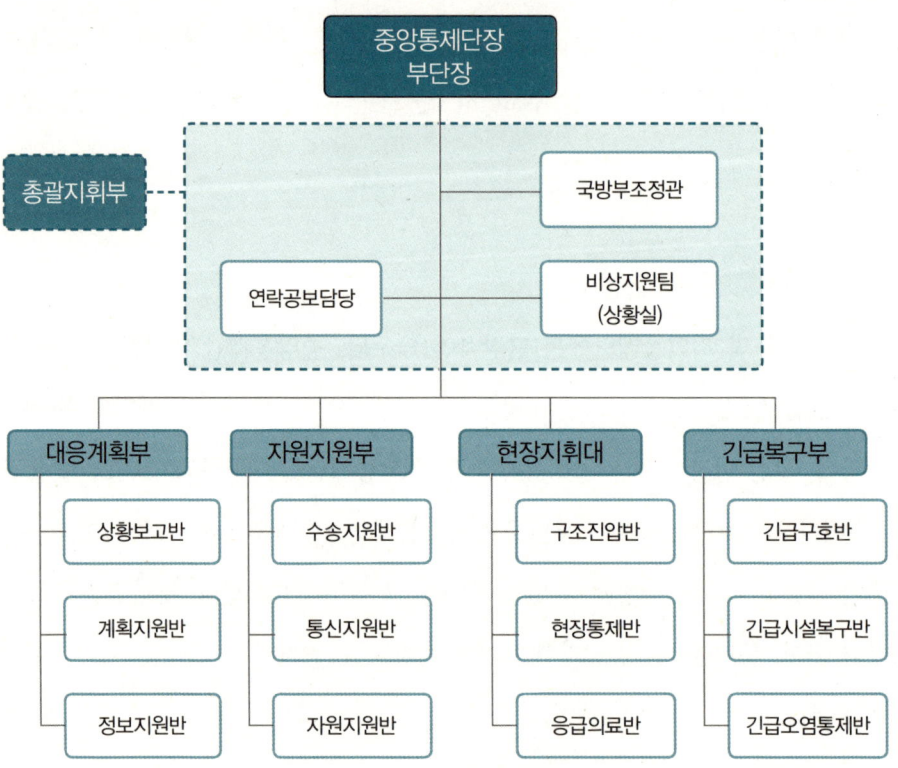

[그림 10-3] 중앙긴급구조통제단의 조직도

⟨표 10-2⟩ 중앙긴급구조통제단의 부서별 임무

부서별		주요 임무	대응 계획
중앙통제단장		1. 긴급구조 활동의 총괄 지휘·조정·통제 2. 정부 차원의 긴급구조 대응계획의 가동	지휘통제계획 (#1)
총괄 지휘부	국방부 조정관	1. 중앙통제단장과 공동으로 국방부의 긴급 구조지원 활동 조정·통제 2. 광범위한 지역에 걸친 재난 시 대규모 탐색구조 활동 지원	국방부 세부 대응계획
	연락공보 담당	1. 대중정보계획(#3) 가동 2. 대중매체 홍보에 관한 사항 3. 종합상황실과 공동으로 비상경고계획(#2) 가동	대중정보계획 (#3)
		4. 국회 또는 중앙재난안전대책본부장의 연락 및 보고에 관한 사항	
	비상지원팀 (상황실)	1. 중앙통제단 지원 기능 수행 2. 긴급구조대응계획 중 기능별 긴급구조대응계획 가동 지원 3. 각 소속 기관·단체에 분담된 임무 연락 및 이행 완료 여부 보고	기능별 대응계획 (#1-11)
대응 계획부	상황보고반	재난상황정보를 종합 분석·정리하여 중앙대책본부장 등에게 보고	지휘통제계획(#1)
	계획지원반	시·도긴급구조통제단의 대응계획부의 작전계획 수립 지원	지휘통제계획(#1)
	정보지원반	시·도긴급구조통제단 기술정보 지원	지휘통제계획(#1)
자원 지원부	수송지원반	1. 긴급구조지원기관의 자원 수송 지원 2. 다른 지역 자원봉사자의 재난현장 집단수송 지원	지휘통제 계획(#1)
	통신지원반	1. 재난 현장의 중앙통제단과 소방청의 종합상황실과의 통신 지원 2. 정부 차원의 재난통신 지원 활동	재난통신계획(#11)
	자원지원반	소방청 자원관리 시스템을 통한 시·도통제단 자원 요구 사항 지원	지휘통제계획(#1)
현장 지휘대	구조진압반	1. 정부 차원의 인명구조 및 화재 등 위험 진압 지원 2. 시·도 소방본부 및 권역별 긴급구조지휘대 자원의 　지휘·조정·통제	구조진압계획(#5)
	현장통제반	1. 정부 차원의 대규모 대피계획 지원 2. 지방 경찰관서 현장통제자원의 지휘·조정·통제	현장통제계획(#8)
	응급의료반	1. 정부 차원의 응급의료자원 지원 활동 2. 정부 차원의 재난의료 체계 가동 3. 시·도 응급의료 자원의 지휘·조정·통제	응급의료계획(#6)
긴급 복구부	긴급구호반	1. 정부 긴급구호 활동 지원 2. 긴급구조	긴급구호계획(#10)
	긴급시설 복구반	1. 정부긴급시설복구 지원 활동 2. 시·도긴급구조통제단 긴급시설복구자원의 지휘·조정·통제	긴급복구계획(#9)
	긴급오염 통제반	1. 정부 차원의 긴급오염통제 지원 활동 2. 시·도긴급구조통제단 긴급오염통제자원의 지휘·조정·통제	긴급오염통제계획 (#7)

(2) 지역긴급구조통제단의 조직과 임무

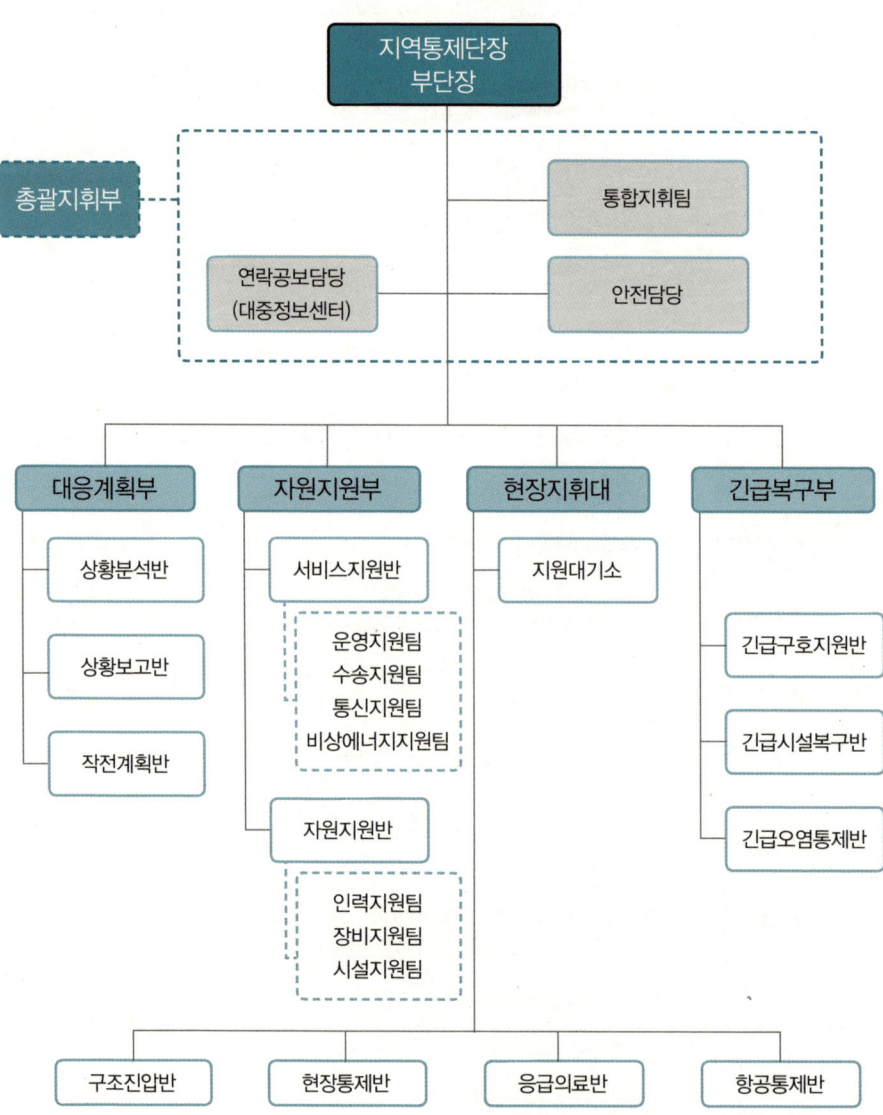

[그림 10-4] 지역긴급구조통제단의 조직도

〈표 10-3〉 지역긴급구조통제단의 부서별 임무

부서별		주요 임무	대응 계획
지역통제단장		1. 긴급구조 활동의 총괄 지휘 · 조정 · 통제 2. 시 · 도 긴급구조 대응계획의 가동 책임	지휘통제계획(#1)
총괄 지휘부	통합지휘팀	1. 전반적 대응 목표 및 전략 결정 2. 대응활동계획의 공동 이행(소속기관별 임무 분담 및 이행) 3. 전반적 자원 활용의 조정 4. 그 밖에 통제단장 지원 활동	각 소속기관 세부 대응계획
	연락공보 담당	1. 대중정보 제공에 관한 사항 2. 대중매체에 대한 홍보에 관한 사항 3. 상황실과 공동으로 비상경고계획 이행 4. 국회 또는 중앙재난안전대책본부장의 연락 및 보고에 관한 사항	대중정보계획(#3)
	안전담당	1. 재난 현장의 안전진단 및 안전조치 2. 현장활동 요원들의 안전수칙 수립 및 교육	지휘통제계획(#1)
대응 계획부	상황분석반	1. 재난상황정보의 수집 · 분석 및 대응 목표 우선순위 설정 2. 재난 상황 예측 3. 작전계획반과 공동으로 대응활동 계획 수립	지휘통제계획(#1)
	상황보고반	대책본부장 및 중앙통제단 등에 대한 보고서 작성	지휘통제계획(#1)
	작전계획반	1. 현장 대응활동 계획 수립 및 배포 2. 작전계획에 따른 자원 할당	지휘통제계획(#1)
자원 지원부	서비스 지원반	1. 운영지원팀 : 통제단 운영지원 및 현장지휘소 설치 2. 수송지원팀 : 긴급구조자원 수송 지원 3. 통신지원팀 : 현장지휘 및 자원관리에 필요한 통신 지원 4. 비상에너지지원팀 : 전기, 연료 등 지원	지휘통제계획(#1) 재난통신계획(#11)
	자원지원반	1. 인력지원팀 : 현장인력 지원 및 자원집결지 운영 2. 장비지원팀 : 현장 필요장비 동원 및 지원 3. 시설지원팀 : 현장 필요시설 동원 및 지원	지휘통제계획(#1)
현장 지휘대	구조진압반	1. 각 시 · 군 · 구긴급구조통제단 인명구조 및 화재 등 위험 진압 및 지원 2. 그 밖에 각 시 · 군 · 구 구조진압반 지휘 · 조정 · 통제 3. 자원대기소 운영	구조진압계획(#5)
	현장통제반	1. 시 · 도 대피계획 지원 2. 각 대응구역별 현장자원의 지휘 · 조정 · 통제	현장통제계획(#8)
	응급의료반	1. 시 · 도 차원의 응급의료 및 자원 지원 활동 2. 대응구역별 응급의료자원의 지휘 · 조정 · 통제 3. 사상자 분산 이송 통제 4. 사상자 현황 파악 및 상황보고반에 대한 보고 자료 제공	응급의료계획(#6)
	항공통제반	1. 항공대 운항 통제 및 이착륙장 관리 2. 응급환자 원거리 항공 이송 통제	항공구조활동지침
긴급 복구부	긴급구호 지원반	1. 시 · 도 차원의 긴급구호 및 자원 지원 활동 2. 긴급구조요원 및 자원봉사자에 대한 의식주 지원	긴급구호계획(#10)
	긴급시설 복구반	1. 시 · 도 차원의 긴급시설복구 및 자원 지원 활동 2. 시 · 군 · 구긴급구조통제단 긴급시설복구 자원의 지휘 · 조정 · 통제	긴급복구계획(#9)
	긴급오염 통제반	1. 시 · 도 차원의 긴급오염 통제 및 자원 지원 활동 2. 시 · 군 · 구긴급구조통제단 긴급오염통제 자원의 지휘 · 조정 · 통제	긴급오염통제계획 (#7)

2) 통제단의 기능

중앙통제단 및 지역통제단은 재난의 신속한 대응을 위하여 다음의 기능을 수행한다.
① 긴급구조 대책의 총괄 · 조정
② 긴급구조 활동의 지휘 · 통제
③ 긴급구조 지원기관 간의 역할 분담 등 긴급구조를 위한 현장 활동계획의 수립
④ 긴급구조 대응계획의 집행
⑤ 그 밖의 통제단장이 필요하다고 인정하는 사항

3) 통제단의 운영 기준

(1) 대비 단계

재난이 발생하지 아니한 상황에서 각급 긴급구조 대응계획의 운용 연습 및 재난 대비 훈련을 실시하는 단계로서 긴급구조지휘대만 상시 운영한다.

(2) 대응 1단계

일상적으로 발생되는 소규모 사고가 발생한 상황에서 긴급구조지휘대가 현장 지휘 기능을 수행한다. 다만, 시 · 군 · 구 긴급구조통제단은 필요에 따라 부분적으로 운영할 수 있다.

(3) 대응 2단계

2개 이상의 시 · 군 · 구에 걸쳐 재난이 발생한 상황이나 하나의 시 · 군 · 구에 재난이 발생하였으나 당해 지역의 시 · 군 · 구 긴급구조통제단의 대응 능력을 초과한 상황에서 해당 시 · 군 · 구 긴급구조통제단을 전면적으로 운영하고, 시 · 도 긴급구조통제단은 필요에 따라 부분 또는 전면적으로 운영한다.

(4) 대응 3단계

2개 이상의 시·도에 걸쳐 재난이 발생한 상황이나 하나의 시·군·구 또는 시·도에서 재난이 발생하였으나 시·도통제단이 대응할 수 없는 상황에서 해당 시·도 긴급구조통제단을 전면적으로 운영하고, 중앙통제단은 필요에 따라 부분 또는 전면적으로 운영한다.

2. 긴급구조지휘대의 구성과 운영

재난의 유형 및 규모별로 적절한 지휘 체계를 확립하기 위하여 소방서 및 소방본부별로 구성되는 지휘 체계로는 그 한계가 있어 2~4개 소방서를 1개 지휘대로 구성하고, 2~4개 소방본부를 1개 지휘대로 구성하는 등 예상하지 못한 재난 범위 및 규모에 따라 효율적으로 대처할 수 있도록 긴급구조지휘대를 구성하여야 한다.

1) 긴급구조지휘대의 구분 및 설치 기준

긴급구조지휘대는 소방서현장지휘대, 방면현장지휘대, 소방본부현장지휘대 및 권역현장지휘대로 구분하여 구성·운영하되, 소방본부 및 소방서의 긴급구조지휘대는 상시 구성·운영하여야 한다.

① 소방서현장지휘대: 소방서별로 설치 운영

② 방면현장지휘대: 2개 이상 4대 이하의 소방서별로 소방본부장이 1개를 설치 운영

③ 소방본부현장지휘대: 소방본부별로 현장지휘대 설치 운영

④ 권역현장지휘대: 2개 이상 4개 이하의 소방본부별로 소방청장이 1개를 설치 운영

2) 긴급구조지휘대의 구성

긴급구조지휘대는 다음과 같이 구성된다.

① 상황분석 요원

② 자원지원 요원

③ 통신지원 요원

④ 안전담당 요원

⑤ 경찰관서에서 파견한 연락관

⑥ 권역응급의료센터에서 파견된 연락관

또한 통제단이 설치·운영되는 경우에는 다음의 구분에 따라 통제단의 해당 부서에 배치된다.

① 상황분석 요원: 대응계획부

② 자원지원 요원: 자원지원부

③ 통신지원 요원: 구조진압반

④ 안전담당 요원: 연락공보담당 및 안전담당

⑤ 경찰 파견 연락관: 현장통제반

⑥ 응급의료 파견 연락관: 응급의료반

3) 긴급구조지휘대의 기능

긴급구조지휘대의 기능은 다음과 같다.

① 통제단이 가동되기 전 재난 초기 시 현장 지휘

② 주요 긴급구조 지원기관의 합동으로 현장 지휘 조정·통제

③ 광범위한 지역에 걸친 재난 발생 시 전진 지휘

④ 화재 등 일상적 사고의 발생 시 현장 지휘를 통하여 각종 재난에 대응

미래의 소방조직

제1절 소방행정 개혁의 배경

　최근 연이어서 발생한 대형 재난으로 인하여 과거 어느 때보다도 국민 안전에 대한 관심이 이슈화되면서, 재난관리 중추 조직인 소방조직에 대한 기대가 커지고 있다. 이로 인하여 소방력(消防力)의 부족 또는 재난 상황의 불확실성에 부합하는 각종 미래 재난 대응을 위한 소방조직의 개혁을 위한 요구가 대내외적으로 제기되고 있는 실정이다.
　여기에서는 소방조직의 내부·외부의 다양한 요구에 능동적으로 대응하고 조직 성과를 달성하기 위한 미래 소방조직의 개선 요인 및 추진 방향을 제시하고자 한다.

1. 소방행정의 개념 및 특성

행정이란 국민의 사회적 기대와 요구(social needs)를 충족시키기 위한 정부의 활동이라고 정의할 수 있으므로, 소방행정이란 국민의 안전에 대한 기대와 요구를 충족시키기 위하여 소방 서비스를 공급하는 활동이라고 할 수 있다. 즉, 소방행정은 각종 재난에 효과적으로 대처하기 위한 위기관리의 성격을 가지고 있고, 화재를 비롯하여 발생하는 모든 재난으로부터 국민의 생명·신체·재산을 보호하고 사회의 안녕 질서를 유지하며, 사회의 복리 증진에 기여하는 것을 목표로 하는 소방기관의 제반 활동이다(이주호·박영화·Masatsugu Nemoto, 2015: 27).

소방행정은 행정 기능 중 규제 기능과 급부·지원 기능을 수행한다. 소방행정의 기본적 임무인 화재 예방·경계·진압은 국민의 생명 및 신체를 보호하기 위하여 법령에 기초하는 국민생활을 일부 제한하거나 또는 의무를 부과하는 규제 기능에 해당하며, 파생적 업무인 구조·구급 활동은 국민에게 서비스를 제공하는 급부·지원 기능에 해당한다.

소방행정은 재난에 효율적으로 대응하여 인명과 재산 피해를 최소화하여야 한다. 따라서, 소방행정은 업무상 긴급성, 전문성, 현장성, 위험성, 결과성, 가외성 등의 특성을 가지고 있다(양기근 외, 2016a: 8).

2. 소방행정 개혁의 요인 및 필요성

소방행정 개혁은 소방행정을 현재 상태보다 좋은 방향으로 유도하려는 의도적·계획적 과정을 의미하는 것으로, 공적 상황 내지 정치적 상황 속에서 이루어진다. 이러한 소방행정 개혁은 정치적 성격과 함께 기술적 성격을 동시에 나타내고 있으며, 계획적 변화와 저항이 수반되고 목표지향성, 계속적 과정, 동태적·개방적·행동지향적·포괄적·연관적 성격의 다중성을 갖는다. 소방행정 개혁의 발생 동기 중의 하나는 정치 이념의 변화로서, 중앙정부가 새로운 철학을 추구할 때 발생하며, 과학·기술의 발달로 인하여 소방행정의 전산화가 이루어짐에 따라 소방행정의 운영 및 소방조직의 변화를 초래하게 된다. 또한 정치적 사태로 전쟁, 혁명, 쿠데타 등에 의한 정치사태 또는 인구구조의 변화[1] 등에 의해서도 발생한다. 소방행정 개혁은 행정 기능의 중복 방지로 인하여 비능률적 요인을 제거하려는 측면에서 발생하거나 또는 공공 영역의 축소에 대한 기대로 정부의 규제나 간섭의 범위가 감소할 때 공공 영역은 축소되고 그에 따라 행정기구도 감소하여야 하므로 행정개혁이 요구된다. 이와 함께, 국제환경 질서의 변화에 따른 세계화·지방화도 주요 소방행정 개혁의 발생 동기 요인으로 작용할 수 있다.

　소방행정 개혁의 목표는 정책·운영계획을 변경하거나 또는 사업계획의 규모·규범을 확대하며, 행정의 가치관 및 태도의 발전 지향적 변화를 유도하고 소방행정의 질과 생산성·능률성·효과성 향상 및 기술의 향상을 도모한다. 또한 소방행정 개혁의 목표는 정책 결정의 분권화, 예산 절약, 소방행정기구의 합리적 축소 개편, 소방행정의 간소화 및 소방조직 인력의 자질을 향상시키고, 업무 수행 능력과 관리자의 통제·조정 능력을 제고하는 데 있다. 이와 함께, 새로운 제도·방법·절차의 도입과 소방의 정치 이념을 실현하는 데 그 목표가 있다고 할 수 있다.

　소방행정 개혁의 필요성은 정치 이념의 변동, 권력 투쟁의 작용, 소방행정 목표, 정부 역할 및 행정 수요의 변동 등과 관련되어 있으며, 또한 소방행정의 능률화와 새로운 기술 도입의 필요성, 조직 확대의 경향 및 관료 이익의 추구 경향의 극복(권한·영향력의

---

[1] 여성의 사회 진출 증가, 청소년 비행·범죄, 노인층 인구의 증가, 농촌의 생산층 부재, 다문화가족 등이 포함된다(조석현, 2016).

확대, 예산·인원의 경쟁적 팽창, 고위직의 증설 등) 등도 소방행정 개혁 필요성의 주요 요인이 되고 있다. 이와 함께, 공공 영역의 축소에 대한 기대와 예산의 변동 및 인구·고객 구조의 변화 등도 소방행정 개혁의 요인이 되고 있으며, 소방행정기관 내부 또는 소방행정기관 간 갈등·대립의 격화도 소방행정 개혁의 필요성에 해당된다. 그리고 미래적 측면에서 세계화·지방화·정보화의 글로벌 시대 체제에 대비하기 위한 과감한 행정 체질 개선, 현실 행정의 낙후성, 만성적인 부정부패 및 무책임성의 극복 방안이 소방행정 개혁의 필요성과 밀접한 관계가 있다(조석현, 2016: 497-498).

3. 국내외 재난 여건 및 재난 발생 원인

재난이라는 용어는 과거에 자연 현상에 의한 재앙만을 의미하였으나 현재에는 경제의 발전과 복합재난으로 인해 재난의 원인이 자연만을 의미하지 않는다. 최근 많은 인적 재난 관련 학자들에 의하여 재난의 의미가 재해, 재난, 위기, 위험 등을 혼용하여 사용하고 있는 추세이다(남궁근, 1995: 957).

〈표 11-1〉 자연재난과 사회재난

자연재난	사회재난
태풍, 홍수, 호우(豪雨), 강풍, 풍랑, 해일(海溢), 대설, 낙뢰, 가뭄, 지진, 황사(黃砂), 조류(藻類) 대발생, 조수(潮水), 화산 활동, 소행성·유성체 등 자연우주물체의 추락·충돌, 그 밖에 이에 준하는 자연 현상으로 인하여 발생하는 재해	화재·붕괴·폭발·교통사고(항공사고 및 해상사고를 포함한다)·화생방사고·환경오염사고 등으로 인하여 발생하는 대통령령으로 정하는 규모 이상의 피해와 에너지·통신·교통·금융·의료·수도 등 국가기반 체계의 마비, 「감염병의 예방 및 관리에 관한 법률」에 따른 감염병 또는 「가축전염병예방법」에 따른 가축전염병의 확산 등으로 인한 피해

출처: 법제처(2018), 「재난 및 안전관리 기본법」 제3조(정의) 제1호.

「재난 및 안전관리기본법」상 재난은 국민의 생명·신체·재산과 국가에 피해를 주거나 줄 수 있는 것으로서 자연재난과 사회재난으로 분류한다.

미래 소방조직의 추진 방향을 설정할 때에는 다양한 국내외 재난 여건 및 재난환경의 변화 대응 방향을 고려하여야 한다.

시대의 흐름에 따라 재난의 발생 형태는 크게 네 시기로 구분할 수 있다. 이는 사회적 동력이 주로 자연적 에너지에 의존하던 산업혁명 이전(18세기 말경까지)에는 자연재난의 발생이 자연의 법칙에 따라서 발생하는 시기이며, 자연적 에너지가 기계적 에너지로 전환되는 사회인 근대화 시기(19세기 이후)에는 각종 기술적인 재난 대책이 시행되기 시작한 시기이고, 이후 기술 시스템의 고도화로 사회가 인공 시스템 중심으로 운영되는 20세기 이후의 도시화 시기로서 재난 규모와 위험성이 비약적으로 증대된 시기로 나타낼 수 있다. 이와 함께, 현재 20세기 말 이후는 재난의 위험성이 시·공간적으로 확대되어 가는 시기라 할 수 있다. 21세기에 접어들면서 지역적으로 정보화, 노령화, 핵가족화, 신기술화 등으로 대표되는 새로운 사회구조의 변화로 인하여 새롭게 초래될 재난의 여건 및 재난환경의 변화에 따라 이에 대응할 수 있는 소방조직을 기대할 수 있다.

재난 발생의 원인은 크게 자연환경적 원인 및 사회환경적 원인으로 분류할 수 있다 (한국방재학회, 2015: 5-6).

1) 자연환경적 원인

재난 발생에 대한 자연환경적 원인은 지구온난화, 엘니뇨 현상, 라니냐 현상, 급격한 기후 변화 등으로 분류할 수 있다.

첫째, 지구온난화는 지구 전역에 걸친 강수량의 변화, 해면 기압과 토양 수분의 변화, 해수면의 상승 등으로 인한 각종 재난 원인이 되며, 농업 생태계의 변화로 인하여 재배 작물의 종류와 생산량이 크게 변화하는 등 많은 문제점이 발생하고 있다.

둘째, 엘니뇨(el Niño) 현상은 태평양상의 무역풍이 크게 약화되면서 높은 해수면 상태에 있는 서부 태평양상의 따뜻한 바닷물이 낮은 동부 태평양으로 흐르게 되며, 해수면 온도가 평년보다 상승하여 중·고위도 지역에서 대기 순환에 영향을 주게 되는 현상을 말한다. 최근 엘니뇨 발생 지역 및 그에 따른 영향은 미국 서해안에서 폭풍과 홍수, 페루·칠레 일부 지역의 폭우와 어획고 감소, 인도·인도네시아·아프리카·일부 지역의 가뭄과 그로 인한 산불 발생 등으로 엘니뇨 현상은 그 지역민에게 큰 피해를 발생시킴에 따라 농수산물의 가격 폭등을 초래하기도 한다. 국내의 경우 대체적으로 여름 저온·겨울 고온 현상이 나타나고 있다.

셋째, 라니냐(la Niña) 현상은 적도 무역풍[2]이 평년보다 강해지면서 태평양의 해수면과 수온이 평년보다 상승하게 되고, 차가운 해수의 용승(湧昇) 현상[3]으로 인하여 적도 동태평양에서 저수온 현상이 강화되어 엘니뇨의 반대 현상이 발생한다. 그 결과 비가 내려야 할 때에는 내리지 않고, 오히려 비가 오지 않아야 할 때 강폭우가 쏟아지는 등 홍수와 가뭄 피해가 발생한다.

넷째, 급격한 기후 변화의 주요 원인은 엘니뇨 현상과 라니냐 현상에 의하여 발생하는데, 일반적으로 엘니뇨 현상은 3~5년, 라니냐 현상은 3~4년의 주기로 일어난다. 최근에는 엘니뇨 현상에서 라니냐 현상으로 급격하게 전환하면서 지구의 대기 순환 체계에 큰 변화를 초래하고 있다. 이에 따라 지구촌 전체가 기상 이변으로 인한 고온 속의 폭염·한파 등이 나타나고 있는 실정이다.

재난 발생의 기타 요인으로 과거와 비교하여 수목이 울창하여 산불 발생 시 대형화되고, 급격한 기후 변화로 인한 국지성·게릴라성 집중호우와 낙뢰 발생 등으로 인하여 전 세계적으로 많은 피해가 나타나고 있다.

---

2) 무역풍은 위도 20도 내외의 지역에서 적도를 향하여 1년 동안 거의 끊임없이 부는 바람을 말하며, 북반구에서는 북동풍, 남반부에서는 남동풍이 된다.

3) 용승 현상은 동태평양 남미 연안에서 위 부분에 있던 따뜻한 물이 무역풍으로 인하여 서태평양으로 흘러가면서 그 빈 부분을 채우기 위하여 차가운 물이 솟아오르는 현상을 말한다.

2) 사회환경적 원인

재난 발생에 대한 사회환경적 원인은 대형 고층건물의 증가, 위험시설의 증가, 열차·지하철, 항공기·대형 선박, 다중밀집지역, 신종 질병 발생 등으로 분류할 수 있다.

첫째, 대도시 지역에 초대형 건물이 과다하게 건설됨에 따라 초고층 건물의 복잡한 내부구조 속에 냉·난방, 엘리베이터, 전기·가스·수도 등 각종 설비와 건물 운용 시스템의 오류 또는 테러에 따른 대형 화재가 재난의 원인이 될 수 있다.

둘째, 대형가스 저장소, 원자력발전소, 저유소, 대형 건물 등의 노후설비와 관리 부주의로 인한 폭발, 초대형 건물 신축 시 설계·시공상의 규정 미준수 등에 따른 대형 재난이 발생할 수 있다.

셋째, 초고속 열차의 전기 누전, 정비 불량, 자동화 시스템 오류, 지반 침하와 풍수해 등의 외부 충격에 의한 사고와 지하철의 전기 작동 중단, 외부 전기 차단, 자체 및 방화에 따른 대형 화재, 시스템 오작동, 중앙통제소의 테러 등으로 재난의 대규모화가 발생할 수 있다.

넷째, 조류(鳥類)에 의한 여객기의 엔진 고장 등 내·외부의 충격, 통제소의 과실, 테러 등에 의한 항공기 사고와 대형 여객선 및 유조·화물선의 기계 노후화, 전기 누전, 관리 부주의, 해상의 시계(視界) 악화로 인한 충돌 등도 대형 재난의 요인이 된다.

다섯째, 대규모 군중이 밀집되어 있는 열차, 지하철, 운동경기장, 대형 건물의 내부 등에 개인적인 불만과 욕구 충족을 위한 독가스 살포, 방화 등도 치명적 대형 재난의 원인이 될 수 있다.

여섯째, 질병을 발생시키는 병원체도 끊임없이 진화하고 있으며, 최근 인간에게 감염되는 호흡기 질환인 신종 인플루엔자,[4] 가축 질병인 구제역,[5] 고병원성 조류 인플루엔

---

4) 신종 인플루엔자는 2009년 발생하여 전 세계적으로 사람에게 일으키는 호흡기 질환이다.
5) 구제역은 소 또는 돼지 등의 동물에게 발생하는 바이러스성 전염병이다.

자[6] 등 대규모 유행성 질병은 국가적 피해를 주는 중요한 재난의 원인이 되고 있다.

〈표 11-2〉 재난의 원인

재난의 원인	
자연환경적 원인	사회환경적 원인
지구온난화, 엘니뇨 현상, 라니냐 현상, 급격한 기후 변화 등	대형 고층건물의 증가, 위험시설의 증가, 열차·지하철, 항공기·대형 선박, 다중밀집지역, 신종 질병 발생 등

4. 미래 재난환경의 변화 대응

미래 지향적 측면에서 자연적, 사회적 재난환경은 기상이변 등으로 인하여 재난 유형의 다양화 및 대형화가 진행되고 있는 추세이다. 산림 파괴·벌목 등의 무분별한 자연 훼손, 환경오염물질 증가, 지구온난화 등 지구환경 변화에 따른 기상이변으로 인하여 폭염·한파·폭설 등 새로운 재난 유형이 등장하고 있고, 태풍 등 기존 재난 유형의 경우도 그 규모가 대형화되고 있는 실정이다(한국방재학회, 2015: 7-8).

인적 재난환경은 대구지하철 화재사고 등 국민의 안전 의식 결여에 따른 대형 참사가 빈발하고 있다. 각종 산업시설의 노후화와 성장 위주의 발전 과정에서 생성된 사회 기반시설의 부실로 인한 인위적 재난 위험이 누적 잠재되어 있는 실정이다. 또한, 현재 대형 위기로 확대되지는 않았으나, 지역사회는 물론 국가사회 전반에 치명적인 영향을 미치게 되는 각종 핵심 기반(critical infrastructure)의 위기도 중요한 요인으로 작용하고 있다. 이러한 위기는 금융, 교통·수송, 전력, 정보·통신, 주요 산업단지 및 상업시설,

---

[6] 조류 인플루엔자(Avian Influenza)는 닭 또는 오리 등 조류(鳥類)에서 주로 발생하는 급성 바이러스성 질환이다.

에너지, 원자력, 댐, 정부시설, 공중보건, 공공안전 등 우리 사회의 생존성 보장과 직결되는 요소에 대한 침해 또는 위험이 있기 때문이다.

미래 사회에서는 생태위기(ecological crisis) 등의 또 다른 신종 위기 유형이 출현하여 우리 사회의 생존성과 번영을 위협할 수 있다. 이와 같이, 우리 사회에서 전통적인 위기와 새로운 유형의 위기가 계속하여 발생하고 있고, 이와 함께 사회를 구성하는 구성 요소 또한 지속적으로 변화하고 있다.

향후 재난은 새로운 재난으로 분류되는 복합재난(hybrid disaster)의 형태로 발생하기 때문에 이에 대한 대응 역시 과거와 같은 일방향적이고 단선적인 방식으로는 어려워질 것이다. 인적 재난과 자연재난이 결합되어 발생할 수 있고, 자연재난의 발생으로 인하여 인적 재난 또는 핵심 기반 재난이 유발되어 나타날 수 있기 때문이다. 예를 들면, 집중호우로 인하여 댐이 넘치면서 댐의 붕괴가 나타나고, 이로 인하여 전력 공급 시스템이 붕괴하고 도시기반시설이 물에 잠겨서 통신망이 마비됨과 동시에 교통망이 두절되면서 농업기반시설이 무너지는 재난 상황을 예상할 수 있다. 따라서, 미래에는 대규모적, 복합적 재난환경 변화에 대응할 수 있는 소방조직이 필요할 것이다.

제2절 소방조직의 현황 분석

1. 소방조직의 의미

조직이란 인간의 집합체로서 일정한 공동 목표를 달성하기 위하여 의식적으로 구성한 사회적 체제(system)이다. 즉, 조직은 개인이 달성할 수 없는 목표 달성을 위하여 여러 사람으로 이루어진 체계이다. 이와 같이, 어떤 목표 또는 과업의 달성을 위하여 집합적이고 공동적인 노력이 필요할 때에 조직을 구성하게 된다. 예를 들어, 사람들이 재화 및 용역을 생산과 판매를 통하여 이윤을 얻기 위하여 구성하는 민간조직인 사기업과 공공의 이익을 도모하기 위하여 구성하는 공공조직인 행정조직이 있다(오석홍, 2014: 70-71).

소방조직은 화재를 포함하여 각종 재난과 사고로부터 국민의 생명과 재산을 보호함으로써 공공의 안녕 질서 유지와 사회의 복리 증진에 기여함을 목적으로 하는 공익을 추구하는 조직이다. 개인의 힘보다는 조직의 힘이 강하기 때문에 재난과 사고로부터 위급한 상황에서 시민의 생명과 재산을 보호하는 안전 확보의 수단으로서 소방조직은 존재 의미를 부여받는다(양기근 외, 2016a: 115).

소방조직은 경찰·검찰·군 조직과 함께 국가위기 관리조직으로서 위급한 재난 상황에서 생명과 신체의 위험을 무릅쓰고 임무를 수행하는 업무를 독립적으로 수행하고 있다. 따라서, 원활한 업무 수행을 위하여 계급 체계를 기초로 일반 조직보다 강력한 위계질서와 상명하복의 지휘·명령 체계를 가지고 있다(양기근 외, 2016a: 123).

소방조직은 활동 주체에 따라 공공 소방조직과 민간 소방조직으로 분류할 수 있다. 공공 소방조직으로는 「소방공무원임용령」상 소방기관인 소방청, 중앙소방학교, 중앙119구조본부, 지방소방학교, 서울종합방재센터, 소방서를 비롯하여 시·도(특별시·광역시·특별자치시·도·특별자치도) 소속인 소방본부 등이 있으며, 이를 소방행정조직이라고 한다. 또한 「소방기본법」에 따른 한국소방산업기술원, 한국소방안전원, 「소방산업의 진흥에 관한 법률」에 따른 소방산업공제조합, 「대한소방공제회법」에 따른 대한소방공제회 등도 넓은 의미의 공공 소방조직이라고 할 수 있는데, 이들을 직접적 소방조직인 소방행정조직과 구분하여 간접적 소방조직이라고 부르기도 한다(조동훈, 2017: 83). 민간 소방조직으로는 의용소방대, 소방안전관리자, 위험물안전관리자, 자체소방대, 소방시설 설계·시공·감리·점검업체, 소방용 기계·기구의 제조·검정업체 등이 있다.

2. 소방조직의 기능 변화

소방조직은 행정의 영역 중 국가 공안행정 기능의 발전 과정에서 변화를 겪어 왔다. 공안행정 기능의 발달 초기에 치안은 안보 개념에 포함되었는데, 치안의 영역이 확대되면서 안보와 치안으로 기능 분할이 이루어지기 시작하였다. 그 후 소방의 역할이 단순한 소화(消火)의 기능에서 벗어나, 구급·구조와 재난 복구의 기능까지 수행하면서 조직의 위상과 기능도 변화하였다. 즉, 소방의 기능이 확대되면서 소방이 치안 영역에서 분리되어, 공안행정 기능이 안보, 치안, 소방으로 세분화된 것이다. 이러한 기능 변화에 따라 소방행정은 안전사고 등 일상적 사고와 대형 재난 등 비일상적 사고관리 업무까지 포함하게 되었다. 예를 들어, 경찰이 치안의 개념을 갖는다면 소방은 안전의 개념을 갖게 된 것이다(김진동, 2007: 141).

따라서, 소방조직의 주요 기능은 다른 국가의 침입으로부터 국민을 보호하는 것도 중요하나, 각종 재난으로부터 국민을 보호하여 삶의 질을 향상시키고 안정된 삶을 영위하도록 하는 것도 중요한 기능으로 변화되고 있다(양기근 외, 2016a: 115-116).

3. 소방조직의 특성

소방조직의 특성을 강점(strength), 약점(weakness), 기회(opportunity), 위협(threat) 등 SWAT 분석 방법으로 분류하면 다음과 같다.

첫째, 강점(strength) 요인은 소방조직은 강한 조직신뢰감을 바탕으로 핵심 가치에 대한 공유·실천이 업무 수행 현장에 그대로 반영되고 있고, 선진국 대비 각 부서별 최소한의 인력으로 임무 수행을 하고 있으며, 세계 상위 수준의 성과를 보이고 있다. 또한 119서비스 제공 분야의 다양성과 성능에 대하여 세계 각 국가와 비교할 때 우월한 수준이며, 고객(국민)만족도 역시 높게 나타나고 있다. 그리고 중앙119구조대 등 세계적 수준의 구조·구난 역량을 보유하고 있으며, 첨단장비 등의 적용·활용이 시도되고 있고, 조직구성원의 업무 변화 및 환경 변화 순응도가 높음에 따라 새로운 임무 부여 시 즉시 수용 가능한 체계가 확보되어 있다.

둘째, 약점(weakness) 요인은 화재 관련 예방정책 및 행정이 주로 대형 화재 발생 이슈 등에 의하여 조속한 대안이 제시됨에 따라 사회적 압력 속에 수행되어 증거 기반 행정 체계가 미흡한 상황이며, 이러한 증거 기반 행정 체계 미흡으로 정책·행정 집행 후 실효성 검증 체제가 작동하지 않고 있는 실정이다. 또한 소방정책, 재난대응·대비(미래, 특수복합 재난 중심), 소방공무원 보건복지 관련 연구 기능이 미약하며 기술개발 역량이 부족함에 따라 향후 이에 대한 역량 강화가 필요하다. 그리고 소방공무원의 직무경로관리 기반의 계급별·보직별 교육훈련 시스템이 미흡하고, 민간의 자체방호·방어 역량 강화관리 시스템도 미비한 실정이며, 소방산업, 재난 대응·대비 사무에서의 민·관·학 협력 네트워크, 재난 대응·대비, 소방공무원 건강복지, 화재 예방 행정 합리화를 위한 국제적 협력 네트워크 등 관련 분야의 연속적·지속적 거버넌스 기반이 미흡하다. 이와 함께, 지방재정자립도의 차이 등에 기인하여 시·도본부별 119서비스가 균등하지 못하게 제공되고 있으며, 업무 수행 역량 대비 조직 자긍심이 낮은 수준으로 소방홍보 체계, 업무 접근 방식의 전환 등이 필요한 시점이다.

셋째, 기회(opportunity) 요인은 세계 최고 수준의 정보통신기술(ICT) 인프라 보유로 스마트 소방기술의 실현이 용이한 환경을 확보하고 있으며, 4차 산업혁명 및 과학기술 발달로 인하여 화재 취약도 관리, 가상물리 시스템(cyber physical system) 기반 현장대원 안전관리, 예방행정 데이터베이스 등을 활용한 지역사회 리스크 관리, 드론 등을 활용한 재난 현장 C4I11 활동이 가능함에 따라 미래 지향적 재난관리 역량의 기회가 크다. 그리고 사이버 문화 확대, SNS 등 소통 채널의 다양화로 실시간 정보 수집·활용 효율 제고, 위험정보의 공유·확산이 용이하고, 국민의 안전 욕구와 안전관심도 증가로 인한 소방사무 필요성·효과성의 신뢰도가 향상되고 있다. 또한 통합된 소방조직에 대한 국민의 지지로 국가소방 체제 구축과 함께 투명·공정한 공공행정 서비스에 대한 요구 증가로 합리화·체계화 시스템 구축의 필요성이 제고되는 분위기이다.

넷째, 위협(threat) 요인은 기후환경 및 사회환경 변화로 인한 재난 양상의 다양화, 대규모화, 복합화의 가능성이 높아지고 있으며, 인프라 노후도 증가에 따른 특수복합재난 발생 가능성이 증대될 위험성이 있다. 그리고 경제성장률 둔화, 인구 감소로 인한 세수(稅收) 감소, 소방재정 부족의 우려와 함께, 사회 갈등 확대로 관리 실패 시 테러 등 다수 인명 피해 상황 발생 가능성이 증대될 수 있다.

대내외적으로 과거 대비 과학기술의 발달, 온라인 등 소통을 중시하는 사회 인식 강화, 개인주의 팽배, 고령화, 1인 가구를 비롯한 방재 약자(防災弱者) 등 대처 능력 및 회복력 저하, 인구의 증가 등으로 인하여 향후 소방조직의 변화가 필요할 것이다.

제3절 미래 소방조직의 방향

1. 지식정보사회의 조직구조의 특성

미래 소방조직의 방향을 설정하기 위하여 다음과 같은 지식정보사회(knowledge information society)를 이해하고 이에 부합하는 조직구조의 특성 및 리더십을 함양할 수 있도록 하여야 할 것이다.

1) 지식정보사회의 성격

20세기 후반에 비약적인 발전을 거듭한 정보기술(information technology: IT)은 사회 전반에 혁명적인 변화를 가져왔다. 정보기술의 발달이 토지, 자본, 노동을 생산 요소로 하는 전통적인 산업사회를 지식과 정보가 지배적인 생산 요소로 등장한 지식정보사회로 전환시켰는데, 이와 같이 지식이 중요한 생산 요소인 경제를 지식기반 경제(knowledge-based economy)라고 한다(이종수 외, 2018: 308).

국내에서도 1990년대 후반에 들어와서 기업은 물론 정부 차원에서도 지식경제 또는 지식경영의 패러다임에 관심을 갖게 되었다. 특히, IMF 관리 체제 이후 한국 사회와 한국 경제가 도약하기 위해서는 전통적인 전략이 한계를 가질 수밖에 없다는 점에 공감대를 형성하였다. 이후 지식국가, 지식정부, 두뇌 강국이야말로 한국 경제를 도약시킬 수 있는 유일한 대안으로 인식되면서 정부는 신지식인의 육성 및 지식 기반의 확충을 국정 과제에 포함시키기도 하였다.

2) 지식정보사회의 조직구조의 특징

지식정보사회의 도래로 인하여 조직의 신축성을 강조하는 조직이론이 탄생하였다. 또한 정보기술의 발달에 의한 정보화는 조직을 수평화 또는 네트워크화하는 중요한 요인으로 작용하였다. 수평화는 전통적 조직의 계층제를 완화하거나 제거하는 방향으로 진행되며, 네트워크화는 환경의 변화에 유연하고도 신속하게 적응할 수 있는 신축성을 확보할 수 있도록 하는 역할을 하게 된다(이종수 외, 2012).

지식정보화는 정보기술을 이용하여 행정 서비스의 생산 및 공급을 극대화하는 전자정부(e-government)[7]를 비롯하여 지식정부의 구현을 촉진시켰다. 정보화에 의한 새로

---

[7] 전자정부(electronic government)는 대부분의 업무를 컴퓨터, 인터넷, 데이터베이스, 네트워크 등 정보통신기술과 기기를 활용하여 처리하는 정부를 말한다(이창원, 명승환, 임영제, 2004: 312). 즉, 지식정보사회가 도래하고, 국가정보화가 요청됨에 따라 지식과 정보를 생산 요소 또는 매개체로 삼는 정부 활동 및 대정부 활동 방

운 조직 형태로서 후기기업가 조직, 삼엽조직, 혼돈정부, 공동정부 등으로 분류할 수 있다.

후기기업가 조직(post-enterpreneurial organization)은 신속한 행동, 창의적인 탐색, 신축성, 직원 및 고객과의 밀접한 관계 등을 강조하는 조직 형태로서 행동을 제약하는 경직적인 구조와 절차에 얽매이지 않고 다양한 기회를 추구하는 유연한 조직이다.

삼엽(三葉)조직(shamrock organization)은 소규모 전문직 근로자, 계약직 근로자, 신축적인 근로자로 구성된 조직으로, 직원의 수를 소규모로 유지하는 반면, 산출의 극대화가 가능하도록 설계되므로 계층 수가 적은 슬림(slim)한 조직이 되고, 고품질의 상품과 서비스를 적시에 공급할 수 있다.

혼돈정부(chaos organization)는 카오스이론(chaos theory), 비선형 동학(non-linear dynamics), 복잡성이론(complexity theory) 등을 정부조직에 적용한 조직 형태이다. 일부 조직이론가들은 비선형적 동학을 적용하여 정부조직의 혼돈에 숨겨진 질서(hidden order)를 발견하고, 조직 간 활동의 조정과 정부예산의 개혁을 도모할 수 있으며, 조직 변동 과정의 분석과 이해가 용이해진다고 본다.

20세기 말에 시작된 정부혁신의 일환으로 정부 기능의 일부를 민간에게 양도하거나 또는 위탁하는 민영화와 민간위탁이 추진되었다. 정부가 공급하는 행정 서비스의 생산 및 공급을 제3자에게 위임하거나 또는 위탁하는 경우 정부의 기능은 현저하게 감소하게 되고, 이로 인하여 정부는 기획, 조정, 통제, 감독 등의 중요한 업무만을 수행하게 된다.

이와 같이, 정부의 업무가 축소된 형태를 공동(空洞)정부 또는 공동조직(hollow organization)이라고 한다. 공동정부는 고객에 대한 복지 서비스의 공급에 중요한 역할을 수행하는 그림자 국가(shadow state), 정부와 제3자와의 계약을 강조하는 대리정부

식을 의미한다.

(government by proxy), 제3자 정부(third-party government), 계약정권(contract regime) 등으로 분류되기도 한다(Kettl, 1988: Wolch, 1990).

3) 지식정보사회의 조직의 특징

지식정보사회의 등장은 조직구조뿐만 아니라 조직 내 개인과 집단의 행태에 큰 영향을 주었으며, 이러한 지식정보사회의 출현으로 인한 조직 행태는 다음과 같이 여러 가지 변화를 겪게 되었다.

첫째, 조직 간, 조직 내 개인들 간의 경쟁이 심화되었다. 전통적으로 안정적인 환경의 조직은 다른 조직과의 경쟁보다는 상호 협력을 미덕으로 간주하였다. 그러나 정보기술의 발달로 인하여 조직의 활동 영역이 확장되고 조직환경이 급변하면서 조직은 다른 조직과의 경쟁을 통하여 생존을 확보하여야 하는 상황에 이르게 되었으며, 조직 내 개인 간에도 경쟁의 원리가 적용되었다.

둘째, 인적 구성이 전문성을 갖춘 집단과 임시직 또는 계약직 근로자 집단으로 이원화되는 경향이 나타났다. 그 결과, 인력의 이동이 자유로워졌고 조직에 대한 충성심(loyalty)이 변화되었다. 또한 연공서열에 의한 보상보다는 개인의 전문적 기술과 능력에 의한 보상 체계로 전환하면서 동기 유발 메커니즘도 변화되었다.

셋째, 신축성과 유연성을 강조하는 조직구조는 조직문화를 근본적으로 변화시켰다. 전통적으로 경직되고 강한 문화를 지닌 조직은 여성적인 유연한 문화로 변화되기 때문에 기존의 문화를 고수하는 경우 유능한 인력을 유지하기 어렵게 된다.

넷째, 계층제적 조직구조가 수평적이며 네트워크 구조로 변화되면서 조직 내 개인의 자율성이 현저하게 향상되었다. 따라서 개인은 조직의 간섭 또는 통제를 벗어나 자유롭게 업무를 수행하게 되었을 뿐만 아니라 창의성을 발휘할 수 있는 여건을 갖추게 되었다. 업무 수행을 위한 방법과 기술은 개인의 판단과 결정에 따르는 동시에 업무 수행에 필요한 시간적·공간적 제약도 사라지게 되었다. 이에 재택 근무의 확산 또는 근로

시간의 자유로운 선택은 개인의 자율성과 창의성을 최대한 발휘할 수 있게 만든 중대한 변화 요인이 되었다.

이러한 조직 행태의 변화는 조직으로 하여금 기존 제도의 수정과 새로운 제도의 도입을 촉진시켰다. 또한 정보기술이 발달함에 따라 인터넷 사용이 보편화되면서 과거의 규범과 문화로서는 유능한 인력을 유치하고 관리할 수 없게 되었다.

따라서, 향후에는 대부분의 조직 활동이 현실적 제약 없이 가상공간(virtual space)에서 이루어지므로 조직 행태를 이해하고 설명하기 위한 새로운 패러다임이 요구된다. 조직 행태에 관한 새로운 패러다임에는 동기부여와 보상 체계, 리더십의 본질, 감독과 통제 방식, 업무 수행 방법 등에서 조직 성과의 효율성을 높이는 동시에 유능한 인력을 충원, 관리할 수 있는 새로운 관리 방식에 대한 방향이 포함되어야 할 것이다(이종수 외, 2012).

4) 지식정보사회의 동기 유발 요인

정보화사회의 조직은 사내기업가(intrapreneur), 즉 조직구조 안에서 자율적인 부서를 운영하는 관리자를 허용함으로써 구성원의 몰입도를 높이고, 구성원의 개인적 발전을 추구할 수 있도록 하는 것이 중요하다. 드러커(Peter Drucker)에 따르면, 정보화사회에서는 사명감, 계획의 조정, 학습, 평판, 가치창조 활동에의 참여 등을 통하여 동기가 유발된다(Drucker, 1993).

정보화사회에서는 사람들로 하여금 자신이 수행하는 과업이 중요하다는 사명감을 갖도록 함으로써 동기를 유발시킨다. 한편 계획의 조정은 조직이 구성원들로 하여금 그들의 활동과 방향을 스스로 결정하게 하는 것이다.

또한 정보화사회에서는 불확실성이 높기 때문에 새로운 기술을 배우고, 그 기술을 새로운 분야에 적용하는 학습이 매우 중요한 동기부여 수단이다. 평판은 전문경력 쌓기의 주요 원천이고 평판을 높일 수 있는 기회 역시 동기부여의 주요 수단이 된다. 좋은 평판은 본인의 자부심을 높임과 동시에 다른 형태의 보상을 받거나 또는 다른 조직으로부터 스카우트 제의를 받는 홍보 효과도 유발하게 된다.

마지막으로 가치창조 활동에의 참여 또한 중요한 동기 유발 수단이 된다. 정보화사회의 공공조직은 예산 절감액 중 일정분을 기여자에게 제공하고 프로젝트의 성과에 따른 지분 참여를 허용하며, 새로운 창업 기회의 개발, 전략적으로 중요한 성과에 대한 무상 주식 공여, 핵심적 성과 달성을 조건으로 하는 상여금 제공, 성과 목표를 공동으로 달성한 경우의 집단 보너스 제공 등의 유인책을 실시하기도 한다.

5) 지식정보사회 리더의 특징

지식정보사회의 리더는 조직 속에서 변화의 담당자가 되어야 하며, 이때 변화의 출발점은 공공정책과 행정 목표 달성을 집합적으로 하기 위하여 조직구성원들의 잠재력을 고양하는 문제로부터 시작되어야 한다

탭스콧(Don Tapscott)은 네트워크화된 지능(networked intelligence) 시대에서 리더와 리더십이 상호 연계되어야 함(internetworked)을 강조하였다. 즉, 리더는 한 명의 총명한 최고관리자만을 의미하는 것이 아니라 파급 효과를 지닌 비전과 집합적 행동력을 가진 인간지능(AI)의 결합이며, 정보화사회의 리더십에 관하여 다음과 같이 주장하였다 (Tapsctt, 1996; 유홍림, 1999: 266-267).

첫째, 정보화사회와 같이 예측 불가능한 시대에서 리더십은 여러 가지 원천(sources)을 기반으로 하기 때문에 상호 연계적 리더십을 체득하는 것은 개인의 책임이면서 기회이다.

둘째, 조직구성원 각자가 복잡한 정보사회에 대한 이해를 바탕으로 명백하고 공유된 비전(shared vision)을 가져야 하고, 이를 위하여 조직구성원 전체가 지속적인 학습 의지를 지녀야 한다.

셋째, 조직은 구성원의 다양한 역량이 효과적으로 결합되어야만 창조적 사고가 충만

해지고 바람직한 조직문화가 형성될 수 있다.

넷째, 상호 연계적 리더십을 형성하고 발휘하려면 최고관리자의 지원과 관심이 필수적이다.

다섯째, 네트워크화된 지능시대에 적절하고 효과적인 기술 사용은 조직구성원들의 창의력을 자극하고, 자신과 조직에 대한 문제 의식을 갖게 하는 등 획기적 변혁의 원동력이 된다.

2. 소방조직의 개선 요인

향후 미래 소방조직의 개선 시 고려하여야 할 요인들은 다음과 같다.

첫째, 초일류·세계 안전강국으로서의 소방 업무 역량을 확보하여야 하며, 현재 상위 수준의 소방 역량을 최선진국 수준으로 격상시키기 위한 정책 방향을 설정할 필요가 있다. 이와 관련하여 우선적으로 해당 정책 목표의 달성 여부를 상시 모니터링하고 관리하기 위한 비교 대상국을 선정하여야 하며, 비교 대상국 선정 시 국내의 소방환경 및 여건과 유사한 국가를 선정하여야 비교 형량의 객관성을 담보할 수 있을 것이다.

둘째, 효과성·효율성 고려 측면에서, 환경 변화에 따른 업무 수요량 변화의 예측과 4차 산업혁명을 활용한 업무 효율의 극대화를 통하여 고효율의 소방 서비스를 실현할 수 있는 기반을 구축하여야 할 것이다.

셋째, 정서적 지지 확보 측면에서, 명예·헌신·신뢰·봉사를 핵심 가치로 삼는 소방조직에서 투명하고 공정하며, 합리적인 소방행정 서비스의 구현은 핵심 가치 실현을 위한 중요 전략 목표라 할 수 있다. 이러한 목적을 달성하기 위하여 적폐 청산 및 위험의 세습·사각지대를 방지하기 위한 전략이 확보되어야 한다. 이와 함께, 국민안전 확보를 위한 국가적 조직으로서의 위상과 조직가치 실현을 위하여 국민의 정서적 공감을 확보한 기반 위에서 공백·사각지대 없는 안전복지 현장 업무 수행 부서로서의 임무를 수행하여야 할 것이다.

넷째, 과학화·합리화 기반의 업무 수행 환경을 구축하여야 하며, 이와 관련하여 국내 세계 최고 수준의 ICT 인프라를 활용하여 4차 산업혁명을 선도하는 소방조직으로 도약하여야 할 것이다. 그리고 현장 업무 수행 이력 및 지역사회 리스크 감시 활동 등의 데이터를 활용하여 증거 기반의 소방정책 수립 및 행정 집행을 실현할 수 있는 체제를 고도화하여야 할 것이다. 이와 함께, 미래의 대규모 인명 피해 및 재산 피해를 가져올 수 있는 특수복합재난의 예방 및 대응할 수 있는 재난관리 역량을 강화하여야 한다. 이러한 특수복합재난의 특성은 다음과 같다.

첫째, 재난 피해 파급에 대한 예측이 곤란하다. 복합재난의 경우 다양한 재난 현상이 중첩, 연쇄적으로 발생함으로써 피해 대상과 범위를 물리적·기술적으로 피해 공간을 국한하기 어려우며 피해 정보의 획득·판단이 어려운 특성을 갖는다. 또한 일시적으로 다대한 분야의 전문성의 결합을 요구함으로써 존재하는 위험 요소의 상호 작용에 대한 판단이 어려워질 수 있다.

둘째, 특수복합재난 시 기존 대비·대응 역량 및 운용 역량의 판단이 어렵다. 즉, 피해의 규모 및 재난 지속 시간 예측이 어렵고, 보유하고 있는 양적·질적 역량의 적정성의 판단 여부가 불가능(중앙정부, 다른 부처, 다른 시·도, 군대 등의 내부 역량 집결 시기·규모 판단 등)하며, 추가적인 역량, 동원의 가능성, 시의성 확신이 곤란(국제 공조, 지원 요청 등의 의사 결정 시기)하다. 또한 국민적 신뢰와 지원을 받기 어렵다는 특성이 있다(부정적 정서, 좌절감, 왜곡 정보에 의한 갈등 확대 등).

셋째, 재난 대비 단계에서 확보된 자원 및 기반시설의 유효성의 보장이 어렵다. 즉, 배분자원의 도달가능성을 담보할 수 없고(도로 사정, 접근경로상 구난·지원 소요 발생), 에

<표 11-3> 복합재난의 요인별 특성

구분	단순재난	복합재난
발생 특성	• 인적 실수, 기술적 결함, 관리 소홀 등 하나의 재난 원점 • 재난 시나리오 범주 내에서 발생	• 자연재난, 단순재난에서 기인 • 동시다발적 재난 현장 발생 • 위험 요소의 상호 작용 메커니즘이 불명확 • 재난 시나리오에서 설정되지 않은 경우가 많음.
피해 특성	• 피해구역이 넓지 않으며, 재난 지속 시간이 짧음. • 복구가 가능한 피해, 피해구역의 조기 제한 가능 • 초기에 피해 추정이 가능하며, 의료/교통 등 인프라에 대한 부담이 크지 않음.	• 피해구역이 광범위하며 재난 지속 시간이 매우 길어질 가능성이 높음. • 조기 피해 예측 및 피해구간 판정이 불가능 • 복구가 어렵거나 일정 기간 불가능 • 기존의 비상자원, 재난 인프라의 절대 부족현상 발생
재난 여건	• 당해 재난 시나리오에 반영되어 있는 대응력으로 출동/현장 제어 가능 • 재난 원인 및 피해 발생 원인의 제거로 재난 피해 확산 제어 가능 • 한정된 재난 상황 및 재난구역에 대한 적극적 대처 가능 • 피해자 구조 및 후송, 의료시설 활용 원활 • 재난 상황 복구 등을 위한 자원 확보 및 투입 용이	• 재난 양상의 다양성 및 재난 확대의 우려로 조기 대응이 어려움. • 재난 원인 및 피해 발생 원인이 복잡하여 피해 확산 저지가 어려움. • 광범위한 피해 발생으로 효율적이고 적극적 대응의 한계 • 재난 대응 인프라(도로, 교통, 의료시설, 소방, 경찰 등)의 부족 및 동원자원의 미비/부족 등으로 조기 구조 활동이 어려움. • 자체 대응/복구 능력 부족 시 국제 공조
재난관리 효과성	• 예방 및 간접대응(시스템)에 의존 비율이 높음. • 개인 또는 사업장별 관리 체제가 중요 • 대부분의 경우 국민정서적, 재난심리적 영향이 크지 않음. • 예방에서 복구에 이르는 과정에서 관련 부서가 비교적 명확함.	• 국가 및 공조직에 의한 재난관리가 불가피(강력한 권한 필요) • 비상자원의 확보를 위한 대규모 사전 예산 투자가 요구됨. • 극심한 국민정서적 영향으로 인한 총체적 불안감/불신 발생 우려 • 책임 소재가 불명확하거나 지나치게 복잡하여 주관부서 선정의 어려움.

출처: 윤명오(2017: 102).

너지 및 통신시설의 안정성 확보 곤란(피해자 및 지원 인력 운용에 필요한 인프라 훼손), 피난시설 및 의료 체계의 양적 · 질적 수준 확보가 어려워진다(피해 분포의 불균형, 대비계획과의 격차 발생 등).

넷째, 초고층건물, 초지하공간 등의 대규모화 · 복합화에 따른 미래 소방 대상물의 복합재난 대비/대응 측면에서 소방안전 사각지대(예상하지 못한 피해) 발생 가능성이 높다. 이와 관련하여 관련 요소가 복잡 · 다양함에 따라 예방 투자 및 예산 확보에 대한 설득이 매우 어려워질 것이므로, 이에 대한 소방조직의 역할이 커져야 할 것이다.

3. 미래 소방조직의 추진 방향 및 기대 효과

지식정보사회의 조직구조와 리더의 특성, 소방조직의 개선 요인, 미래 복합재난 등을 고려한 미래 소방조직의 정책적 추진 방향은 다음과 같이 제시할 수 있다.

첫째, 국제협력 관련 부서의 기능 활성화를 통하여 소방안전정책의 총괄기획 조정 기능을 강화하는 것이다. 이러한 방향 속에서 특수재난 대응 경험 공유 및 공동 정책 발굴, 지식 경험 공유사업 전개 등 국내외 재난 대응 역량 강화에 기여하고, 광역적 소방 정책 지원 기능을 강화함으로써 시·도의 소방정책 달성 수준을 평가·관리하고 개선 노력을 지원할 수 있는 조직을 활성화하여야 한다.

둘째, 미래 소방 대상물의 복합적, 다변화적 재난에 대응할 수 있는 특수재난 대응 기능의 강화와 함께 특수재난 대응장비 개발 및 특수재난 민관협력을 활성화하는 것이다. 또한 특수재난 대응정보관리 조직을 신설하여 지역별 위험성·취약성, 재난 현장 상황 평가를 수행할 수 있는 정보 요소 발굴 및 민관정보 공유 체계 관련 협력 사업을 추진할 수 있어야 할 것이다.

셋째, 대내외적 교육훈련 및 연구개발 기능을 강화하는 것이다. 중앙·지방 소방학교의 조직 확대·개편을 통한 교육훈련 프로그램/콘텐츠 개발 및 자격제 운영 및 개발기술의 표준화 체계 확보가 필요하며, 이와 함께 민간의 사고·재난 현장에서의 대응 역량 강화를 위한 소방안전체험관 운영사업을 표준화하고 관리할 수 있도록 소방안전체험관 관리 기능이 강화되어야 할 것이다.

넷째, 최근 국내외적으로 이슈화되고 있는 4차 산업혁명과 관련하여 ICT 관련 조직이 강화되어야 한다. 이와 관련하여, 예방·대응부서의 소방 관련 문서, 자료, 데이터를 통합·관리할 수 있고, 시·도 119상황실의 실시간 취합 데이터를 통합·관리할 수 있는 시스템을 갖춤으로써 수행 업무의 효율성을 제고할 수 있을 것이다. 또한, 민원 관련 데이터를 표준화하고 관리할 수 있는 기능과 함께, 재난 현장의 민간 데이터(SNS 등)를 연계·활용·모니터링할 수 있는 조직이 강화되어야 할 것이다.

다섯째, 소방력의 주체가 되는 소방대원의 보건·복지를 강화할 수 있는 조직을 활성화하여야 한다. 즉, 위험한 현장에서 근무하는 현장대원의 여건을 고려하여 건강영향(PTSD 등 정신건강 포함)을 추적 관리할 수 있어야 하고, 소방 현장 위해 요인별 대응 방안을 수립하고 개선책을 제시하기 위한 조직 기능을 강화하여 시·도별 위해(危害) 요인의 상호 관계를 추적하고 평가·관리할 수 있어야 할 것이다.

이와 같이 미래 소방조직의 정책적 추진 방향 속에서 나타날 수 있는 기대 효과는 다음과 같다.

첫째, 모든 소방안전 정책사업 및 과제에 생명 중심의 헌신·명예·봉사를 바탕으로 소방의 핵심 조직가치를 극대화할 수 있고, 이와 함께 소방 기능의 독립성, 소방 업무의 고유성 및 전문성을 확대·강화할 수 있을 것이다.

둘째, 소통·공감·쇄신 기반의 정치환경적 변화 요구를 충족하기 위하여 합리적·효율적 예방행정을 위한 과학화·지능화·전문화 체계를 확보할 수 있을 것이다. 이와 관련하여, 취약계층을 대상으로 안전복지 관점의 정책사업 속에서, 국민적 수요 기반으로 미래 복합재난 대비·대응 관련 지역사회 위험성·취약도 관리 등의 소방 기능을 확대함으로써, 지역사회 및 국가의 재난·위기 시 피해를 최소화할 수 있을 것이다.

셋째, 미래적으로 증가하고 있는 인구의 고령화, 인프라 노후도의 증가, 공간환경 위험 속성의 변화 등을 반영한 소방조직의 재편과 관련 기능이 확대될 것이다. 이와 관련하여, 민관협력 연계를 통하여 안전사회 실현을 위한 사회의 위험 변화에 대응한 실효적 정책사업이 실행될 것이다.

넷째, 정보통신기술(ICT) 등 미래 과학기술 고도화에 따른 업무·수요 변화에 적응력을 높이기 위하여 현재의 소방 업무를 데이터화하고 현장 대응의 경험 지식을 공유화할 수 있는 기반을 마련할 수 있을 것이다. 이를 통하여 향후 재난·사고의 불확실성 요인을 과학적으로 제어·통제할 수 있는 기반 구축이 가능하고, 실용적 대책전략 수립을 통하여 효율적 소방정책의 환류 시스템이 구축될 수 있을 것이다.

다섯째, 미래의 재난환경 변화에 대비하여 역량 강화 및 자원관리 체계 고도화를 통하여 최악의 사태에서도 국가의 기능적 연속성을 확보할 수 있고, 또한 보유 자원으로 최대한 단시간 내에 원래의 기능을 회복할 수 있는 역량 확보가 가능해질 것이다.

MEMO

Fire Service Organizations

소방조직론

참고 문헌

참고 문헌

국내 문헌

강성철 · 김판석 · 이종수 · 최근열 · 하태근. 2008. 「새 인사행정론」. 대영문화사.

강인재 외. 2017. 「소방 국가직화 추진전략에 대한 연구용역: 지방분권과 소방 국가직화의 상관관계 및 논점을 중심으로」. 최종보고서. 한국지방자치연구원.

국민안전처. 2015. 「2015 소방행정자료 및 통계」. 국민안전처.

국회입법조사처. 2018. 「이슈와 논점」, 제1442호. 어메리카 버닝('America Burning') 리포트와 한국소방정책에의 시사점.

김광수 · 김국래 · 이원희. 2001. 「소방조직관리론」. 도서출판 덕유.

김국래 · 유병옥. 2009. 「재난관리론」. 정훈사.

김근영. 2008. 「재난안전관리체계 개편 방안」. 행정안전부.

김기봉. 2008. 조직의 개념. http://m.blog.daum.net/localculture/15626905?tp_nil_a=2

김동욱. 2003. 국가 재해재난 관리체계 재정립 방안. 행정개혁시민연합.

김민주. 2017. 「정부는 어떤 곳인가: 행정학의 이해와 활용」. 대영문화사.

김병섭. 1996. 조직이론의 최근 경향. 「고시계」, 41(7): 63-75.

김병섭 · 박광국 · 조경호. 2008. 「휴먼조직론」. 대영문화사.

김병욱 외. 2013. 「세종특별자치시 소방조직 모델 설정에 관한 연구」. 킴스정보전략연구소.

김보현 · 박동균. 1995. 위기관리행정에 관한 지방공무원의 인식분석. 「도시행정학보」. 8(단일호): 127-148.

김영곤. 2017. 지역 소방조직 내 세대 간 갈등 유발요인 분석: 제도, 업무 인식 및 직무 동기 요인을 중심으로. 「지방행정연구」. 31(2): 263-298.

김영곤 · 고대유. 2016. 한국적 조직문화와 조직시민행동의 관계에 대한 연령의 조절효과 분석: 소방조직을 중심으로. 「한국공공관리학보」. 30(4): 321-347.

김영규 · 임송태. 1997. 재난대응체계 모델에 관한 연구. 「지방행정연구」. 11(4): 81-103.

김영평. 1994. 현대사회와 위험의 문제. 「한국행정연구」. 3(4): 5-26.
김영호 외. 2017. 소방조직의 갈등요인 분석과 조직갈등 해소 방안 연구: 제주지역 소방공무원을 중심으로. 제29회 국민안전 119소방정책 컨퍼런스.
김윤권. 2017. 「행정환경 및 행정수요의 변화에 따른 정부기능과 정부조직의 정합성에 관한 연구」. 한국행정연구원, 연구보고서 2017-11.
김종성. 2008. 지방재난관리조직의 바람직한 구축방안. 「지방행정연구」. 22(1): 3-33.
김종한. 2005. 한국 재난관리 행정기구의 조직학습에 관한 연구. 조선대학교 대학원 박사학위 논문.
김주찬·김태윤. 2002. 국가재해재난 관리체계의 당위적 구조. 「한국화재소방학회논문지」. 6(1): 8-12.
김중구. 2011. 한국·미국·일본의 소방정책과 소방거버넌스 비교분석. 「정책개발연구」. 11(1): 219-242.
김중양. 2004. 대구지하철 참사 수습과 재난관리대책. 한국행정연구원 「행정포커스」. 1/2: 38-56.
김진동. 2007. 소방행정의 효율적 운영 방안. 「한국경찰연구」. 6(1): 139-168.
김태윤. 2000. 국가재해재난 관리체계 구축 방안. 한국행정연구원.
김호섭 외. 2012. 「행정과 조직행태」. 대영문화사.
김홍환. 2018. 「소방행정의 변화에 따른 소방재정구조 개편방안」. 한국지방세연구원.
남궁근. 1995. 재해관리 행정체계의 국가 간 비교연구: 미국과 한국의 사례를 중심으로. 「한국행정학보」. 29(3): 957-981.
내무부 중앙재해대책본부. 1995. 「재해극복 30년사」. 내무부 중앙재해대책본부.
도명록 외. 2016. 소방공무원의 조직몰입과 이직 의도에 관한 연구: 장비품질 인식의 효과를 중심으로. 「한국거버넌스학회보」. 23(3): 251-274.
류상일·송용선·정기성·양기근·박정민·김정훈·송윤석·이주호·조민상·김황진·권설아. 2018. 「소방학개론」. 윤성사.
류상일·이민규·최호택. 2011. 국민생활 안전 강화를 위한 자치소방력 강화방안. 「한국위기관리논집」. 7(1): 143-158.
민 진. 2014. 「조직관리론」. 대영문화사.
민 진. 2015. 「조직관리론」. 대영문화사.
박경원·김희선. 2002. 「조직이론강의: 구조, 설계 및 과정」. 대영문화사.
박동균. 2010. 다중이용시설 테러에 대비한 지방자치단체의 위기관리전략. 「한국지방자치연구」. 11(4): 165-185.
박미경·이강수·황호영. 2009. 소방조직문화가 조직시민행동과 이직 의도에 미치는 영향에 관한 연구: J소방조직을 중심으로. 「인적자원개발연구」. 12(2): 1-30.

박창순·최규출. 2013. 소방조직의 변혁적 리더십이 조직문화와 혁신에 미치는 영향. 「한국화재소방학회논문지」. 27(6): 104-114.

백완기. 1992. 「행정학」. 서울: 박영사.

백완기. 2013. 한국사회에서 공공성의 개념 정립과 역대 정권을 통한 정착화 과정. 「학술원논문집」. 52(1): 177-221.

법제처. 2018. 「재난 및 안전관리 기본법」. 행정안전부.

변상호. 2004. 지방소방행정체제의 비교분석. 「한국방재학회논문집」. 4(4): 44-52.

복문수·류상일·신종렬·박기관. 2010. 「지방행정 체제 개편에 따른 효율적 소방력 운영 방안 연구」. 한국지방자치학회.

성시경 외. 2014. 소방공무원 보건안전복지 실태조사 및 정책방안 연구. 소방방재청.

세계일보. 2019. 05. 22. "밴드 붙여달라".. 경찰, 무분별 구급신고에 소방 '부글부글'.

소방기본법. [시행 2018. 12. 27.] [법률 제15301호, 2017. 12. 26., 타법 개정]

소방방재청. 2009. 「2009년 재난연감」. 소방방재청.

소방청. 2018. 「2018 소방청 통계연보」. 소방청.

손효종·이영미. 2015. 지휘관의 리더십 특성이 조직몰입과 직무만족에 미치는 영향: 경기도 소방공무원을 중심으로. 「한국화재소방학회논문지」. 29(6): 129-138.

송상훈 외. 2012. 안정적인 소방재정 확충 방안 연구 용역. 한국지방재정학회.

송용선. 2009. 「소방조직론」. 중앙소방학교.

송윤석. 2009. 「대도시 재난관리체계의 유형별 효율화 비교분석」. 한국외국어대학교 대학원 행정학과 박사학위논문.

송윤석·김중구·방규명·이상미·정호신·현성호. 2011. 「소방조직론」. 문예미디어.

신동엽·이상묵. 2007. 거시 조직이론의 필드 구조: 현대 거시 조직이론의 네 가지 패러다임. 「연세경영연구」. 44(2): 367-389.

신봉수. 2005. 「한국 소방행정체제의 발전방안에 관한 연구」. 전남대학교 행정대학원 석사학위논문.

신원부. 2017. 「새 정부 위기관리조직, 어떻게 개편할 것인가?」. 한국행정학회 공공안전행정연구회 위기관리 공동특별기획세미나.

신유근. 1996. 「현대경영학」. 다산출판사.

양기근. 2004a. 위기관리 조직학습 체제에 관한 연구: 한국과 미국의 위기관리 사례 비교분석을 중심으로. 경희대학교 대학원 박사학위논문.

양기근. 2004b. 재난관리의 조직학습 사례연구: 세계무역센터 붕괴와 대구지하철 화재를 중심으로. 「한국행정학보」. 38(6): 47-70.

양기근. 2010. 안전사회 구축을 위한 소방정책의 과제. 「한국치안행정논집」. 7(2): 111-135.

양기근 · 류상일 · 송윤석 · 송용선 · 이주호 · 박정민. 2016a. 「소방행정학개론」(제3판). 대영문화사.

양기근 · 류상일 · 송윤석 · 이주호 · 이동규 · 홍영근. 2016b. 「재난관리론(개정판)」. 대영문화사.

오석홍. 2003. 「조직이론」. 박영사.

오석홍. 2005. 「조직이론(제5판)」. 박영사.

오석홍. 2014. 「조직이론(제8판)」. 박영사.

오석홍 · 손태원 · 이창길 편. 2011. 「조직학의 주요 이론(제4판)」. 법문사.

오세덕 · 이명재 · 강제상 · 임영제. 2019. 「조직론」. 윤성사.

우성천. 2010. 「소방행정학」. 동화기술.

우성천 · 채진 · 고기봉. 2014. 의용소방대의 사회적 자본 영향요인 분석. 「한국화재소방학회논문지」. 28(1).

원숙연. 2002. 포스트 모더니즘 조직연구. 「한국행정학보」. 36(2): 1-18.

유종해. 1981. 현대조직이론의 계보와 경향. 「고시계」. 26(8): 106-113.

유종해 · 이덕로. 2015. 「현대조직관리」. 박영사.

유홍림, 1999. 「새조직행태론」. 대영문화사.

유홍림 외. 2006. 정부조직설계 표준모델 개발. 행정자치부 정책연구용역보고서.

윤명오. 2001. 소방청 설립논리 배경과 그 지향점: 기능적 측면을 중심으로. 「한국화재소방학회지」. 2(4): 23-33.

윤명오. 2017. 「미래지향적 소방서비스 수요예측 및 중장기 발전방안 연구」. 소방청.

윤명오 외. 2015. 「소방조직 인력 운영 선진화 방안 연구」. 국민안전처.

윤재풍. 1985. 「조직학개론」. 박영사.

윤재풍. 2014. 「조직론」. 대영문화사.

이양수. 2004. 조직행태론에 관한 소고: 학문의 정체성 분석. 「한국행정학보」. 38(3): 1-21.

이재열 · 장덕진. 2005. 「새로운 조직 패러다임의 특성과 전망」. 정보통신정책연구원.

이재은 . 1998. 우리나라 위기관리 대응기능 개선 방안에 관한 연구: 위기관리 조직과 법규 분석을 통해. 「한국정책학회보」. 7(2): 229-252.

이재은. 2000. 한국의 위기관리정책에 관한 연구: 집행구조의 다조직적 관계 분석을 중심으로. 연세대학교 대학원 박사학위논문.

이재은. 2002. 지방자치단체의 자연재해관리정책과 인위재난관리정책 비교 연구: AHP기법을 이용한 상대적 중요도 및 우선순위 측정을 중심으로. 「한국행정학보」. 36(2): 160-180.

이재은. 2004. 재난 발생에 따른 단계별 상황관리의 효율화 방안. 「제9회 방재안전세미나 및 전시회」. 국립방재연구소(2004. 6. 8), 231-255.

이재은 · 김겸훈 · 김은정 · 이호동. 2004. 지식정보화 사회에서의 안전관리 정보시스템 비교 연구: 미국, 일본, 한국을 중심으로. 「현대사회와 행정」. 14(1).

이재은 외. 2006. 「재난관리론」. 대영문화사.

이종수. 2009. 「행정학사전(제2판)」. 대영문화사.

이종수 외. 2012. 「새행정학」. 대영문화사.

이종수 · 김경은 · 김영재 · 김지원 · 장석준 · 탁현우. 2018. 「한국행정의 이해」. 대영문화사.

이종열 외. 2003. 소방행정조직체계의 비교분석. 「한국정책과학학회보」. 7(2): 357-374.

이주호 · 류상일. 2016. 동기부여가 소방공무원의 조직몰입과 직무만족에 미치는 영향: 부산지역 소방공무원의 인식을 중심으로. 「Crisisonomy」. 12(1): 47-55.

이주호 · 박영화 · Masatsugu Nemoto. 2015. 광역소방행정체제 하에서 소방행정서비스 효율화를 위한 협력 방안 : 일본 나라현의 소방조합 도입 논의를 중심으로. 「한국위기관리논집」. 11(6): 25-43.

이창원 · 강제상 · 이원희. 2003. 국가 재해재난 관리 조직의 개편 방안에 관한 연구. 「한국행정학회 특별기획세미나 발표 논문」.

이창원 · 명승환 · 임영제. 2004. 「정보사회와 현대조직」. 대영문화사.

이창원 · 최창현. 2005. 「새조직론(개정판)」. 대영문화사.

이창원 · 최창현 · 최천근. 2014. 「새조직론(전정3판)」. 대영문화사.

일본 동경소방청(http://www.tfd.metro.tokyo.jp)

일본 소방법규연구회. 2018. 「소방기본6법(2018년)」. 동경법령출판.

일본소방청. 2017. 「소방백서 2017년판」. 승미인쇄주식회사.

일본 총무성소방청(http://www.fdma.go.jp)

임창희. 2014. 「조직행동」. 비앤엠북스.

임창희. 2015. 「조직론 이해」. 학현사.

재난 및 안전관리 기본법 시행규칙 [시행 2018. 1. 18.] [행정안전부령 제38호, 2018. 1. 18., 일부 개정]

재난 및 안전관리 기본법 시행령 [시행 2019. 3. 28.] [대통령령 제29498호, 2019. 1. 22., 타법 개정]

재난 및 안전관리 기본법. [시행 2019. 3. 26.] [법률 제16301호, 2019. 3. 26., 일부 개정]

전국대학 소방학과 교수협의회. 2018. 「소방학개론」(제4판). 동화기술.

전기정 · 이진하. 1996. 학습조직과 정보기술. 삼성경제연구소 편. 「학습조직의 이론과 실제」. 21세기 북스.

전주상 외. 2018. 「효율적 조직설계를 위한 조직진단 및 소방청 중장기 발전방안 연구용역」. 소방청.

정경문. 2018. 「소방학개론」. 동화기술.

정병수 · 류상일 · 안혜원. 2013. 국가와 지방 간 소방사무 재배분에 관한 논의. 「한국위기관리논집」. 9(4): 1–14.

정용찬 · 남상호. 2007. 국가와 지방자치단체의 소방행정사무의 분배. 「중앙법학」. 9(4): 7–43.

정우일. 2006. 「공공조직론」. 박영사.

정우일 · 하재룡 · 이영균 · 박선경 · 양승범. 2011. 「공공조직론」. 박영사.

정익재. 1994. 위험의 특성과 예방적 대책. 「한국행정연구」. 3(4): 50–66.

정재동. 2003. L. Gulick의 행정원리론에 대한 이론적 재평가와 함의의 탐색: H. A. Simon의 비판과 재비판을 중심으로. 「한국행정학회 학술발표논문집(2003.10)」. 312–324.

조경호 외. 2014. 「공공조직행태론」. 대영문화사.

조동훈, 2017. 「소방학」. 뉴욕출판.

조동훈. 2018. 「소방학개론」(제3판). 화수목.

조석준 · 임도빈. 2010. 「한국행정조직론」. 법문사.

조석현, 2016. 「소방행정학」. 화수목.

조선호. 2007. 「소방조직문화가 조직효과성 및 서비스 질 보장(QR)활동에 미치는 영향에 관한 연구」. 한성대학교 박사학위논문.

중앙소방학교. 2009. 「비교소방론」. (주)정인 I&D.

지방자치법. [시행 2017. 7. 26.] [법률 제14839호, 2017. 7. 26., 타법 개정]

지방자치법 시행령. [시행 2018. 10. 30.] [대통령령 제29261호, 2018. 10. 30., 일부 개정]

진종순 · 김기형 · 조태준 · 임재진 · 김정인. 2016. 「조직행태론」. 대영문화사.

채경석. 2004. 「위기관리정책론」. 대왕사.

채진. 2012. 소방조직의 지식관리시스템 영향요인 분석. 「한국위기관리논집」. 8(1): 39–56.

채진. 2014. 119생활안전대의 활성화 영향요인 분석: 경기도소방공무원의 인식을 중심으로. 「한국위기관리논집」. 10(5) 1–31.

채진. 2016. 한국의 소방사와 발전 방향. 「Crisisonomy」. 12(7): 37–52.

채진 · 우성천. 2009. 소방공무원의 조직 활성화 방안에 관한 연구: 내외근 간의 갈등을 중심으로. 「한국화재소방학회 논문지」. 23(2): 85–95.

최병선. 1994. 위험문제의 특성과 전략적 대응. 「한국행정연구」. 3(4): 27–49.

최연홍 · 최길수. 2002. 환경정책의 인식에 관한 연구: 환경전문가 집단을 중심으로. 「한국지방자치학회보」. 14(1): 145–158.

최창현. 1999. 복잡성이론의 조직관리적 적용가능성 탐색. 「한국행정학보」. 33(4): 19-38.
최천근 · 이창원. 2012. Scott의 조직이론 분류와 Morgan의 조직이미지에 대한 통합적 고찰. 「한국정책과학학회보」. 16(2): 113-138.
최향순. 2010. 「신행정조직론」. 대명출판사.
하재룡 · 김영대. 1997. 정보통신기술의 발달과 네트워크조직의 출현. 「한국행정학보」. 31(2): 157-172.
한국방재학회, 2015, 「재난관리론」. 구미서관.
한국조직학회. 2009. 「소방사무 전수조사를 위한 연구」. 소방방재청.
한국지방자치학회. 2010. 「지방행정체제 개편에 따른 효율적 소방력 운영방안 연구」. 소방방재청.
한국지방자치학회. 2012. 「지방소방재정 확충을 위한 국가 · 지방간 소방사무의 합리적 분담 및 재원확보 방안」. 경기소방본부 용역과제.
한상대 . 2004. 「지방자치단체 재난관리체제에 관한 연구」. 아주대학교 공공정책대학원 석사학위논문.
한상대. 2018. 「재난재해 대응을 위한 지방소방행정의 발전 방안에 관한 연구: 충청남도 소방행정을 중심으로」. 한서대학교 대학원 박사학위논문.
행정자치부 소방국. 1999. 「한국소방행정사」. 행정자치부.
행정자치부. 2004, 정책연구 기초 · 광역체제 검토, 범아인쇄.
행정학용어 표준화 연구회. 2010. 「이해하기 쉽게 쓴 행정학 용어사전」. 새정보미디어.

국외 문헌

Adams, J. 1963. Toward an Understanding of Inequity. *Journal of Abnormal and Social Psychology*. 67: 422-436.

Alderfer, C. P. 1969. An Empirical Test of a New Theory of Human Needs. *Organizational Behavior and Human Performance*. 4: 142-175.

Alderfer, C. P. 1972. *Existence, Relatedness and Growth: Human Needs in Organizational Settings*. New York: Free Press.

Aldrich, H. E. 1979. *Organizations and Environments*. Prentice-Hall. Englewood Cliffs, NJ.

Alexander, D. 2005. An Interpretation of Disaster in terms of Changes in Culture, Society and International Relations, in Ronald W. Perry & E. L. Quarantelli(ed.). *What is a Disaster?*: New Answers to Old Questions. Delaware: Xlibris.

Amitai, E. 1961. A *Comparative Analysis of Complex Organizations*. New York: Free Press.

Barnard, C. I. 1938. *The Functions of the Executive*. Cambridge, MA: Harvard University Press.

Bernard, C. I. 1948. *Organizations and Management*. Cambridge: Harvard University Press.

Barnes, L. B. 1965. Organizational Change and Field Experiment Method, in V. H. Vroom. *Method of Organizational Research*. University of Pittsburg Press.

Blau, P. M. & Scott, W. R. 1962. *Formal Organizations: A Comparative Approach*, San Francisco: Chandler.

Burns, J. M. 1978. *Leadership*, New York: Harper & Row.

Burns, T. & Stalker, G. M. 1961. *The Management of Innovation*. London: Tavistock Press.

Chandleer, D. 1962. *Strategy and Structure*. New York: Doubleday.

Chandler, Alfred D. Jr. 1962. *Strategy and Structure: Chapters in the History of the Industrial Enterprise*. Cambridge: MIT Press.

Clary, Bruce B. 1985. The Evolution and Structure of *Natural* Hazard Policies. *Public Administration Review*. 45(Special Issue, Jan.): 20-28.

Clegg, S. & Dunkerley, D. 1980. *Organization, Class and Control*. London: Routledge & Kegan Paul.

Comfort, L. K. 1988. Designing Policy for Action: The Emergency Management System, L. K. Comfort(ed.). *Managing Disaster*, Dorham, North Caroliana: Duke University Press.

CRS Report, 2018. *United States Fire Administration: An Overview*. Congressional Research Service.

Daft, R. L. & Noe, R. A. 2001. *Organization Behavior*. Orland, FL: Harcourt College.

Drabek, Thomas E. 1985. Managing the Emergency Response. *Public Administration Review*. 45(Special Issue, Jan.): 85–92.

Drabek, Thomas E. 1991. The Evolution of Emergency Management. Thomas E. Drabek & Gerard J. Hoetmer (eds). *Emergency Management: Principles and Practice for Local Government*. Washington. DC: International City Management Association.

Drucker, P., 1993. *Change Agents at Work*. http://www.babsoninsight.com/ contentmgr/showdetails. php/id/570

Emerson, R. M. 1962. Power-Deperdence Relations, *American Sociological Review*, 27: 31–40.

Etzioni, A. 1958. *The Comparative Analysis of Complex Organization*, New York : John Wiley & Sons.

Etzioni, A. 1968. *The Active Society*, New York : The Free Press.

Fayol, F. E. 1916. *Industrial and General Administration*. Paris: Dunod.

Fayol, F. E. 1949. *General and Industrial Management*. trans by Constance Storrs. London: Sir Issac Pitman & Sons.

FEMA(USFA), 2012. U.S. Funding Alternatives for Emergency Medical and Fire Services.

FEMA(USFA). U.S. Fire Administration Strategic Plan Fiscal Years 2014–2018.

Fisher, R. J. 1994. *Interactive Conflict Resolution*. NY: Syracuse University Press.

Fritz, C. 1961. Disasters, in R. Merton & R. Nisbeet(eds.). *Social Problems*. New York: Harcourt Brace.

Galbraith, J. R., & Lawler, E. E. (1993). Organizing for the future: The new logic for managing complex organizations. Jossey-Bass Inc Pub.

Galbraith, J. K. 1973. *Designing Complex Organizations*. Reading. MA: Addison-Wesley.

Garvin, D. A. 1993. Building a Learning Organization. *Harvard Business Review*. 71(4): 78–91.

George, J. M. & Jones, G. R. 2012. *Understanding and Managing Organizational Behavior*. Boston: Pearson.

Gherardi, Silvia, Nicolini, Davide, & Odella, Francesca. 1998. What Do You Mean By Safety? Conflicting Perspectives on Accident Causation and Safety Management in a Construction Firm. *Journal of Contingencies and Crisis Management*. 6(4): 202–213.

Godschalk, David. 1991. Disaster Mitigation and Hazard Management, in Thomas E. Drabek & Gerard J. Hoetmer(eds.). *Emergency Management: Principles and Practice for Local Government*,

Washington, DC: International City Management Association.

Gulick, L. 1937. Notes on the Theory of Organizations. With Special References to Government in the United States. *Papers on the Science of Administration*. New York: Institute of Public Administration, Columbia University. 3-44.

Gulick, L. 1978. Notes on the Theory of Organizations, in James G. Narch(ed), *Handbook of Organizations*. Chicago: Rand McNally.

Gulick, L. & Urwick, L.(ed.). 1937. *Papers on the Science of Administration*. New York: Institute of Public Administration.

Herzberg, F. 1968. *One More Time: How Do You Motivate Employees*. Harvard Business Review, 46(1): 58.

Herzberg, F. Mausner, B. & Snyderman, B. 1959. *The Motivation to Work*. New York: John Wiley.

Hicks, Herbert G. 1972. *The Management of Organization: A Systems and Human Resources Approaches*. New York: McGraw-Hill.

Hills, A. 1998. Seduced by recovery: The consequences of misunderstanding disaster. *Journal of Contingencies and Crisis Management*. 6(3): 162-170.

Hy, Ronald John & Waugh Jr., William L. 1990. The Function of Emergency Management. William L. Waugh, Jr., & Ronald John Hy(eds). *Handbook of Emergency Management: Programs and Policies Dealing with Major Hazards and Disasters*. Westport, CT: Greenwood Press.

Jantsch, E. 1979. *The Self-Organizing Universe: Scientific and Human Implications of the Emerging Paradigm of Evolution*. Oxford: Pergamon Press.

Jones, Gareth R. 1995. *Organization Theory: Text and Cases*. New York: Addison-Wesley Publishing Company.

Katz, D. 1974. Skills of an Effective Administrator. *Harvard Business Review*, September-October: 90-102.

Kast, F. E. & Rosenzweig. J. E. 1979. *Organization and Management*(3rd ed.). Tokyo: McGraw-Hill Company.

Katz, D. & Kahn, R. L. 1951. Human organization and worker motivation. In L. R. Tripp(eds.), *Industrial productivity*(pp. 146-171). Madison, WI: Industrial Relations Research Association.

Katz, D. & Kahn, R. L. 1966. *The Social Psychology of Organizations*. New York: John Wiley and Sons, Inc.

Kelley, R. E. 1988. In praise of Followership. *Harvard Business Review*. 66.

Kettl, D. 1988. *Government by proxy: Mismanaging Federal Programs*. CQ Press.

Kreps, D. 1990. Corporate Culture and Economic Theory, in J. Alt & K. Schepsle (eds.), *Perspectives in Positive Political Economy*. Cambridge University Press.

Lawrence, P. R. & Lorsch, J. W. 1967. *Organizations*. Monterey, CA: Brooks/Cole.

Levitt, B. & March. J. G. 1988. Organizational Learning. *Annual Review of Sociology*. 14: 319-340.

Litterer, J. A. 1973. *The Analysis of Organizations*, 2nd ed., New York : John Wiley & Sons.

March, J. G. & Simon. H. A. 1953. *Organizations*. New York: John Wiley and Sons.

March, J. G., & Simon. H. A. 1958. *Organizations*. New York: John Wiley and Sons Inc.

Marx, F. M. H. 1957. *The Administrative State*. Chicago: University of Chicago Press.

Maslow, A. H. 1943. A Theory of Human Motivation. *Psychological Review*. 50: 370-396.

Maslow, A. H. 1954. *Motivation and Personality*. New York: Harper & Row.

Mayo, E. 1933. *The Human Problems of an Industrial Civilization*. New York: The Macmillan(1945).

McClelland, D. C. 1961. *The Achieving Society*. Princeton: Van Nostrand.

McGregor, D. 1960. *The Human Side of Enterprise*. New York: McGraw-Hill.

McLoughlin, D. 1985. A Framework for Integrated Emergency Management. *Public Administration Review*. 45(Special Issue): 165-172.

Miles, Robert R. 1980, *Macro Organization Behavior*, Santa Monica, CA: Goodyear.

Mintzberg, H. 1973. *The Nature of Managerial Work*. New York: Harper & Row.

Murray, E. J. 1965. *Motivation and Emotion*, Englewood Cliffs, New Jersey: Prentice-Hall.

Murray, E. J. 1968. Conflict: Psychological Aspects, in David L. Sills.(ed.). *International Encyclopedia of the Social Science*, Vol.3. New York: Free Press.

Mushkatel, A. H. & Weschler, L. F. 1985. Emergency System. *Public Administration Review*. 45.

National Commission on Fire Prevention and Control. 1973. *America Burning*. National Commission on Fire Prevention and Control report.

National Fire Protection Association. 2017. U.S. Fire Department Profile - 2015.

Nohria, N. 1992. Is a Network Perspective a Useful Way of Studying Organization?, in N. Nohria & R. G. Eccles(eds.), *Network and Organization: Structure, Form and Action*. Harvard Business School Press.

Parsons, T. 1951. *The Social System*. Free Press.

Parsons, T. 1989[원1966]. 「사회의 유형(*Societies: evolutionary and comparative perspectives*)」 (이종수 역), 기린원..

Perrow, C. 1967. A Framework for the Comparative Analysis of Organizations. *American Sociological Review*. 32: 194-208.

Perrow, C. 1986. *Complex Organization: A Critical Essay*. New York: Random House.

Perry, R. 1985. *Comprehensive Emergency Management: Evacuating Threatened Populations*. Greenwich, CT: JAI Press Inc.

Petak, William J. 1985. Emergency Management: A Challenge for Public Administration. *Public Administration Review*. 45(Special Issue): 3-7.

Podolny, J. M. & Page, K. L. 1998. Network Forms of Organization. *Annual Review of Sociology*. 24(1): 57-76.

Podolny, J. M. & Phillips, D. J. 1996. The Dynamics of Organizational Status. *Industrial and Corporate Change*. 5(2): 453-471.

Porter, L. W. & Lawler, E. E. 1968. *Managerial Attitudes and Performance*. Homewood, Illinois: Dorsey Press.

Powell, W. 1990. Neither Market nor Hierarchy: Network Forms of Organization. *Research in Organizational Behavior*. 12: 295-336.

Quarantelli, E. L. 1995. Technological and natural disasters and ecological problems: Similarities and differences in planning for and managing them. in *Memorial del Coloquio Internacional: El Reto de Desastres Technologicosy Ecologicos*. Mexico City: Academia Mexicana de Ingenieria.

Robbins, S. P. 1990a. *Management*(2nd ed.). Englewood Cliffs, New Jersey: Prentice-Hall, Inc.

Robbins, S. P. 1990b. *Organization Theory: Structure, Design, and Applications*. Prentice-Hall.

Robbins, S. P. & Judge, T. A. 2011. *Organizational Behavior*, Upper Saddle River, NJ: Person Prentice-Hall.

Roethlisberger, F. J. & Dickson, W. J. 1939. *Management and the Worker*. Cambridge: Harvard University Press.

Rubin, C. B. 1991. Recovery from Disaster, in Thomas E. Drabek & Gerard J. Hoetmer (eds.). *Emergency Management: Principles and Practice for Local Government*. Washington, DC: International City Management Association.

Schneider, S. K. 1992. Governmental Response to Disasters: The Conflict Between Bureaucratic Procedures and Emergent Norms. *Public Administration Review*. 52(2): 135–145.

Scott, W. R. 1961. Organizational Theory: An Overview and An Appraisal. *Academy of Management Journal*. 4: 7–26.

Scott, W. R. 2002. *Organizations: Rational, Natural, and Open Systems*(5th ed.). Englewood Cliff, NJ: Prentice-Hall.

Scott, W. R., Ruef, M. Mendel, P. J. & Caronna, C. A. 2001. *Institutional Change and Healthcare Organizations: from Professional Dominance to Managed Care*. Chicago: The University of Chicago Press.

Selznick, P. 1949. *TVA and the Grass Roots: A Study of Politics and Organization*. Berkeley, Los Angeles: University of California Press.

Selznick, P. 1957. *Leadership in administration*. New York: McGraw-Hill.

Sigel, G. 1985. Human Resource Development for Emergency Management, *Public Administration Review*. 45(Special Issue): 107–117.

Simon. H. A. 1957. *Administrative Behavior*. New York: Macmillan.

Simon. H. A. 1976. *Administrative Behavior*. Nova Iorque: The Macmil-lan Company, 2.

Stogdill, R. M. 1974. *Handbook of Leadership: A Survey of the Literature*, New York: Free Press.

Tapsctt, D. 1996. *Digital Economy; Promise and Peril in the Age of Networked Intelligence*. McGraw-Hill.

Taylor, F. W. 1911. *The Principles of Scientific Management*. New York: Harper.

Taylor, F. W. 1947. *Scientific Management*. New York: Harper & Brothers.

Thompson, J. D. 1967. *Organization in Action*. New York: McGraw-Hall.

Turner, B. A. 1978. *Man-Made Disasters*. Wykeham Science Press: London.

USFA. 2018. Fire Department Overall Run Profile as Reported to the National Fire Incident Reporting System (2016). *Topical Fire Report Series* Volume 19, Issue 5.

USFA. 2018. Fiscal Year 2017 Report to Congress.

Vroom, V. H. 1964. *Work and Motivation*. New York: John Wiley and Sons.

Wallace, W. A. & Balogh, F. De. 1985. Decision Support Systems for Disaster Management. *Public Administration Review*. 45(Special Issue): 134–146.

Weber, M. 1947. *The Theory of Social and Economic Organization*. New York: Free Press.

Weber, M. 1949. *The Theory of social and economic organizations*(translated by T. Parsons), New York: Free Press.

Weber, M. 1952. *The Protestant Ethnic and the Spirit of Capitalism*. New York: Scribner.

Weber, M. 1964. *The Theory of Social and Economic Organization*, trans. by M. Henderson and T. Parsons. New York: The Free Press.

Weick, K. E. 1976. Educational Organizations as Loosely Coupled Systems. *Administrative Science Quarterly*. 21: 1-19.

Weick, K. E. 2001. *Making Sense of the Organization*. Malden, MA: Blackwell.

Whiteley, A. & J. Whiteley. 2007. *Core Values and Organizational Change: Theory and Practice*. New Jersey: World Scientific.

Wolch, J. 1990. *The Shadow State: Government and Voluntary Sector in Transition*. Foundation Center.

Woodward, J. 1965. *Industrial Organization: Theory and Practice*. London: Oxford University Press.

https://en.wikipedia.org/wiki/National_Emergency_Training_Center

https://www.dhs.gov/sites/default/files/publications/18_1204_DHS_Organizational_Chart.pdf

https://www.mentorsnote.com/archives/748(검색일: 2019년01월25일)

https://www.usfa.fema.gov/about/index.html

www.yahoo.co.jp

Fire Service Organizations

소방조직론

찾아보기

ㄱ

가상조직	58
가외성	260, 284
갈등관리이론	132
갈브레이스(Jay R. Galbraith)	56
강제적 조직	20
개방 체제	24, 46, 55
갠트(Henry L. Gannt)	38
거래적 리더십	127
결과성	28, 259, 284
경로-목표모형	124
경성소방조	71
경제조직	19
계약정권	298
계층성	28
계층제 문화	137
고전이론	149
고전적 조직이론	37
공동조직	297
공동체 문화	137
공리적 조직	20
공식성	154
공식화	23, 51, 133
공익조직	20, 27
공정성이론	117
과업문화	138
과업 지향 문화	137
과정이론	116
과학적 관리론	38, 149
관계 지향 문화	137
관료제	17, 21, 42, 158
관료조직문화	137
관리과학	53
관리그리드 모형	122
광역지방자치단체	236
교통안전대책특별교부금	231
구급	102
구급구명사(救急救命士)	211
구급자동차	212
구급차	212
구조	101
구조대	214
국가사무	244
국가소방	236
국가응급교육센터(NETC)	171
국가화재데이터센터	173
국가 화재보호연합(NFPA)	170
국가화재프로그램	172
국고보조금	230
국립소방학교(NFA)	174
국립 화재 예방과 통제위원회 보고서	172
국립 화재 예방과 통제청(NFPCA)	173
국민안전처	76, 239, 263
국토안보부(DHS)	167, 250
권력조직 문화	137
권력 지향 문화	137
권역현장지휘대	281
규범적 조직	20
규제성	260
귤릭(Luther H. Gulick)	37, 40, 149
그림자 국가	298
금화도감(禁火都監)	67, 71, 261
기대이론	116
기초자치단체	249
긴급구조지휘대	281
긴급구조통제단	274
긴급성	29, 259, 284

긴급소방원조대	208, 220
긴급소방원조대 설비정비보조금	231
길브레스(Frank B. Gilbreth)	38

|ㄴ|

남성문화	138
내용이론	111
네트워크 조직	58, 60

|ㄷ|

단위 소량 생산 기술	156
대규모 재해	218
대리정부	298
대비 단계	272, 280
대응 단계	273, 280
던컨(W. Jack Duncan)	135
도도부현 대대	222
도쿄소방청	194
독일의 소방조직	254
동기부여	110
동기유발모형	110
동일본대진재	228
드러커(Peter Drucker)	299
딜(Terrence E. Deal)	137

|ㄹ|

러블(Thomas L. Ruble)	134
레드필드(Charles E. Redfield)	131
레빈(Kurt Lewiin)	44, 120
로렌스(Paul R. Lawrence)	50
로빈스(Stephen P. Robbins)	50
로젠츠웨이그(James E. Rosenzweig)	54
로위(Theodore J. Lowi)	109

로쉬(Jay W. Lorsch)	50
롤러(Edward E. Lawler)	56, 117
뢰슬리스버거(Fritz J. Roethlisberger)	44, 150
리더십이론	118, 125
리더십 상황이론	123
리커트(Rensis Likert)	48
리피트(Ronald Lipitt)	120

|ㅁ|

마치(James G. March)	17
맥그리거(Douglas M. McGregor)	48, 111
맥클랜드(David C. McClelland)	115
머레이(Edward J. Murray)	132
머슬로(Abraham H. Maslow)	48, 112, 151
머튼(Robert K. Merton)	43, 159
메이요(Elton Mayo)	44, 111, 150
모래시계형 조직	58
모튼(Jane S. Mouton)	122
미국 소방청(USFA)	169
미국의 소방서	180
미국의 소방조직	167, 250
미국의 재난관리	167
미래 복합재난	304
미래의 재난환경	306
미 소방학교(NFA)	171
미시간대학 연구	121
미 연방재난관리청(FEMA)	168
민간소방대	72
민츠버그(Henry Mintzberg)	152, 156

|ㅂ|

방면현장지휘대	281
방재계획	224

방재기반정비사업	231	샤인(Edgar H. Schein)	135
배런(Robert A. Baron)	136	성취욕구이론	115
배스(Bernard M. Bass)	127	세계무역센터(WTC)	167
방재비	228	세월호 참사	76
버나드(Chester I. Barnard)	17,46,54,150	셀즈닉(Philip Selznick)	18,43,46,50,151,159
번스(Tom Burns)	50,118,151,157	소방	26,71,257,271
베니스(Warren G. Bennis)	118	소방간부후보생	86
베버(Max Weber)	17,21,37,41,149,158	소방공무원	138
변혁적 리더십	127	소방공무원법	74
보조금	179,230	소방공무원 보건안전 및 복지기본법	245
보훈 제도	139	소방구(消防區)	249
복구 단계	273	소방기관	79
복잡성	23,51,57,153	소방기본법	27
복잡성이론	297	소방단(消防團)	189,197,252
복합재난	291	소방단원	198
봉사조직	20	소방단장	198
분권화	155	소방방재청	75,239,248
브룸(Victor H. Vroom)	116	소방방재 헬리콥터	215,216
블라우(Peter M. Blau)	20,43,50,152,156,159	소방보건 제도	139
블랜차드(Kenneth H. Blanchard)	48,125	소방본부	96,252,267
블레이크(Robert B. Blake)	122	소방본부현장지휘대	281
비상재해대책본부	224	소방사무	244,247,249
비선형 동학	297	소방상호응원협정	218
		소방서	98,252,268
		소방서현장지휘대	281
		소방위원회	72

|ㅅ|

사기 139		소방의 광역화	204
사이먼(Herbert A. Simon)	17,48,108	소방전문병원	139
사업조직	20	소방전문치료센터	139
사회재난	271	소방정대	98,100,269
삼엽(三葉)조직	297	소방조(消防組)	189
상급자치단체	249	소방조직	1,27,107,140,190,250,292,301
상황이론	50,123	소방조직론	33
생태위기	291	소방조직문화 109,144	

소방조직 관리이론	146,162	야구팀형	138
소방조직 체계	238	어웍(L. F. Urwick)	37,149
소방직위원회	197	에너지산업기반재해즉응부대	223
소방청	82,190,226,269,251,264	에머슨(Richard M. Emerson)	38
소방학교	267	에치오니(Amitai Etzioni)	18,20,151
소방학교 교육훈련 기준	201	역할문화	138
소방행정	284	역할 지향 문화	137
소방행정 개혁	284	오하이오 주립대학 연구	121
소방행정조직	90,242,292	연방통신위원회	182
수방법(水防法)	207	연방 화재 예방 및 통제법	173
스콧(W. Richard Scott)	20,35,156,182	영국의 소방 제도	253
스토커(George M. Stalker)	50,117	예방단계	271
스톡딜(Ralph M. Stogdill)	118	오가작통제(五家作統制)	71
시·군·구 기초소방 체제	242	오우치(William G. Ouchi)	135
시군구긴급구조통제단	275	요새형	138
시·도 광역소방 체제	241	욕구계층 5단계이론	110,112
시·도긴급구제통제단	275	우드워드(Joan Woodward)	50,151,156
시설보조금	231	원자조직 문화	137
시장문화	137	위계 지향 문화	137
시장 지향 문화	137	위기 대응성	260
신고전이론(인간관계론)	149	의사소통이론	129
신고전적 조직이론	44	위험성	29,259,284
실존문화	138	윌로비(William F. Willoughby)	40
		응급의료센터(EMS)	26

|ㅇ|

		의무소방대	270
		의사소통	108,129
아메리카 버닝(America Burning)	172	의용소방관	177
아지리스(Chris Argyris)	48	의용소방대	254,269
아카데미형	138	인간관계론	44,150
애덤스(J. Stacy Adams)	116	인간 지향 문화	137
애드호크라시(adhocracy)	159	인간 행동	108
애드호크라시문화	137	일반구조대	101
앨더퍼(Clayton R. Alderfer)	114	일본소방백서	190
앨브로(Martin Albrow)	41	일본의 소방 업무	190

일본의 소방조직	190,252
입탕세	231

|ㅈ|

자기조직화	58
자연재난	271
자치소방	236
재난	271, 286
재난관리법	74
재난 및 안전관리 기본법	82, 274
재해대책기본법	225
재해대책본부	224
전문성	28, 260, 284
전원입지지역대책교부금	231
전통적 권위	42
정보화사회	299
정부조직법	79, 82
정치조직	19
제3자 정부	298
조선총독부령	72
조직	15
조직구조	153, 156
조직 규모	156
조직론	32
조직문화이론	135
조직문화의 유형	137
조직 성과	156
조직의 유형	151
조직의 정의	19
조직이론	149
조직학습	58
존슨(N. F. Johnson)	54
중앙119구조본부	83, 87, 267
중앙긴급구조통제단	275
중앙방재회의	224
중앙소방학교	74, 86, 266
지방교부세	230
지방방재회의	224
지방사무	244
지방소방학교	95
지방자치단체	237
지방자치법	95, 246
지방자치법 시행령	246
지방채	231
지식정보사회	296, 300
지휘지원부대	222
직무 몰입	139
직업소방관	177
집권화	24, 51, 155

|ㅊ|

체제이론	56

|ㅋ|

카리스마적 권위	42
카스트(Fremont F. Kast)	54
카오스이론	297
카츠(Dan. Katz)	18, 54, 151
칸(Robert L. Kahn)	18, 54, 151
케네디(Allan A. Kennedy)	137
켈리(Robert E. Kelley)	127
퀸(Robert E. Quinn)	137
크로지에(Michael J. Crozier)	43
클라크(Burton Clark)	46
클러스터형 조직	58
클럽문화	138

클럽형 138

|ㅌ|

타협 134
탈현대적 조직 58
탭스콧(Don Tapscott) 300
테일러(Frederick W. Taylor) 7, 38, 111, 149
토머스(Kenneth W. Thomas) 134
톰슨(Victor A. Thompson) 43, 52, 157, 159
통합기동부대 223
통합조직 20
특성이론 119
특수구급차 212
특수구조대 100
특수복합재난 302
특수재해 218
팀 조직 58

|ㅍ|

파슨스(Talcott Parsons) 19, 46, 151
팔로어십이론 127
페스팅거(Leon Festinger) 117
페이욜(Fayol) 40, 149
폐쇄-자연적 조직이론 36
폐쇄-합리적 조직이론 36
포드(Henry Ford) 38
포터(Lyman W. Porter) 117
표준운영절차(SOP) 58
프로세스 조직 58
피들러(Fred E. Fiedler) 123
피셔(Robert Fisher) 129

|ㅎ|

하우스(Robert J. House) 124
학습조직 58, 59
합법·합리적 권위 43
항공기연료양여세 231
항공소방대 216
항만법 100
해리슨(Roger Harrison) 137
핸디(Charles B. Handy) 138
행렬조직 문화 137
행정 284
행정관리론 40
행태과학 48
행태이론 120, 123
허시(Paul H. Hersey) 48, 125
허즈버그(Frederick I. Herzberg) 48, 113, 151
허즈버그의 2요인이론 110
혁신 지향 문화 137
현대조직이론 151
협동 134
형상유지조직 20
호손 공장 실험 45
호혜조직 20
혼돈이론 57
혼돈정부 297
홀로그래픽 조직설계 58
화이트(Ralph White) 120
화이트헤드(Alfred Whitehead) 44
화재 67
화재보험 71
화재연구센터 173
화해 134
환경유관론 46

회피	134	4차 산업혁명	301,305
후기기업가 조직	297	9 · 11 테러	167
휴즈(E. Hughes)	151	119구급대	101
		119구조구급센터	98
		119구조대	98,100,262,268
		119생활안전대	258
EMI(Emergency Management Institute)	171	119안전센터	98,99,102,268
ERG이론	110	119안전체험관	268
ICT 인프라	302	119지역대	102
POSDCoRB	37,40	119화학구조센터	89
X이론	111		
Y이론	111		

저자 소개

저자 소개

양기근(梁奇根)

- 경희대학교 행정학 박사(2004.8)
- 현 원광대학교 소방행정학과 교수
- 『소방학개론』(2018, 윤성사)
- 『소방행정학개론』(2016, 대영문화사)
- 『재난관리론』(2016, 대영문화사)
- 재난관리의 조직학습 사례연구(2004, 『한국행정학보』)

이주호(李朱祜)

- 충북대학교 행정학 박사(2010.8)
- 현 세한대학교 소방행정학과 조교수
- 전 선문대학교 연구교수
- 『소방행정학개론』(2016, 대영문화사)
- 『재난관리론』(2016, 대영문화사)
- 대규모 재난에 대비한 사회기반시설(SOC) 보호체계 발전 방안(2016, 『Crisisonomy』)

송윤석(宋潤錫)

- 한국외국어대학교 행정학 박사(2009.2)
- 현 서정대학교 소방안전관리과 교수
- 현 경기도 양주시 건축위원회 심의위원
- 『소방행정학개론』(2016, 대영문화사)
- 『재난관리론』(2016, 대영문화사)

최낙범(崔樂範)

- 경찰대학 행정학과 졸업
- 서울대 행정대학원 행정학 전공
- 현 서원대학교 경찰행정학과 교수
- 조직공정성 인식이 조직몰입에 미치는 영향(2013, 『한국행정학보』)
- 소득불평등과 범죄 간의 관계에 대한 탐색(2015, 『행정논총』)

변성수(卞成洙)

- 충북대학교 행정학 박사(2010. 2)
- 현 충청북도 재난안전연구센터 전문위원
- 전 충북대학교 국가위기관리연소 전문연구원
- 전 연세대학교 빈곤문제국제개발연구원 전문연구원
- 『재해구호복지론』(2012, 대영문화사)
- 소방취약지역의 소방서비스 향상을 위한 의용소방대 역량 강화(2018, 『한국융합과학회지』)

류상일(柳賞溢)

- 충북대학교 행정학 박사(2007. 8)
- 현 동의대학교 소방방재행정학과 교수
- 세한대학교 소방행정학과 교수 역임
- 『안전 및 재난관리의 주요이론』(2019, 윤성사)
- 『소방학개론』(2018, 윤성사)
- 『소방행정학개론』(2016, 대영문화사)
- 『재난관리론』(2016, 대영문화사)
- 네트워크 관점에서 지방정부 재난대응 과정 분석(2007, 『한국행정학보』)

최희천(崔烯天)

- 서울시립대학교 행정학(재난정책) 박사(2010. 2)
- 현 사회적참사특별조사위원회 피해지원국장
- 서울시립대학교 소방방재학과 책임교수 역임
- 열린사이버대학교 소방행정학과장 역임
- 재난 재건의 이슈들을 통해 본 한국과 중국 사회의 맥락적 차이 분석(2017, 『Crisisonomy』) 등

전병순(田炳淳)

- 일본 교토대학교 법학석사(1998.2)
- 원광대학교 소방학 박사과정 수료(2015.8)
- 현 건양대학교 재난안전소방학과 초빙교수

박정민(朴正敏)

- 전남대학교 행정학 박사(2007.8)
- 현 동신대학교 소방행정학과 교수
- 『소방학개론』(2018, 윤성사)
- 『소방행정학개론』(2016, 대영문화사)
- 『지방행정론』(2008, 전남대학교출판부)
- 소방조직의 재난관리 활동 역량에 대한 연구(2016, 『Cisisonomy』)

채진(蔡鎭)

- 서울시립대학교 행정학 박사(2009.2)
- 현 목원대학교 소방안전관리학과 교수
- 중앙소방학교 전임교수 역임
- 『재난관리론』(2017, 동화기술)
- 『안전관리론』(2016, 동화기술)
- 다조직의 재난관리 협력체계 분석(2012, 『한국행정학보』)

구재현(具宰賢)

- 부산대학교 정밀기계공학 박사(2001.2)
- 현 목원대학교 소방안전관리학과 교수
- 대통령 직속 국가과학기술자문회의 전문위원
- 국무총리 직속 국무조정실 정부업무평가단 평가위원
- 소방방재청 국가 R&D사업단 사무국장
- 한국소방산업기술원 연구기획팀장